高等学校大学计算机课程系列教材

大学计算机基础教程 第2版

○ 主　编　梅红伟　杨志琴　张桂莲
○ 副主编　吕　迪　边景芝　石宜金　木　凤

中国教育出版传媒集团

高等教育出版社·北京

内容提要

　　本书在《大学计算机基础教程》的基础上，结合作者的教学经验和读者反馈意见修订而成。全书内容系统、结构合理、易学易懂、突出实用性，知识点紧扣时代需求，读者可以迅速掌握基本的计算机知识和操作，在理解计算机基本结构原理的基础上具备 Windows 10、Office 2016、Internet 及自动化办公、网络应用等计算机操作与实务处理能力。

　　本书内容主要有：信息技术概述、计算机组成及工作原理、计算机操作系统、文字处理、电子表格、演示文稿、计算机网络基础知识、计算机的热门研究领域。同时，本书响应课程思政教学的要求，挖掘思政元素，配备了思政阅读材料。

　　本书适合作为普通高等学校计算机基础课程教材，也可供其他需要学习计算机基础操作的广大读者参考。

图书在版编目（ＣＩＰ）数据

　　大学计算机基础教程／梅红伟，杨志琴，张桂莲主编；吕迪等副主编 . --2 版 . --北京：高等教育出版社，2023.8

　　ISBN 978-7-04-060605-8

　　Ⅰ. ①大…　Ⅱ. ①梅…　②杨…　③张…　④吕…　Ⅲ. ①电子计算机-高等学校-教材　Ⅳ. ①TP3

　　中国国家版本馆 CIP 数据核字（2023）第 096429 号

Daxue Jisuanji Jichu Jiaocheng

策划编辑	耿　芳	责任编辑	武林晓	封面设计	易斯翔		版式设计	李彩丽
责任绘图	易斯翔	责任校对	张　薇	责任印制	赵义民			

出版发行	高等教育出版社	网　　址	http://www.hep.edu.cn
社　　址	北京市西城区德外大街 4 号		http://www.hep.com.cn
邮政编码	100120	网上订购	http://www.hepmall.com.cn
印　　刷	北京盛通印刷股份有限公司		http://www.hepmall.com
开　　本	787 mm×1092 mm　1/16		http://www.hepmall.cn
印　　张	17.5	版　　次	2019 年 8 月第 1 版
字　　数	400 千字		2023 年 8 月第 2 版
购书热线	010-58581118	印　　次	2023 年 8 月第 1 次印刷
咨询电话	400-810-0598	定　　价	34.00 元

本书如有缺页、倒页、脱页等质量问题，请到所购图书销售部门联系调换

大学计算机
基础教程
第2版

主　编　梅红伟　杨志琴
　　　　张桂莲
副主编　吕　迪　边景芝
　　　　石宜金　木　凤

1　计算机访问http://abook.hep.com.cn/18610278，或手机扫描二维码、下载并安装Abook应用。

2　注册并登录，进入"我的课程"。

3　输入封底数字课程账号（20位密码，刮开涂层可见），或通过Abook应用扫描封底数字课程账号二维码，完成课程绑定。

4　单击"进入课程"按钮，开始本数字课程的学习。

大学计算机
基础教程 第2版

主　编　梅红伟　杨志琴　张桂莲
副主编　吕　迪　边景芝　石宜金　木　凤

《大学计算机基础教程》（第2版）数字课程与纸质教材一体化设计，紧密配合。数字课程涵盖电子教案，充分运用多种媒体资源，极大地丰富了知识的呈现形式，拓展了教材内容。在提升课程教学效果的同时，为学生学习提供思维与探索的空间。

　　课程绑定后一年为数字课程使用有效期。受硬件限制，部分内容无法在手机端显示，请按提示通过计算机访问学习。

　　如有使用问题，请发邮件至abook@hep.com.cn。

扫描二维码
下载Abook应用

http://abook.hep.com.cn/18610278

前　　言

"大学计算机基础"是为高等学校非计算机专业学生开设的计算机基础课程。《大学计算机基础教程》（第2版）是为了适应大学计算机基础教学新形势，根据各专业领域对计算机基础运用的需求编写，目的是为各级高等学校学生提供一本既有理论基础，又注重操作技能的实用计算机基础教程。本书针对高等学校非计算机专业计算机基础教学实践，在第一版的基础上修订而成，合并补充了部分基础理论知识，完善基础知识的系统性和基本概念的准确性，更强调应用性和实用性。更新软件版本为 Windows 10 和 Office 2016，更加贴近现实应用与计算机等级考试大纲的要求。同时，本教程响应课程思政改革的要求，挖掘思政元素，配备了思政阅读材料。

本书共分为八章：第1章信息技术概述、第2章计算机组成及工作原理，由杨志琴、吕迪编写，通过信息技术、计算机技术的基础理论认知培养基本的计算机文化素养；第3章计算机操作系统，由梅红伟、木凤编写，主要培养 Windows 10 的基本操作能力，使读者能够在日常工作学习娱乐中自主使用计算机；第4章文字处理，由梅红伟、边景芝编写，第5章电子表格，由杨志琴编写，第6章演示文稿，由张桂莲编写，这三章以 Office 2016 中的 Word、Excel、PowerPoint 三大核心组件的操作及应用为主要内容，以培养处理日常电子文档、数据分析、演示文稿类实际事务的能力为核心；第7章计算机网络基础知识，由张桂莲编写，主要介绍网络及 Internet 的基本概念、类型、结构及应用；第8章计算机的热门研究领域，由张桂莲、石宜金编写，通过新型技术运用的介绍，扩展视野。梅红伟负责全书统稿；王震江教授、王勇刚副教授对本书的大纲制定给予了充分的指导并承担了全书的审定工作。

本书以突出"应用"、强调"技能"为目标，同时加强了计算机理论知识，涵盖了全国计算机等级考试（Windows 10+Office 2016）一、二级的相关内容。适合作为各类高等学校非计算机专业的计算机基础课程教材，也可作为参加全国计算机等级考试一、二级的复习用书，还可作为各类计算机培训班教材或初学者的自学用书。

《大学计算机基础教程》（第2版）配有实训教程，对计算机应用的知识点、技术或方法进行提炼、概括和总结，设计了大量的实训项目，便于学生实践训练。

教程的撰写得益于同行众多同类教材的启发，得到了丽江文化旅游学院下属信息学院领导的精心指导，也得到了信息学院同人的真诚关怀，在此深表感谢。本书为新形态教材，配套有电子教案、微视频、案例素材和思政阅读，读者可从高等教育出版社的网站上免费下载，具体下载方法详见本书数字课程说明页。

由于作者水平所限，书中难免有不足之处，恳请广大读者批评指正。

编　者

2023 年 2 月

目　　录

第1章
信息技术概述

【本章导读】

  自 1946 年数字电子计算机诞生以来，计算机在各行各业不断普及与深入，现今在人们的生活、工作和学习中，计算机都发挥着巨大的作用。特别是从 21 世纪之后，人类社会逐步进入信息时代，信息技术的迅猛发展，促进了社会的信息化进程，计算机技术作为信息技术的核心，在信息处理中发挥着重要作用。对信息技术及计算机基本知识的掌握与应用已成为当代大学生必须具备的基本素质。

  本章主要对信息技术、计算机基础知识等内容进行简要介绍。

【学习目标】

  （1）了解信息技术的基础知识；
  （2）理解计算与计算思维的含义；
  （3）了解计算工具发展史、计算机发展史及应用领域；
  （4）了解计算机的特点、分类及计算机的未来发展动态；
  （5）了解字符编码；
  （6）了解媒体、多媒体、多媒体技术及多媒体计算机系统的含义；
  （7）了解信息安全的含义及计算机信息安全保障技术；
  （8）了解计算机病毒的概念、分类和工作步骤；
  （9）掌握数值转换的方法；
  （10）掌握多媒体技术的特征及应用；
  （11）掌握计算机病毒的特征、传染途径及有效防范措施。

1.1　信息基础

  伴随着信息化在全球的高速发展，信息技术渗透到人们日常生活的方方面面，成为人类社会中不可或缺的一部分。

1.1.1　信息的含义与特点

  我们生活在充满信息的世界里，每时每刻都在自觉或不自觉地获取信息、处理信息、传递信息和利用信息。

1. 信息

信息（information）可以说是当代社会使用最多、最广、最频繁的词汇之一，它在人类社会生活的各个方面和各个领域被广泛使用。信息是客观世界各种事物变化和特征的反映。从计算机科学的角度，信息包括两个基本含义：一是经过计算机技术处理的资料和数据，例如文字、图形、影像和声音等；二是经过科学采集、存储、分类和加工等处理后的信息产品的集合。

2. 信息的特性

信息的一些基本性质具有以下共性：

（1）信息的广泛性：也称为普遍性，信息普遍存在，即有事物的地方，就必然存在信息。

（2）信息的动态性：事物是在不断变化发展的，信息也必然随之运动发展。信息中蕴含的内容，所展示的形式和信息的容量都会随着时间而发展变化。

（3）信息的时效性：由于信息具有动态发展的特性，那么在一定时间内，抓住信息、利用信息，可以发挥信息所蕴含的价值，而随着时间的流逝，信息的使用价值也会有所衰减。例如交通信号"红灯停，绿灯行"是有时效性的。

（4）信息的可传递性：信息可以通过不同途径完成传递，如因特网。

（5）信息的共享性：接收者在获得全部信息的同时不会减少信息量（指记忆信息源，如文献等），数个接收者可以获得同一信息源发出的同样的信息。

（6）信息的价值性：信息的应用意味着挖掘并利用其中蕴含的价值。

（7）信息的客观性：信息是客观现实的反映，不会随着人的主观意志而发生改变。倘若人为篡改信息，那么信息就失去了其本身的价值。

（8）信息的识别性：人们可以通过自身感觉器官，如眼耳鼻等来获取、整理和认知信息，也可以通过科学仪器进行信息的获取、整理和认知。

（9）信息的不完全性：客观事实的信息不可能全部得到，可以根据需要和可能逐步获取。

1.1.2 信息技术

信息技术（information technology，IT），是主要用于管理和处理信息所采用的各种技术的总称。信息技术包括信息传递过程中的各个方面，即信息的产生、获取、检索、识别、变换、处理、控制、传输、分析、显示及利用信息等相关技术。

具体来说，信息技术主要包括以下技术：

1. 信息传递技术

信息传递技术的主要功能是实现信息快速、可靠、安全的转移。各种通信技术都属于这个范畴。广播技术也是一种传递信息的技术。由于存储、记录可以看成是从"现在"向"未来"或从"过去"向"现在"传递信息的一种活动，因而也可将它看成信息传递技术的一种。

2. 感测技术

感测与识别技术的作用是扩展人获取信息的感觉器官功能。它包括

思政阅读 1-1：
复兴号

信息识别、信息提取、信息检测等技术。这类技术的总称是"传感技术"。它几乎可以扩展人类所有感觉器官的传感功能。传感技术、测量技术与通信技术相结合而产生的遥感技术，更使人感知信息的能力得到进一步的加强。信息识别包括文字识别、语音识别和图形识别等。通常是采用一种称为"模式识别"的方法。

3. 计算机技术

信息处理包括对信息的编码、压缩、加密等。在对信息进行处理的基础上，还可形成一些新的更深层次的决策信息，这称为信息的"再生"。信息的处理与再生都依赖于现代电子计算机的超凡功能。

4. 信息施用技术

信息施用技术是信息过程的最后环节，包括控制技术和显示技术等。

思政阅读1-2：
北京冬奥会

由此可见，凡是能扩展人的信息功能的技术，都是信息技术。它主要是指利用电子计算机和现代通信手段实现获取信息、传递信息、存储信息、处理信息、显示信息、分配信息等的相关技术。计算机、互联网、移动网络等推动了信息技术的高速发展，信息技术发展向着高速、大容量、综合化、大数据化和个人化发展。当前，大数据、物联网、人工智能等正在将信息技术推向新的高度和新的形态。

1.1.3　信息化

信息化这一概念在《2006—2020年国家信息化发展战略》中描述为："信息化是充分利用信息技术，开发利用信息资源，促进信息交流和知识共享，提高经济增长质量，推动经济社会发展转型的历史进程。"

思政阅读1-3：
我国工业和信息化取得的成就

信息化通常代表一种信息技术被高度应用。我们生活中的"信息化"包含以下几个方面。

1. 产品信息化

产品信息化是信息化的基础，包含两层意思：一是产品所含各类信息的比重日益增大，物质比重日益降低，产品由物质产品的特征逐渐向信息产品的特征迈进；二是越来越多的产品中嵌入了智能化元器件，使产品具有越来越强的信息处理功能。

2. 企业信息化

企业信息化是国民经济信息化的基础，指企业在产品的设计、开发、生产、管理、经营等多个环节中广泛利用信息技术，并大力培养信息人才，完善信息服务，加速建设企业信息系统。

3. 产业信息化

产业信息化指农业、工业、服务业等传统产业广泛利用信息技术，大力开发和利用信息资源，建立各种类型的数据库和网络，实现产业内各种资源、要素的优化与重组，从而实现产业的升级。

4. 国民经济信息化

国民经济信息化指在经济大系统内实现统一的信息大流动，使金融、贸易、投资、计划、通关、营销等组成一个信息大系统，使生产、流通、分配、消费，经济的这四个环节通过信息进一步联成一个整体。国民经济信息化是各国急需实现的目标。

5. 社会生活信息化

社会生活信息化指包括经济、科技、教育、军事、政务、日常生活等在内的整个社会体系采用先进的信息技术，建立各种信息网络，大力开发有关人们日常生活的信息内容，丰富人们的精神生活，拓展人们的活动时空。在社会生活极大程度信息化以后，我们也就进入了信息社会。

1.1.4 信息社会

信息社会也称信息化社会，是脱离工业化社会以后，信息将起主要作用的社会。所谓信息社会，是以电子信息技术为基础，以信息资源为基本发展资源，以信息服务性产业为基本社会产业，以数字化和网络化为基本社会交往方式的新型社会。信息社会以信息产业在国民经济中的比重，信息技术在传统产业中的应用程度和信息基础设施建设水平为主要标志。

在信息社会中，信息、知识成为重要的生产力因素，和物质、能量一起构成社会赖以生存的三大资源（有学者认为智能是第四资源）。甚至，随着时代的发展，信息成为比物质和能源更为重要的资源。以开发和利用信息资源为目的，信息经济活动迅速扩大，逐渐取代工业生产活动而成为国民经济活动的主要内容，而开发和利用信息资源离不开知识的支撑。

1.2 计算机基础

自 1946 年电子计算机诞生以来，计算机技术飞速发展，成为科学技术领域最伟大的成就之一。

1.2.1 计算与计算思维

1. 计算

计算就是基于规则的、符号集的变换过程，即从一个按照规则组织的符号集合开始，再按照既定的规则有步骤地改变这些符号集合，经过有限步骤后得到一个确定的结果。以简单数据计算为例，利用计算规则进行计算并获得计算结果 $1+1=2$。"人"和"机器"同时求解 $ax^2+bx+c=0$ 的根，"人"在使用计算规则进行计算时可能很负责，但是计算量有可能却很小，人需要知道具体的计算规则，根据特定规则，只能求解 $a_1x^2+a_2x=c$；"机器"则进行自动计算，规则可能很简单，计算量却很大，机器也可以采用人所使用的计算规则，求任意：$a_1x_1^{b1}+a_2x_2^{b2}+\cdots+a_nx_n^{bn}=c$。

2. 计算思维

计算思维是美国卡内基梅隆大学周以真教授提出的理论。她提出计算思维是运用计算机科学的基础概念去求解问题、设计系统和理解人类行为，其本质是抽象和自动化。计算思维以设计和构造为特征，以计算机学科为代表。计算思维的根本问题是什么能被有效地自动进行。为了机器的自动化，需要在抽象过程中进行符号转换和建立计算模型。计算思维需要考虑问题处理的边界，以及可能产生的错误。计算思维的本质是抽象和自动化。计算思维关注的是人类思维中有关可行性、可构造性和可评价性的部分。在当前环境下，理论和实验手段在面临大规模数据的情况下，不可避免地要用计算手段来辅助进行。计算思维是问题解决的过程，该过程包括以下特点：

（1）制订问题，并利用计算机和其他工具来解决该问题。

（2）要符合逻辑地组织和分析数据。

（3）通过抽象（如模型、仿真等）再现数据。

（4）通过算法思想支持自动化解决方案。

（5）分析可能的解决方案，找到最有效的方案。

（6）将该问题的求解过程推广并移植到更广泛的问题中。

计算思维是人类求解问题的一条途径，但绝非要使人类像计算机那样思考。计算机枯燥且沉闷，人类聪颖且富有想象力，是人类赋予计算机激情。配置了计算设备，我们就能用自己的智慧去解决那些在计算机时代之前不敢尝试的问题，实现"只有想不到，没有做不到"的境界。

1.2.2　计算工具发展史

计算工具、计算技术都是随着人类实践的需要逐步发展起来的。自古以来，人类就在不断地发明和改进计算工具，从古老的"结绳记事"，到算盘、计算尺、差分机，再到第一台电子计算机的诞生。计算工具经历了从简单到复杂、从低级到高级、从手动到自动的发展过程。

1. 手动式计算工具

人类最初用手指进行计算。人有两只手，十个手指头，所以，自然而然地习惯用手指记数并采用十进制记数法。这种计算方式虽然很方便，但计算范围有限，结果也无法存储。后来发展为用绳子、石子等作为工具来延长手指的计算能力，例如我国古书中记载的"上古结绳而治"。历史上出现的算筹、算盘，还有国外的计算尺都是典型的手动式计算工具。

思政阅读1-4：
结绳记事

2. 机械式计算工具

17 世纪，欧洲出现了利用齿轮技术的计算工具。1642 年，法国数学家帕斯卡（Blaise Pascal）发明了帕斯卡加法器，这是人类历史上第一台机械式计算工具。

3. 机电式计算机

1886 年，美国统计学家赫尔曼·霍勒瑞斯（Herman Hollerith）借鉴了雅各织布机的穿孔卡原理，用穿孔卡片存储数据，采用机电技术取代纯机械装置，制造了第一台可以自动进行加减运算、累计存档、制作报表的制表机。

4. 电子计算机

1939 年，美国艾奥瓦州立大学数学物理学教授约翰·阿塔纳索夫和他的研究生贝瑞一起研制了一台称为 ABC 的电子计算机。由于经费的限制，他们研制了一个能够求解包含 30 个未知数的线性代数方程组的样机。后来世界上第一台能真正运转的大型电子计算机 ENIAC 被研制出来，ENIAC 的出现标志着电子数字计算机（以下称计算机）时代的到来。

1.2.3 计算机的产生与发展

人们通常所说的计算机，是指电子数字计算机。一般认为，世界上第一台通用电子数字积分计算机诞生于 1946 年 2 月，它由美国宾夕法尼亚大学研制成功，简称 ENIAC，如图 1-1 所示。这台计算机占地面积 167 m²，使用了约 18 000 只电子管、1 500 个继电器、70 000 个电阻、10 000 个电容，耗资近 49 万美元，重约 30 t，耗电量为 150 kW，运算速度为每秒 5 000 次加法或 400 次乘法。当时研制这台计算机的目的是美国陆军弹道实验室为解决炮弹弹道特性的计算问题，它将原来需要 20 多分钟才能计算出来一条弹道的时间压缩为短短的 30 s，使工程设计人员摆脱了繁重的计算工作。ENIAC 虽然存在耗电量大、存储容量小等诸多缺点，但却是历史上一次时代的创新，它奠定了计算机的基础。

图 1-1　第一台通用电子数字积分计算机 ENIAC

自第一台计算机问世以后，越来越多的高性能计算机被研制出来。从 1946 年至今，计算机经历了多次重大的技术革命，按照逻辑原件的种类可以将计算机的发展划分为 4 个阶段，如表 1-1 所示。

思政阅读 1-5：我国的计算机研究

表 1-1　计算机发展的四个阶段

阶　　段	说　　明
第一阶段：电子管计算机（1946—1955 年）	采用电子管作为逻辑元件，以磁芯、磁鼓为内存储器，以机器语言和汇编语言为处理方式。这一阶段的计算机体积大、能耗高、速度慢、容量小、价格昂贵。该阶段的计算机应用仅限于科学计算和工程计算。 典型机型是 ENIAC、EDVAC 和 IBM705 等
第二阶段：晶体管计算机（1956—1963 年）	采用晶体管作为基本逻辑元件，以磁芯、磁鼓为内存储器，外存储器采用磁带，程序设计采用高级语言（Fortran、COBOL）。这一阶段的计算机体积小、耗电省、速度快、价格低、寿命长。该阶段计算机的应用范围已从科学计算扩展到非数值计算领域。这个时期，计算机除了用于科学和工程计算外，还被用于工程设计、数据处理、信息管理等更为广泛的领域。 典型机型有 IBM7000 和 CDC6600 等

阶 段	说 明
第三阶段：中小规模集成电路计算机（1964—1971 年）	采用中、小规模集成电路为基础，内存采用半导体芯片为主存储器，外存储器采用磁带、磁盘。处理速度为百万次/s 至几百万次/s。这一阶段的计算机体积、质量进一步减小，功耗、价格等方面都有了进一步改善。在软件方面，操作系统日益完善。计算机的设计思想已逐步走向标准化、模块化，其应用范围更加广泛。 典型机型是 IBM360、PDP11 和 NOVA1200 等
第四阶段：大规模超大规模集成电路计算机（1972 年至今）	以大规模和超大规模集成电路为基础，采用集成度更高的半导体芯片为主存储器，以实时、分时处理和网络操作系统为处理方式，外存采用磁盘、光盘等。处理速度可达几百万次/s～几亿次/s。在系统结构方面，采用并行处理技术、分布式计算机系统、高效而可靠的高级语言以及面向对象技术等，并逐渐形成软件产业。 典型机型是 IBM370、VAX11 和 IBM PC 等。 我们现在使用的计算机属于第四代计算机

计算机经历了四个阶段的发展，性能越来越好，生产成本越来越低，存储容量越来越大，耗电量越来越小，软件配置越来越丰富，应用范围也越来越广泛。

1.2.4 计算机的特点

计算机有运算速度快、计算精度高、逻辑运算能力强、自动化程度高、通用性强等主要特点。

思政阅读 1-6：我国的超级计算机

1. 运算速度快

因为计算机采用了高速的电子器件和线路并使用先进的计算技术，所以计算机可以有很高的运算速度。运算速度是指计算机每秒能执行多少条基本指令，常用单位是 MIPS，即每秒执行百万条指令。

2. 计算精度高

利用计算机可以获得较高的有效位。例如，利用计算机计算圆周率，目前可以算到小数点后上亿位。

3. 逻辑运算能力强

由于采用了二进制，计算机能够进行各种基本的逻辑判断并且根据判断的结果自动决定下一步该做什么。有了这种能力计算机才能求解各种复杂的计算任务，进行各种过程控制和完成各类数据处理任务。

4. 自动化程度高

由于计算机具有存储记忆能力和逻辑判断能力，所以人们可以将预先编好的程序组纳入计算机内存，在程序控制下，计算机可以连续、自动地工作，不需要人的干预。

5. 通用性强

计算机采用数字化信息来表示各类信息，以逻辑代数作为相应的设计手段。既能进行算术运算又能进行逻辑判断。

1.2.5 计算机的分类

计算机发展到今天，已经是琳琅满目，种类繁多，分类的界限一直在不停地调整。可以从不同的角度对计算机进行分类。

1. 按计算机信息的表现形式和对信息的处理方式划分

按计算机信息的表现形式和对信息的处理方式不同，可将计算机分为：数字计算机（digital computer）、模拟计算机（analogue computer）和混合计算机（hybird computer）。

2. 按计算机的用途划分

按计算机的使用范围不同，可分为通用计算机（general purpose computer）和专用计算机（special purpose computer）。其中，通用计算机被广泛使用于一般科学运算、学术研究、工程设计和数据处理等，目前市场上销售的计算机多属于通用计算机。模拟计算机通常是专用计算机，如飞机的自动驾驶仪。

3. 按计算机性能划分

根据计算机的性能指标，如机器规模的大小、运算速度的高低、主存储容量的大小、指令系统性能的强弱及机器的价格等，计算机可分为：巨型机、大型机、中型机、小型机、微型机、工作站与服务器。

（1）巨型机：是指云端速度在每秒亿次以上的计算机，特点是运算速度快、存储容量大、结构复杂、价格昂贵，主要用于尖端科学研究领域。世界上只有少数几个国家能够生产这种机型，它的研制开发是一个国家综合国力和国防实力的体现。我国研制的"银河"计算机就属于巨型机。

思政阅读1-7：我国的巨型机

（2）大型机和中型机：是指运算速度在每秒几千次左右的计算机。通常用在国家级科研机构以及重点理工科院校。

（3）小型机：小型机的运算速度在每秒几百次左右，通常用在一般的科研与研究机构以及普通高等院校等。典型的小型机是我国的 DJS-130 计算机、IBM 公司的 AS/400 计算机等。

（4）微型机：也称为个人计算机（personal computer，PC），是目前应用最广泛的计算机机型。

（5）工作站：是介于 PC 和小型机之间的高档微型计算机，主要用于图形、图像处理和计算机辅助设计中。

思政阅读1-8：我国第一台微型计算机

（6）服务器：一种可供网络用户共享的高性能计算机。

1.2.6 计算机的应用领域

自计算机问世以来，计算机技术以惊人的速度飞速发展，对人类社会的发展产生了深刻和巨大的影响。计算机的应用领域已经深入各行各业，正改变着传统的工作、学习和生活方式，推动着社会的发展。计算机主要的应用领域包括如下几个方面。

1. 科学计算（或数值计算）

早期的计算机主要用于科学计算。至今，科学计算仍然是计算机应用的一个重要领域。科学计算是指利用计算机来完成科学研究和工程技术中的数学问题的计算。例如高能物理、工程设计、地震预测、气象预报、航天技术等。

思政阅读1-9：我国的航天事业

2. 信息处理（或数据处理）

是指对各种数据进行收集、存储、整理、分类、统计、加工、利用和传播等一系列的工作的统称。据统计，超过 80% 的计算机主要用于信息处理，是计算机最广泛的用途，成了计算机应用的主导方向。例如银行系统的业务管理、企事业计算机辅助管理与决策、情报检索、办公自动化、会计电算化等。

3. 过程控制（或自动控制）

是指利用计算机在工业生产过程中的某些信号自动进行检测，并把检测到的数据存入计算机，再根据需要对这些数据进行处理。在生产过程中，采用计算机自动控制，不仅可以改善人们的劳动条件，而且还可以大大提高产品的数量和质量。目前，计算机过程控制广泛应用于石油、化工、机械、水电等领域，例如在汽车工业方面，利用计算机控制机床，控制整个装配流水线，不仅可以实现高精度，还可以实现零件加工自动化，使整个车间或工厂实现自动化生产。

4. 辅助技术

计算机辅助技术是指计算机帮助人们进行各种设计、处理等工作，是计算机应用的一个较广泛的领域，主要包括计算机辅助设计（computer aided design，CAD）、计算机辅助教学（computer aided instruction，CAI）、计算机辅助制造（computer aided manufacturing，CAM）等。

5. 人工智能（或智能模拟）

人工智能（artificial intelligence，AI）是指计算机模拟人类的智能活动，如感知、判断、理解、学习和识别等。使计算机有记忆能力、有一定的学习和推理功能，能积累知识，并能独立解决问题，进而可以代替人类进行较危险、繁杂的体力劳动和部分简单的脑力劳动等。人工智能将在未来的无人驾驶汽车、智能制造、智慧系统等领域大显身手。

> 思政阅读 1-10：
> 人工智能

6. 网络应用

通信业的快速发展使计算机在通信领域的作用越来越大，进而促进了计算机网络的快速发展。计算机网络通信使人类的沟通突破了时间和空间的障碍，给人们的学习和工作带来了极大的方便。目前，Internet 已经把全球大多数计算机联系在一起，人们可以在 Internet 上进行搜索信息、玩网络游戏、收发电子邮件、选购商品等活动。今天的电子商务、物流管理、移动互联、5G 通信等都是网络应用的新业态和新技术。特别是 5G 技术，将被广泛应用在物联网工程、智慧城市、自动驾驶汽车等方面。

> 思政阅读 1-11：
> 5G

1.2.7 计算机的发展趋势

计算机技术是世界上发展最快的科学技术之一，随着计算机在各个领域的广泛运用，计算机已经深入人们学习、工作和生活的各个方面。计算机本身的性能越来越优化，应用范围也越来越广泛。计算机技术主要有以下 4 个发展方向。

1. 多极化（微型化和巨型化）

随着计算机应用的不断深入，巨型机、大型机、小型机、微型机都有各自的应用领域，因此计算机的发展也出现了多极化，体现出巨型化和微型化等不同发展方向及特点。

（1）巨型化：巨型化是指计算机向着更快的运算速度、更大的存储容量、更强的功能和更可靠的性能发展。巨型机主要应用于天文、气象、地质、核反应、航天飞机和卫星轨道计算等尖端科学技术领域和国防事业领域，巨型计算机的发展集中体现了一个国家计算机技术的发展水平。

（2）微型化：微型化是指进一步提高计算机内部电路的集成度，发展体积更小、携带更方便、功能更强、可靠性更高、价格更便宜、适用范围更广的计算机。计算机芯片的集成度越高，它的功能就越强，使计算机微型化的进程越来越快，普及率越来越高。

2. 网络化

网络化是指利用现代通信技术和计算机技术把分布在不同地点的计算机互联起来，组成一个规模更大、功能更强、可以相互通信的计算机网络系统，以达到所有用户都可以共享软件、硬件和数据资源的目的。网络化是计算机发展的一个重要趋势。

3. 智能化

智能化使计算机具有模拟人的感觉和思维过程的能力，使计算机成为智能计算机。智能化计算机具有解决问题和逻辑推理的功能，以及处理知识和管理知识库的功能等。这也是目前正在研制的新一代计算机要实现的目标。智能化从本质上扩充了计算机的能力，使其可以代替人类进行简单的脑力劳动。智能化的研究主要包括模式识别、图像识别、自然语言的生成和理解、博弈、学习系统和智能机器人等。

4. 多媒体化

多媒体计算机是利用计算机技术、通信技术和大众传播技术，来综合处理包括文本、声音、图形、图像、音频和视频、动画在内的多种媒体信息的计算机。目前，多媒体技术已经成熟，其被认为是20世纪90年代信息处理领域的一次革命。

1.2.8 未来新一代计算机

从电子计算机的产生和发展可以看到，目前计算机技术的发展都是以电子技术的发展为基础的，集成电路芯片是计算机的核心部件。随着高新技术的研究和发展，人们不断探索新型计算机，从而解决芯片技术的物理极限问题。如今，新一代计算机，即量子计算机、光子计算机、生物计算机、纳米计算机、模糊计算机、超导计算机、情感计算机等方面的研究领域取得重大突破，相信不久的将来它们将走进人们的生活。

1. 量子计算机

量子计算机（quantum computer）是一类遵循量子力学规律进行高速数学和逻辑运算、存储及处理的量子物理设备。其基本原理是以量子位作为信息编码和存储的基本单元，通过大量量子位的受控演化来完成计算任务。欧美等发达国家政府和科技产业巨头大力投入量子计算技术研究，取得一系列重要成果并建立了领先优势。我国近年来开始加大重视程度、积极追赶，在科研布局和企业投入方面取得了一定成果。2017年5月，中国科学院发布了世界上第一台超越早期经典计算机的光量子计算机，同年10月，清华大学、阿里巴巴和本源量子各自发布了基于不同物理体系的量子计算云平台。

思政阅读1-12:
量子计算机

2. 光子计算机

光子计算机（photon computer）是一种利用光信号进行数字运算、逻辑操作、信息存储和处理的新型计算机。它主要由激光器、透镜、光学

思政阅读1-13:
光子计算机

反射镜和滤波器等光学元件和设备构成。光子计算机靠激光束进入透镜和反射镜组成的阵列进行信息处理，光高速、并行的特性使光子计算机拥有超高速的运算速度和很强的并行处理能力。

3. 生物计算机（仿生计算机）

生物计算机（biological computer）研究是微电子技术和生物工程这两项高科技的相互渗透。主要原材料是生物工程技术产生的蛋白质分子，以此作为生物芯片，利用有机化合物存储数据。生物计算机的潜力巨大，一旦研究成功，其几十小时的运算量就相当于目前全球所有计算机运算量的总和。目前，生物计算机的最新研究成果是美国最新研制的可以让科学家对分子进行"编程"，并由活细胞执行"命令"的生物计算机。

4. 纳米计算机

纳米计算机（nanometer computer）是指运用纳米技术研制出的一种新型计算机，其体积很小、反应速度很快。采用纳米技术生产芯片，只需将在实验室里设计好的分子合在一起就可造出芯片，使成本大大降低。纳米计算机不仅体积小、能耗低，其性能也比电子计算机强很多。我国纳米科技的布局较早，在纳米技术发展的开始阶段就和国际发展保持同步，为纳米计算机的研究提供了很好的基础。

5. 模糊计算机

传统的计算机是建立在精确的数学基础之上的，它判断一个概念时，只会给出"是"与"非"两种结果，所以传统的计算机很难解决模糊问题。模糊计算机（fuzzy computer）是指依照模糊信息理论，用模糊的、不确切的判断进行工程处理的计算机。模糊计算机正广泛用于家用电器，如洗衣机、全自动（包括自动对焦）照相机等，成为新一代家用电器的最明显标志。如摄录一体化摄像机是很走俏的新一代家电产品，它采用模糊控制的自动光圈，使得在逆光条件下也能获得清晰图像。

6. 超导计算机

所谓超导，是指有些物质在接近绝对零度时，电流流动是无阻力的。超导计算机（superconducting computer）是利用超导技术生产的计算机和计算机部件。与现在的电子计算机相比，超导计算机具有体积小、能耗低、速度快等特征，其开关机速度可达到几微微秒。超导计算机的研发，能够满足社会发展需求，将平行处理技术有效应用于计算机的程序设计之中，可让计算机系统具备同时处理多条指令的能力，进而有效提升计算机系统的数据分析能力和数据处理能力。

7. 情感计算机

未来的计算机将在模式识别、语音处理、语义分析和句法分析等综合能力上获得重大突破。它可以识别孤立的单词以及连续的单词和语音，特定或者非特定对象的自然语言。

1.3 信息表示

计算机的普及与发展对社会发展产生了广泛而深远的影响，加速了人类社会全面进入信息社会的进程。计算机技术已经深入各个领域，成为人们获取信息的重要手段。

1.3.1 数据与信息

数据（data）是对客观事物的符号表示，这些符号不仅指数字，而且包括文字、图形、声音、图像等。在计算机科学中，数据是指所有能输入计算机并被计算机程序处理的符号的总称。从计算机的角度来讲，信息是指那些能够通过编码而被计算机处理的内容。信息与数据的关系如图1-2所示。

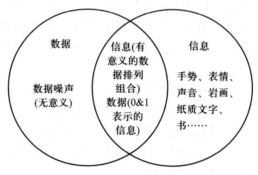

图1-2　信息与数据的关系

数据是信息的具体表现形式，信息是数据的本质含义，信息依附媒体进行传输；数据和信息是"形影不离"的，常常把信息处理也称为数据处理。信息处理过程包括信息收集、加工、存储、检索和传输等环节。

在计算机内部，信息经过数值化之后形成计算机能够识别和处理的数据，这些数据用0和1组成的二进制编码串表示才能在计算机内部进行传送、存储和处理。换言之，在计算机中，数字、文字符号、视频、音频等我们能看到和听到的信息全部用二进制数表示。

在计算机内部用二进制来表示数据，主要有如下几个原因：

（1）容易实现

二进制数中只有0和1两个数码，易于用两种物理状态表示。如用开关的闭合或断开两种状态分别表示1和0；用电脉冲的有或无两种状态分别表示1和0。一切有两种稳定状态的器件（即双稳态器件），均可表示二进制的0和1。而十进制数有10个数码，则需要一个10稳态的器件，显然设计两种状态的器件要容易得多。

（2）可靠性高

计算机中实现双稳态器件的电路简单，而且两种状态所代表的两个数码在数字传输和处理中不容易出错，即使出错，要修正只需将0改成1或者将1改成0即可，因而电路可靠性高。

（3）运算简单

在二进制中算术运算特别简单，加法和乘法仅各有如下3条运算规则：

加法：$0+0=0$，$0+1=1$，$1+1=10$。乘法：$0\times0=0$，$0\times1=1\times0=0$，$1\times1=1$。

因此可以简化计算机中运算电路的复杂性。相对而言，十进制的运算规则要复杂很多。

（4）易于逻辑运算

计算机的工作离不开逻辑运算，二进制数码的 1 和 0 正好可与逻辑命题的"真（True）"与"假（False）"，或"是（Yes）"与"否（No）"相对应，这样就为计算机进行逻辑运算和在程序中的逻辑判断提供了方便，使逻辑代数成为计算机电路设计的数学基础。

1.3.2 计算机中数据的表示

1. 数制概念

用一组固定的数字（数码符号）和一套统一的规则来表示数值的方法叫数制，也称为记数制。按进位的方法进行记数，称为进位记数制。在进位记数制中有数码、基数和位权三个要素。数制的种类很多，例如日常生活中记数常用的是十进制，还有二十四小时为一天，可将其视为二十四进制。

（1）数码

指数制中基本数值大小的不同数字符号。例如十进制有十个数码：0、1、2、3、4、5、6、7、8、9。数位则是指数码在一个数中所处的位置。

（2）基数

是指在某进制记数中，每个数位上所能使用的数码的个数。例如十进制数的基数是 10，每个数位上所能使用的数码为 0~9。

（3）位权

是指数码在不同位置上的权值。例如十进制第 2 位的位权为 10，第 3 位的位权为 100，第 4 位的位权为 1 000。

2. 计算机中常用的数制

（1）十进制（Decimal）

十进制是生活中使用最为广泛的一种数制。由 0~9 这 10 个数码符号组合而成。每一个数码根据它在这个数中所处的位置（数位），按照"逢十进一"规则来决定其实际数值，即各数位的位权是 10 的若干次幂。

例如 $(123.456)_{10} = 1 \times 10^2 + 2 \times 10^1 + 3 \times 10^0 + 4 \times 10^{-1} + 5 \times 10^{-2} + 6 \times 10^{-3}$。

由于十进制易于被人所理解，因此在计算机中，输入和输出一般采用十进制数。

（2）二进制（Binary）

二进制数和十进制数一样，也是一种进位记数制，它的基数是 2，数码为 0 和 1。数中 0 和 1 的位置不同，所代表的数值也不同，规则是"逢二进一"。

例如 $(101.101)_2 = 1 \times 2^2 + 0 \times 2^1 + 1 \times 2^0 + 1 \times 2^{-1} + 0 \times 2^{-2} + 1 \times 2^{-3}$。

在计算机中，任何信息都必须转换成二进制数后才能由计算机进行处理、存储和传输。

（3）八进制（Octal）

二进制数是计算机进行计算的基本进制，它能方便地通过 0 和 1 两种状态表示各种数值，这使得逻辑电路的设计简洁。八进制和十六进制对二进制的转换十分方便，同时又能将较大的二进制数以较短的字数来表示，便于人们书写和记录，所以使用八进制和十六进制来表达二进制数。

八进制数的基数是8，数码为0~7。数码所在的位置不同，代表的数值也不同，计算规则是"逢八进一"。

例如$(666.6)_8 = 6 \times 8^2 + 6 \times 8^1 + 6 \times 8^0 + 6 \times 8^{-1}$。

（4）十六进制（Hexadecimal）

十六进制数的基数是16，数码为0~9、A、B、C、D、E、F（或a、b、c、d、e、f）。数码所在的位置不同，它所代表的数值也不同，计算规则是"逢十六进一"。

例如$(1AF.56) = 1 \times 16^2 + 10 \times 16^1 + 15 \times 16^0 + 5 \times 16^{-1} + 6 \times 16^{-2}$。

3. 数制转换

之前提到过日常生活中人们常常使用十进制记数，而在计算机中，任何信息都必须转换成二进制数后进行处理。这就产生了不同进制数之间的转换问题。

（1）十进制数与二进制数之间的转换

十进制数和二进制数之间的转换需要特别注意整数部分和小数部分是使用不同的方法进行转换的，不能混淆。

十进制整数转换成二进制整数的方法如下：

把被转换的十进制整数反复地除以2，直到商为0，所得的余数（从末位读取）就是这个数的二进制表示。简单地说，就是"除2取余法"。

例如，将十进制整数$(254)_{10}$转换成二进制整数的方法如图1-3所示。

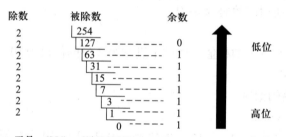

于是：$(254)_{10} = (11111110)_2$

图1-3 十进制整数转换成二进制整数

了解了十进制整数转换成二进制整数的方法以后，那么十进制整数转换成八进制整数或十六进制整数就很容易了。十进制整数转换成八进制整数的方法是"除8取余法"，十进制整数转换成十六进制整数的方法是"除16取余法"。

十进制小数转换成二进制小数是将十进制小数连续乘以2，选取进位整数，直到满足精度要求为止，简称"乘2取整法"。

例如，将十进制小数$(0.78125)_{10}$转换成二进制小数的方法如表1-2所示。

表1-2 十进制小数$(0.78125)_{10}$转换为二进制小数

小数部分乘以2	积	积的小数部分	积的整数部分
0.78125×2	1.5625	0.5625	1
0.5625×2	1.125	0.125	1
0.125×2	0.25	0.25	0

小数部分乘以 2	积	积的小数部分	积的整数部分
0.25×2	0.5	0.5	0
0.5×2	1	0	1

将十进制小数 0.78125 连续乘以 2，把每次所进位的整数，按从上往下的顺序写出。

于是：$(0.78125)_{10} = (0.11001)_2$

了解了十进制小数转换成二进制小数的方法后，了解十进制小数转换成八进制小数或十六进制小数就很容易了。十进制小数转换成八进制小数的方法是"乘 8 取整法"，十进制小数转换成十六进制小数的方法是"乘 16 取整法"。

总结：

◇ 任何<u>十进制的整数部分</u>转换为二、八、十六进制整数时，采用"<u>除 P 取余法</u>"；当转换为二进制整数时，此处的"P"等于 2，当转换为八进制整数时，此处的"P"等于 8。

◇ 任何<u>十进制的小数部分</u>转换为二、八、十六进制数时，采用"<u>乘 P 取整法</u>"；当转换为二进制数时，此处的"P"等于 2，当转换为八进制数时，此处的"P"等于 8。

二进制数转换成十进制数方法是，将二进制数按权展开求和即可。

例如：将 $(10110011.101)_2$ 转换成十进制数的方法如下：

$(10110011.101)_2 = 1×2^7+0×2^6+1×2^5+1×2^4+0×2^3+0×2^2+1×2^1+1×2^0+1×2^{-1}+0×2^{-2}+1×2^{-3} = 128+0+32+16+0+0+2+1+0.5+0+0.125 = (179.625)_{10}$

同理，非十进制数转换成十进制数的方法是，把各个非十进制数按权展开求和即可。

总结：

◇ 非十进制数转换成十进制数的方法是把二进制数、八进制数或十六进制数写成 2、8 或 16 的各次幂之和的形式，然后再计算其结果即可。

（2）二进制数与八进制数之间的转换

二进制数与八进制数之间的转换十分简捷方便，它们之间的对应关系是，八进制数的每一位对应二进制数的三位。

由于二进制数和八进制数之间存在特殊关系，即 $8^1 = 2^3$，因此转换方法比较容易，具体转换方法是，将二进制数从小数点开始，整数部分从右向左 3 位一组，小数部分从左向右 3 位一组，不足三位用 0 补足即可。

将 $(10110101110.11011)_2$ 转换为八进制数的方法如下：

010	110	101	110	.	110	110
↓	↓	↓	↓	↓	↓	↓
2	6	5	6	.	6	6

于是：$(10110101110.11011)_2 = (2656.66)_8$

八进制数转换成二进制数的方法为，以小数点为界，向左或向右每一位八进制数用相应的三位二进制数取代，然后将其连在一起即可。将（6237.431）$_8$转换为二进制数的方法如下。

6	2	3	7	.	4	3	1
↓	↓	↓	↓	↓	↓	↓	↓
110	010	011	111	.	100	011	001

于是：（6237.431）$_8$=（110010011111.100011001）$_2$

（3）二进制数与十六进制数之间的转换

二进制数的每四位刚好对应十六进制数的一位（$16^1 = 2^4$），其转换方法是，将二进制数从小数点开始，整数部分从右向左4位一组，小数部分从左向右4位一组，不足四位用0补足，每组对应一位十六进制数。将二进制数（101001010111.110110101）$_2$转换为十六进制数的方法如下。

1010	0101	0111	.	1101	1010	1000
↓	↓	↓	↓	↓	↓	↓
A	5	7	.	D	A	8

于是，（101001010111.110110101）$_2$=（A57.DA8）$_{16}$

十六进制数转换成二进制数的方法为，以小数点为界，向左或向右每一位十六进制数用相应的四位二进制数取代，然后将其连在一起即可。将（3AB.11）$_{16}$转换成二进制数的方法如下。

3	A	B	.	1	1
↓	↓	↓	↓	↓	↓
0011	1010	1011	.	0001	0001

于是：（3AB.11）$_{16}$=（1110101011.00010001）$_2$

1.3.3 计算机中的信息码

1. 字符编码

字符编码是指规定用什么样的二进制码来表示字母、数字和专门的符号。在计算机系统中，常用的字符编码有 BCD 码和 ASCII 码。

（1）BCD 码

BCD（binary code decimal）码是用若干个二进制数表示一个十进制数的编码，BCD 码有多种编码方法，常用的是 8421 码。

表 1-3 是十进制数 0~9 的 8421 编码表。

表 1-3　十进制数与 BCD 的对照表

十 进 制 数	8421 码	十 进 制 数	8421 码
0	0000	10	0001 0000
1	0001	11	0001 0001
2	0010	12	0001 0010
3	0011	13	0001 0011
4	0100	14	0001 0100
5	0101	15	0001 0101
6	0110	16	0001 0110
7	0111	17	0001 0111
8	1000	18	0001 1000
9	1001	19	0001 1001

（2）ASCII 码

ASCII（American standard code for information interchange）码是由美国国家标准委员会制定的一种包括数字、字母、通用符号和控制符号在内的字符编码集，也称为美国信息交换标准代码。ASCII 码主要用于微型机与小型机，是目前计算机中普遍采用的编码方式。

ASCII 编码表如表 1-4 所示。

表 1-4　ASCII 编码表

高3位 低4位	000	001	010	011	100	101	110	111
0000	NUL	DLE	SP	0	@	P	、	p
0001	SOH	DC1	!	1	A	Q	a	q
0010	STX	DC2	"	2	B	R	b	r
0011	ETX	DC3	#	3	C	S	c	s
0100	EOT	DC4	$	4	D	T	d	t
0101	ENQ	NAK	%	5	E	U	e	u
0110	ACK	SYN	&	6	F	V	f	v
0111	BEL	ETB	'	7	G	W	g	w
1000	BS	CAN	(	8	H	X	h	x
1001	HT	EM	)	9	I	Y	i	y
1010	LF	SUB	*	:	J	Z	j	z
1011	VT	ESC	+	;	K	[	k	{
1100	FF	FS	,	<	L	\	l		

续表

低 4 位 ＼ 高 3 位	000	001	010	011	100	101	110	111
1101	CR	GS	–	=	M	]	m	}
1110	SO	RS	.	>	N	^	n	~
1111	SI	US	/	?	O	_	o	DEL

ASCII 编码表具有如下特点。

① 每个字符占 1 个字节，最高位为 0，用字节的后 7 位编码，共有 $2^7 = 128$ 种不同字符的编码。

② 表内有 33 个各类控制字符，编码为 0~31 和 127（即 NUL~US 和 DEL），又称为非图形字符，位于表的左边两列和右下角位置上。这些字符主要用于打印或显示时的格式控制；对外部设备的操作控制；进行信息分割；在数据通信时进行传输控制等。

③ 其余 95 个字符称为图形字符（又称为普通字符），为可打印或可显示字符，包括大小写英文字母 52 个，0~9 的数字 10 个，标点符号和运算符号等 33 个。在这些字符中，0~9、A~Z 与 a~z 都是顺序排列的，且小写比大写字母码值大 32。

2. 汉字编码

汉字是世界上使用最多的文字，是联合国的工作语言之一，汉字处理的研究对计算机在我国的推广应用和加强国际交流都是十分重要的。汉字与西文字符相比，数量大，字形复杂，同音字多，这就给汉字处理涉及的输入、加工、存储和输出等带来了一系列问题。为了能够直接使用西文标准键盘输入汉字，必须为汉字设计相应的编码，以适应计算机处理汉字的需要。计算机必须能够同样使用 0 和 1 组成的代码来表示汉字和中文字符，即产生了汉字编码。根据汉字信息处理系统对处理汉字的不同要求，汉字的编码分为汉字信息交换码、汉字输入码、汉字机内码、汉字字形码。

（1）汉字信息交换码（国标码）

汉字编码不能脱离国际标准，但 ASCII 码最多能表达 128 个字符并且已经被英文字母等占用，所以必须扩展编码法。1981 年我国颁布了国家标准《信息交换汉字编码字符集基本集》（GB 2312—1980），该标准收纳了 6 763 个常用汉字和 683 个非常用汉字字符，并为每个字符规定了标准代码。国家标准的编码原则是：一个汉字用两个字节表示，分别称为前字节和后字节，每个汉字用七位码，共计可用 14 位二进制码，能组成 $2^{14} = 16\,384$ 个可区别代码，能表示 16 384 个汉字字符。

（2）汉字输入码（外码）

目前，汉字输入主要有键盘输入、文字识别和语言识别。汉字输入码是为了将汉字通过键盘输入计算机而设计的代码。汉字输入码编码方案很多，例如五笔字型输入法是一种字形码，智能 ABC 是一种拼音类输入法。

（3）汉字机内码（内码）

汉字机内码是计算机系统内部对汉字进行存储、处理、传输统一使用的代码。一般使用 2 个字节来存放汉字内码。为了区分计算机内的汉字字符和英文字符，英文字符的机内码使用一个字节来存放 ASCII 码，一个 ASCII 码占一个字节的低 7 位，最高位为 "0"，而汉字机内码中两个字节的最高位均为"1"。例如"保"字的国际码为 3123H，前字节为 00110001B，后字节为 00100011B，高位变成"1"为 10110001B 和 10100011B，即 B1A3H，那么"保"字的机内码就是 B1A3H。

（4）汉字字形码

存储在计算机内的汉字要在屏幕上显示或打印输出时，汉字机内码并不能作为每个汉字的字形信息输出。汉字处理系统必须配备汉字字形库，需要显示汉字时，根据汉字机内码向字形库检索出该汉字的字形信息输出，再从输出设备显示汉字。例如，"你"字的 16×16 点阵字形编码描述了一个"你"字的 16×16 点阵字形。根据显示或打印的质量要求，汉字字形编码有 16×16、24×24、32×32、48×48 等不同密度的点阵编码。点数越多，显示或打印的字体越美观，但编码占用的存储空间也越大。例如，一个 16×16 的汉字点阵字形编码需占用 32 个字节（16×16÷8＝32），一个 24×24 的汉字点阵字形编码需占用 72 个字节（24×24÷8＝72）。图 1-4 示意了"你"字的 16×16 点阵字形与字形编码。

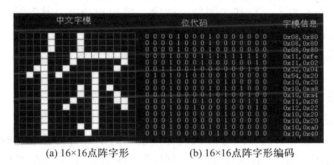

(a) 16×16点阵字形　　　　(b) 16×16点阵字形编码

图 1-4　16×16 点阵字形与字形编码示例

当一个汉字需显示或打印输出时，需将汉字的机内码转换成字形编码，它们之间也是一一对应的关系。所有汉字的点阵字形编码的集合称为汉字库。不同字体（如宋体、仿宋、楷体、黑体等）对应着不同的字库。

思政阅读 1-14：
激光照排

1.4 多媒体基础知识

多媒体技术，是指使用计算机对文本、图形、图像、声音、动画和视频等信息进行综合处理，建立逻辑关系和人机相互作用的综合技术。多媒体技术目前已成为人们关注的热点之一。

1.4.1 多媒体技术基本概念

1. 媒体及其分类

媒体（media）是承载信息的载体。在不同领域有不同的理解，在计算机领域，媒体指信息传输和存储过程中的技术、手段和工具。其含义包括：

（1）存储信息的媒体：例如 U 盘、软盘、光盘、硬盘等。

（2）传输信息的媒体：例如电话线、双绞线、同轴电缆、光纤、微波、电磁波和红外线等。

（3）表示信息的媒体：例如文字、数字、声音、图形、图像、视频和音频等。在计算机中指编码，例如图像编码（JPEG、MPEG）、文本编码（ASCII、GB2312）和声音编码等。

在计算机系统中，直接作用于人的感觉器官，使人产生直接感觉的媒体有：文本、图形、图像、声音、动画和视频图像等媒体元素。

2. 多媒体与多媒体技术

（1）多媒体

多媒体（multimedia），从字面理解，应该是"多种媒体的综合"，实际上它还包含处理这些信息的程序和过程，即包含"多媒体技术"。从狭义来看，多媒体是指用计算机和相关设备交互处理多种媒体信息的方法和手段；从广义来看，是指一个领域，即涉及信息处理的所有技术和方法，包括广播、电视、电话、电子出版物、家用电器等。

多媒体信息包括：文本、声音、图形、图像、视频和动画。其除了具有信息媒体多样化的特征外，还具有数字化、交互性和集成性的特征。是一种"全数字"，人机交互，将多种媒体信息有机地组合到一起，共同表现一个事物或过程，实现"图、文、声"一体化。

（2）多媒体技术

多媒体技术实际是面向三维图形、立体声和彩色全屏幕画面的"实时处理"技术。实现实时处理的技术关键是如何解决好视频、音频信号的采集、传输和存储问题。其核心是"视频、音频的数字化"和"数据的压缩与解压"。此外，在应用多媒体信息时，表达方法也不同于单一的文本信息，而是采用超文本和超媒体技术。

3. 多媒体计算机系统

多媒体计算机是计算机将文字处理、图形图像技术、声音技术等与影视处理技术相结合的产物。多媒体计算机主要由多媒体硬件平台、软件平台和多媒体制作工具组成。多媒体计算机可以是个人计算机，也可以是工作站。目前，市场上的任何一款计算机都具备多媒体计算机功能。

4. 多媒体技术的基本特征

多媒体技术有以下几个基本特征。

（1）集成性

集成性一方面是指对各种媒体信息的集成，即文字、声音、图形、图像、视频等的集成，另一方面是显示或表现媒体设备的集成，即通过计算机把各种物理媒介结合为一体。

（2）实时性

实时性是指当用户给出操作命令时，相应的多媒体信息都能够得到实时控制。

（3）交互性

交互性是多媒体应用有别于传统信息交流媒体的主要特点之一。传统信息交流媒体只能单向、被动地传播信息，而多媒体技术则可以实现人对信息的主动选择和控制。多媒体信息的交互性主要针对用户而言，指的是用户在标引、加工、著录、存储、检索利用时，多媒体信息系统能够提供更加有效地控制及使用信息的手段和空间。交互性可以更有效地控制和使用信息，增加对信息的理解。当引入多媒体技术后，借助交互性，用户可以获得更多的信息，提高对信息的注意力和理解，延长信息保留的时间。例如，在多媒体远程信息检索系统中，交互性可以帮助用户找出想读的书。

（4）多样性

信息媒体的多样性也称为媒体的多样化。它把计算机所能处理的信息媒体的种类或范围扩大，不仅局限于原来的数据、文本或单一的语音、图像。信息形式多种多样，包括文字、图形、声音、图像、视频和动画等。

（5）数字化

数字化是指多媒体系统的各种媒体信息都以数字形式存储在计算机中。

（6）控制性

控制性是指多媒体计算机技术是以计算机为中心，综合处理和控制多媒体信息，并按照人们的要求以多种媒体形式表现出来，同时作用于人的多种感官。

（7）非线性

多媒体技术的另一个重要特征是非线性，它将改变人们传统循序性的信息模式，而借助超文本链接的方式，把内容以一种更灵活的方式呈现给读者。读者可以按照自己的阅读方式去接受信息，充分发挥读者的主动性。

1.4.2　多媒体技术应用

1. 压缩存储技术

数字化后的视频、音频信号的数据量非常大，不进行合理压缩根本就不能传输与存储。所以视频、音频信息数字化后，必须进行压缩才有可能存储和传输。播放时则需要解压缩以实现还原。

2. 音频

通常把人们能够听到的所有声音都称为音频。声音是一种连续的模拟信号，计算机能够处理的是数字信号，所以必须先进行数字化处理才能将声音存储到计算机中。声音的数字化过程包括：采样、量化和编码等步骤。生活中音频文件常用的格式有：MP3、MAV、MID、RM、WMA 等。

3. 图形和图像

图形和图像都是多媒体系统中的可视元素。图形是人们根据客观事物制作而成的，图像是可以直接通过扫描、照相和摄像得到，或者通过绘制得到的。图形、图像的数字化也包含采样、量化和编码三个步骤，只不过图像数字化必须以图像的电子化作为基础，把模拟图像转变成电子信号，随后才将其转换成数字图像信号。常见的图形、图像的文件格式有：BMP、GIF、JPEG、TIFF、TGA、WMF、PNG、IFF、PCX 等。

4. 动画和视频

动画是人为设计制作的动态画面，是通过连续播放的一系列画面，给视觉造成连续变化的图画，它的原理与电影、电视一样，都是视觉原理。常见的动画文件格式有：GIF、SWF、FLIC 等。视频是对现场的真实记录，指的是一系列静态影像以电信号的方式加以捕捉、记录、存储、传递与重现的各种技术。常见的视频文件格式有：AVI、MPEG、ASF、WMV、RM、MOV。

1.5 信息安全

没有信息安全，就没有完全意义上的国家安全，也没有政治安全、军事安全和经济安全。因此，加速信息安全的研究和发展，加强信息安全保障能力已成为我国信息化发展的当务之急，称为国民经济各领域电子化成败的关键，成为提高中华民族生存能力的头等大事。

1.5.1 信息安全基础知识

1. 信息安全概述

（1）计算机信息的基本概念

计算机信息安全是指信息系统（包括硬件、软件、数据、人、物理环境及其基础设施）受到保护，不受偶然的或者恶意的原因而遭到破坏、更改、泄露，系统连续可靠正常地运行，信息服务不中断，最终实现业务连续性。也就是通过各种计算机、网络、密钥技术，保证在各种系统和网络中传输、交换和存储的信息的机密性、完整性和可用性。

（2）OSI 信息安全体系结构

我国的信息安全体系结构标准是《信息技术　开放系统互连　基本参考模型　第1部分：基本模型》GB/T 9387.1—1998。它包括了5大类安全服务以及提供这些服务所需要的8大类安全机制。其中，5大类安全服务是：鉴别、访问控制、数据保密性、数据完整性和不可否认性。8大类安全机制包含：加密、数据签名机制、访问控制机制、数据完整性机制、鉴别交换机制、业务填充机制、路由控制机制和公证机制。

2. 计算机信息安全保障技术

一切影响计算机网络安全的因素和保障计算机网络安全的措施都是计算机网络安全技术的研究内容。这里主要介绍7种关键的信息安全技术。

（1）主机安全技术

主机安全的核心内容包括安全应用交付系统、应用监管系统、操作系统安全增强系统和运维安全管控系统。它的具体功能是指保证主机在数据存储和处理中的保密性、完整性和可用性，它包括硬件、固件、系统软件的自身安全，以及一系列附加的安全技术和安全管理措施，从而建立一个完整的主机安全保护环境。

（2）认证技术

认证就是对于证据的辨认、核实、鉴别，以建立某种信任关系。在通信中，认证技术涉及两个方面：一方面提供证据或标识，另一方面对这些证据或标识的有效性加以辨认、核实和鉴别。认证技术主要包括消息认证、身份认证、数字签名等技术。

（3）访问控制技术

指系统对未经授权的用户限制其使用系统数据及功能的手段。通常用于系统管理员控制用户对服务器、目录、文件等网络资源的访问。访问控制是系统保密性、完整性、可用性和合法使用性的重要基础，是网络安全防范和资源保护的关键策略之一，也是主体依据某些控制策略或权限对客体本身或其资源进行的不同授权访问。访问控制涉及的技术包括入网访问控制、网络权限控制、目录级安全控制、属性安全控制和服务器安全控制。

（4）密码技术

密码技术是信息安全的核心技术。密码技术包括加密和解密两方面内容。加密和解密过程共同组成了加密系统。在加密系统中，要加密的信息称为明文，明文经过变换加密后的形式称为密文。由明文变为密文的过程称为加密，通常由加密算法来实现。由密文还原成明文的过程称为解密，通常由解密算法来实现。目前流行的加密方法包括对称加密、非对称加密和单向散列函数加密。

（5）防火墙技术

防火墙技术，顾名思义，防火墙就是用来阻挡外部不安全因素影响的内部网络屏障，其目的就是防止外部网络用户未经授权的访问。它是一种计算机硬件和软件的结合，使互联网与内部网之间建立起一个安全网关（security gateway），从而保护内部网免受非法用户的侵入，防火墙主要由服务访问政策、验证工具、包过滤和应用网关4个部分组成，防火墙就是一个位于计算机和它所连接的网络之间的软件或硬件。

（6）安全审计技术

主要作用和目的：

① 对可能存在的潜在攻击者起到威慑和警示作用，核心是风险评估。

② 测试系统的控制情况，及时进行调整，保证与安全策略和操作规程协调一致。

③ 对已出现的破坏事件，做出评估并提供有效的灾难恢复和追究责任的依据。

④ 对系统控制、安全策略与规程中的变更进行评价和反馈，以便修订决策和部署。

⑤ 协助系统管理员及时发现网络系统入侵或潜在的系统漏洞及隐患。

（7）安全管理技术

常用的防护措施：防火墙、入侵检测、漏洞扫描、抗拒绝服务、防病毒、系统安全加固和补丁集中管理。

1.5.2　计算机病毒基础知识

1. 计算机病毒概述

《中华人民共和国计算机信息系统安全保护条例》中将计算机病毒定义为"计算机病毒是指编制或在计算机程序中插入的破坏计算机功能或者毁坏数据，影响计算机使用并且能够自我复制的一组计算机指定或者程序代码"。我们可以理解为计算机病毒是隐藏在计算机系统中，利用系统资源进行繁殖并生存，能够影响计算机系统的正常运行，并可以通过系统资源共享途径进行传染的程序。

2. 计算机病毒的特征

计算机病毒具有隐蔽性、传染性、潜伏性、破坏性和不可预见性等特点。

（1）隐蔽性

计算机病毒是一段人为编制的计算机程序代码，这段程序代码一旦进入计算机并得以执行，它会搜寻其他符合传染条件的程序或存储介质，确定目标后再将自身代码插入其中，达到自我繁殖的目的。计算机病毒通过各种渠道从已被感染的计算机扩散到未被感染的计算机，在某些情况下造成被感染的计算机工作失常甚至瘫痪。

（2）传染性

一般在没有防护措施的情况下，计算机病毒程序取得系统控制权后，可以在很短的时间内传染大量程序。而且受到传染后，计算机系统通常仍能正常运行，用户不会感到任何异常。

（3）潜伏性

大部分病毒感染系统后不会马上发作，可长期隐藏在系统中，只有在满足其特定条件时才启动表现（破坏）模块。

（4）破坏性

任何病毒只要侵入系统，都会对系统及应用程序产生程度不同的影响。轻者会降低计算机的工作效率，占用系统资源，重者可导致系统崩溃。

（5）不可预见性

从对病毒的检测方面来看，病毒还有不可预见性。

3. 计算机病毒的分类

计算机病毒按寄生方式和传染方式分为：引导型、文件型、混合型和宏病毒；按连接方式分为：源码型、入侵型、操作系统型和外壳型病毒；按破坏性分为良性病毒和恶性病毒。

4. 病毒的工作步骤与机制

从本质上看，病毒程序可以执行其他程序所能执行的一切功能。与普通程序不同的是，病毒必须将自身附着在其他程序上。病毒程序所依附的其他程序称为宿主程序。当用户运行宿主程序时，病毒程序被激活并开始执行。一旦病毒程序被执行，它就能执行一些意想不到的功能，例如感染其他程序、删除文件等。

从病毒的生命周期来看，病毒一般经历4个阶段。计算机病毒的工作步骤如图1-5所示。

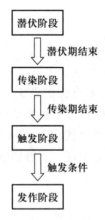

图1-5　计算机病毒的工作步骤

（1）潜伏阶段

病毒程序处于休眠状态，用户根本感觉不到病毒的存在，但并非所有病毒均会经历潜伏阶段。

（2）传染阶段

感染其他程序，将自身程序复制到其他程序或者磁盘的某个区域。

（3）触发阶段

经过传染阶段，病毒程序已经具备运行的条件，一旦病毒被激活，则进入触发阶段。触发阶段，病毒执行某种特定功能从而达到既定目标。

（4）发作阶段

病毒为了既定目标而运行，例如破坏文件、感染其他程序等。

5. 计算机病毒传染的途径

计算机病毒传染的主要途径有：

（1）软件读写

（2）磁盘复制

（3）联网检索、下载程序

（4）运行带病毒的程序

6. 计算机病毒的破坏行为

计算机病毒对计算机的破坏行为主要有以下几个方面：

（1）攻击系统数据区

（2）攻击文件

（3）攻击内存

（4）干扰系统运行，使运行速度下降

（5）干扰键盘、喇叭或屏幕

（6）攻击 CMOS

（7）干扰打印机

（8）网络病毒破坏网络系统

7. 现代计算机病毒的流行特征

现代计算机病毒的流行特征主要有：

（1）攻击对象趋于混合型

（2）反跟踪技术

（3）增强隐蔽性

（4）加密技术处理

（5）病毒繁衍的不同变种

8. 典型病毒危害

（1）CIH 病毒

1998 年爆发于中国台湾，在全球范围内造成了 2 000 万~8 000 万美元的损失。该计算机病毒主要感染 Windows 95/98 中以 EXE 为扩展名的可执行文件，具有极大的破坏性，其后果是使用户的计算机无法启动，唯一的解决方法是替换系统原有的芯片。CIH 可利用所有可能的途径进行传播：软盘、CD-ROM、Internet、FTP 下载、电子邮件等，被公认为是有史以来最危险、破坏力最强的计算机病毒之一。

（2）梅利莎

1999 年爆发，感染了 15%~20% 的商业 PC，给全球带来了 3 亿~6 亿美元的损失。这个病毒专门针对微软的电子邮件服务器和电子邮件收发软件，它隐藏在一个 Word 97 格式的文件里，以附件的方式通过电子邮件传播，善于侵袭装有 Word 97 或 Word 2000 的计算机。它可以攻击 Word 97 的注册器并修改其预防宏病毒的安全设置，使它感染的文件所具有的宏病毒预警功能丧失作用。

（3）I love you

2000 年爆发于中国香港，给全球带来 100 亿～150 亿美元的损失。它是一个用 VBScript 编写，可通过 E-mail 散布的病毒，而受感染的计算机平台以 Windows 95/98/2000 为主。

（4）红色代码

2001 年爆发，给全球带来 26 亿美元的损失。该病毒能够迅速传播，并造成大范围的访问速度下降甚至阻断。这种病毒一般首先攻击计算机网络的服务器，遭到攻击的服务器会按照病毒的指令向政府网站发送大量数据，最终导致网站瘫痪。其造成的破坏主要是涂改网页，有迹象表明，这种病毒有修改文件的能力。

（5）SQL Slammer

2003 年爆发，全球共有 50 万台服务器被攻击，但造成的经济损失较小。该病毒利用 SQL Server 2000 解析端口 1434 的缓冲区溢出漏洞对其服务进行攻击。

（6）冲击波

2003 年爆发，数十万台计算机被感染，给全球造成 20 亿～100 亿美元的损失。该病毒运行时会不停地利用 IP 地址扫描技术寻找网络上系统为 Windows 2K 或 Windows XP 的计算机，找到后就利用 DCOM RPC 缓冲区漏洞攻击该系统，一旦攻击成功，病毒体将会被传送到对方计算机中进行感染，使系统操作异常、不停重启、甚至导致系统崩溃。另外，该病毒还会对微软的一个升级网站进行拒绝服务攻击，导致网站堵塞，使用户无法通过该网站升级系统。

（7）大无极

2003 年爆发，为此前 Sobig 病毒的变种，给全球带来 50 亿～100 亿美元的损失。Sobig. f 是一个利用互联网进行传播的病毒，当其程序被执行时，它会将自己以电子邮件的形式发给它从被感染计算机中找到的所有邮件地址。它使用自身的 SMTP 引擎来设置所发出的信息。此蠕虫病毒在被感染系统中的目录为 C：\WINNT\WINPPR32. EXE。

（8）贝革热

2004 年爆发，给全球带来数千万美元的损失。该病毒通过电子邮件进行传播，运行后，在系统目录下复制自身，修改注册表键值。

（9）MyDoom

2004 年爆发，在高峰时期，导致网络加载时间慢 50% 以上。它是一种通过电子邮件附件和 P2P 网络 Kazaa 传播的病毒，当用户打开并运行附件内的病毒程序后，病毒就会以用户信箱内的电子邮件地址为目标，伪造邮件的源地址，向外发送大量带有病毒附件的电子邮件，同时在用户主机上留下可以上载并执行任意代码的后门（TCP 3127～3198 范围内）。

（10）Sasser

2004 年爆发，给全球带来数千万美元的损失。该病毒是一个利用微软操作系统的

Lsass 缓冲区溢出漏洞（MS04-011 漏洞信息）进行传播的蠕虫。由于该蠕虫在传播过程中会发起大量的扫描，因此对个人用户使用和网络运行都会造成很大的冲击。

9. 计算机病毒的防治

如果计算机工作出现了下列异常现象，可能是感染了病毒：例如屏幕上出现异常图形或画面，系统很难恢复；扬声器发出与正常操作无关的声音；磁盘可用空间减少；硬盘不能引导系统；磁盘上的文件或程序丢失；磁盘读/写文件明显变慢；系统引导变慢或出现问题；系统经常死机或出现异常的重启现象；原来运行的程序突然不能运行；打印机不能正常启动。出现以上等异常现象时，我们需要对计算机进行病毒检测，并进行修复。

（1）计算机病毒的检测

计算机病毒检测包括异常情况判断和计算机病毒的检查。当计算机出现了异常现象时，首先要及时关注问题，根据特征查找问题。通过检查磁盘主引导扇区、FAT 表、中断向量、可执行文件、内存空间等进行排查。

（2）计算机病毒的防治

关于计算机病毒防治，主要以预防为主。例如安装实时监控的杀毒软件或防毒卡，定期更新病毒库；及时升级杀毒软件，安装操作系统的补丁程序；对重要数据进行备份；不要随意打开来历不明的电子邮件及附件；不要随意打开陌生人传来的页面链接；不要随意下载、执行网络上的应用程序；防止非法复制软件。以上方式都可以有效预防计算机病毒的感染。

（3）计算机感染病毒后的修复

一旦计算机感染病毒后，需要对病毒进行清除。清除病毒主要有两种方式，第一种是人工处理方法，例如用正常的文件覆盖被病毒感染的文件，删除被病毒感染的文件或重新格式化磁盘；第二种是用反病毒软件对病毒进行清除，常用的杀毒软件有：卡巴斯基杀毒软件、瑞星杀毒软件、金山毒霸、360 安全卫士、诺顿 Norton、江民杀毒软件 KV2019 等。

思政阅读 1-15：
墨菲定律

1.5.3　软件知识产权及信息安全道德观

1. 软件知识产权

知识产权又称为智力成果产权和智慧财产权，是指对智力活动创造的精神财富所享有的权利。计算机软件的体现形式是程序和文件，它们是受著作权法保护的。软件的功能、目标、应用属于思想、改变，不受著作权法的保护，而软件的程序代码则是表现，应受著作权法的保护。作品著作权人（或版权人）享有 6 项专有权利：发表权、署名权、修改权、保护作品完整权、使用权及获得报酬权。

2. 职业道德与相关法规

不管是做一名计算机工作人员，还是国家公务员，都应该培养高尚的道德情操，养成良好的计算机道德规范，接收计算机信息系统安全法规教育并熟知有关要点。

3. 我国信息安全的相关法律法规

我国信息安全的相关法律法规主要有《计算机软件保护条例》《中国公用计算机互联网国际联网管理办法》和《中华人民共和国计算机信息系统安全保护条例》等。

4. 使用计算机应遵守的若干戒律

在日常计算机使用中，作为网民，我们不应该用计算机去伤害别人，不应该干扰别人的计算机工作，不应该窥探别人的文件，不应该用计算机进行盗窃，不应该用计算机作伪证，不应该使用或复制未付钱的软件，不应该未经许可而使用别人的计算机资源，不应该盗用别人的智力成果，应该考虑你所编制的程序的社会后果。

【本章小结】

本章除了简要介绍信息技术基础知识及计算机基础知识外，还进一步介绍了多媒体技术、信息安全及计算机病毒等知识内容。通过本章的学习，读者应对以上内容有所了解，从而为进一步学习本书后续章节奠定基础。

【课后习题】

一、单项选择题

1. 天气预报、市场信息都会随时间的推移而变化，这体现了信息的（　　）。
    A. 载体依附性　　　　　B. 共享性　　　　　C. 时效性　　　　　D. 持久性
2. 所谓信息化，是指社会经济的发展从以物质与能量为经济结构重点，向以（　　）为经济结构重点转变的过程。
    A. 计算机产业　　　　　B. 计算机软件　　　C. 网络信息　　　　D. 信息与知识
3. 下列关于信息特性的叙述，不正确的是（　　）。
    A. 信息必须依附某种载体进行传输
    B. 信息是不能被识别的
    C. 信息能够以不同的形式进行传递，并且可以还原再现
    D. 信息具有时效性和时滞性
4. 下列关于信息的叙述中，正确的是（　　）。
    A. 信息可以不依附任何载体直接进行传输
    B. 信息需要由专业人员进行处理
    C. 信息可以多次被反复利用
    D. 信息是一种摸不着的资源，因此不可能估算其价值
5. 交通信号灯能同时被多人接收，说明信息具有（　　）。
    A. 载体依附性　　　　　B. 共享性　　　　　C. 时效性　　　　　D. 持久性
6. 世界上第一台通用电子计算机是（　　）。
    A. ENIAC　　　　　　B. EDVAC　　　　　C. IBM705　　　　　D. PDP1
7. 微型计算机中使用的人事档案管理系统属于下列计算机应用中的（　　）。
    A. 人工智能　　　　　B. 专家系统　　　　C. 信息管理　　　　D. 科学计算
8. CAD是计算机的主要领域，它的含义是（　　）。

A. 计算机辅助教育　　　　　　　　B. 计算机辅助测试

C. 计算机辅助设计　　　　　　　　D. 计算机辅助管理

9. 在多媒体系统中，用户积极参与其中的活动而不是被动接受，用户的反应和参与主要体现了多媒体技术的（　　）。

A. 集成性　　　　B. 交互性　　　　C. 实时性　　　　D. 共享性

10. 常见的视频格式不包括（　　）。

A. AVI　　　　B. MPEG　　　　C. JPGE　　　　D. ASF

二、多项选择题

1. 人类赖以生存与发展的基础资源是（　　）。

A. 智能　　　　B. 信息　　　　C. 能量　　　　D. 物质

2. （　　）属于目前新兴的信息技术。

A. 大数据　　　　B. 文字编辑　　　　C. 云计算　　　　D. 人工智能

3. 下面说法正确的是（　　）。

A. 计算机的高速度、高精度实现了信息处理的高效率、高质量

B. 计算机进行信息处理使人与人之间不容易沟通与交流

C. 计算机的多媒体技术扩大了计算机进行信息处理的领域

D. 计算机强大的存储能力使信息可以长期保存和反复使用

4. 计算机的发展趋势包括（　　）方向。

A. 多极化　　　　B. 网络化　　　　C. 智能化　　　　D. 多媒体化

5. （　　）属于多媒体的范畴。

A. 数字、文字　　　　B. 声音　　　　C. 动画、视频　　　　D. 图形

6. 计算机病毒的传染途径有（　　）。

A. 网络　　　　B. 软盘　　　　C. 硬盘　　　　D. U盘

7. 作品著作人（或版权人）享有（　　）专有权利。

A. 发表权

B. 署名权

C. 修改权

D. 保护作品完整权和使用权及获得报酬权

8. 计算机病毒具有（　　）等特点。

A. 显性　　　　B. 传染性　　　　C. 潜伏性　　　　D. 破坏性

9. 计算机按照性能可划分为（　　）。

A. 巨型机、大型机　　　　　　　　B. 中型机、小型机

C. 微型机、工作站　　　　　　　　D. 服务器

10. 信息有（　　）等特性。

A. 广泛性　　　　B. 动态性　　　　C. 时效性　　　　D. 可传递性

三、简答题

1. 常见的信息安全及保障技术有哪些？

2. 计算机病毒具有哪些典型特征？

3. 请说明未来新一代计算机及其特点。

4. 为什么在计算机内部用二进制来表示数据？

5. 完成以下数据的进制转换。

（1）将二进制数 1001101.1011 转换为十进制数。

（2）将八进制数 123.56 转换为十进制数。

（3）将十六进制数 1AF.12 转换为十进制数。

（4）将十进制数 123 转换为二进制数。

（5）将八进制数 123 转换为二进制数。

（6）将二进制数 1100101 转换为八进制数。

（7）将十六进制数 ACF 转换为二进制数。

第 2 章
计算机组成及工作原理

【本章导读】

随着计算机技术的快速发展和深度应用，计算机已成为人们学习、工作和生活中必不可少的一部分。为了让计算机能更好地为人们服务，必须系统、全面地掌握计算机系统的相关知识。

本章主要介绍了计算机系统的组成、计算机基本工作原理、计算机硬件系统、计算机软件系统及软件工程等计算机系统知识。

【学习目标】

(1) 了解计算机系统的组成；
(2) 了解软件工程；
(3) 掌握计算机的基本工作原理；
(4) 掌握计算机硬件系统；
(5) 掌握计算机软件系统。

2.1 计算机系统的组成

一个完整的计算机系统由硬件系统和软件系统两部分组成，如图 2-1 所示。

硬件系统也称硬设备，是计算机系统的物理实体，例如计算机的中央处理器、输入或输出设备。软件系统是计算机里面的各类程序和数据，它包括计算机自身运行所需的系统软件和解决用户具体需求所需的应用软件。

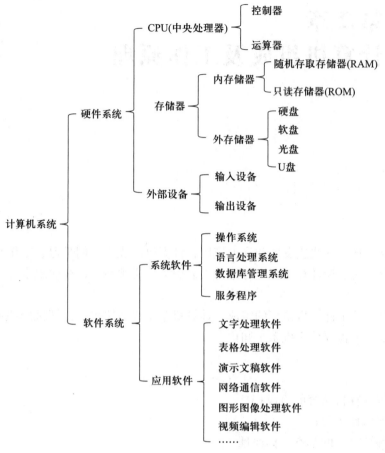

图 2-1 计算机系统组成

2.2 计算机基本工作原理

计算机的工作过程就是一个执行程序的过程。要理解计算机的基本工作原理，就得先理解计算机指令和程序。此外，计算机对信息的处理过程是一个自动化的过程，这是因为采用了"存储控制"工作方式。

2.2.1 计算机指令和程序

1. 指令

计算机的指令是控制机器工作的指令，是能被计算机识别和执行的二进制代码，规定了计算机能够完成的某一种操作。

2. 程序

程序是一系列按照一定顺序排列的指令，执行程序的过程就是计算机的工作过程。

2.2.2 存储程序

1. 冯·诺依曼原理

1946 年，美籍匈牙利数学家冯·诺依曼简化了计算机的结构，提出"存储程序"的思想，提高了计算机的运行速度，使计算机可以对信息进行自动处理。该思想又被称为"冯·诺依曼原理"。该原理确立了现代计算机基本组成的工作方式，直到现在，计算机的设计与制造依然根据"冯·诺依曼"体系结构进行。

2. "存储程序控制"原理基本内容

（1）运算器、控制器、存储器、输入设备和输出设备五大基本部件组成了计算机硬件体系结构，如图 2-2 所示。

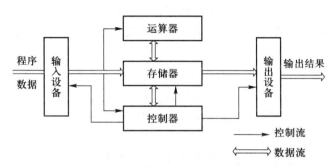

图 2-2 计算机的 5 大基本部件

（2）计算机内部采用二进制形式表示数据和指令。

（3）将程序（数据和指令序列）预先存放在主存储器中（程序存储），使计算机在工作时能够自动高效地从存储器中取出指令，并加以执行（程序控制）。

2.2.3 计算机的工作过程

计算机的工作过程，是计算机的五大部件在计算机控制器的控制下统一协调进行工作。计算机的工作过程可以分为以下四步：

● 将程序和数据通过输入设备送入存储器。

● 启动运行后，计算机从存储器中取出程序指令送入控制器中去识别，分析该指令要做什么事情。

● 控制器根据指令的含义发出相应的命令，例如加法或减法，将存储单元中存放的操作数据取出来送往运算器中进行运算，再将运算结果送回存储器指定的单元中。

● 当运算任务完成后，就可以根据指令将结果通过输出设备输出。

2.3 计算机硬件系统

计算机的硬件系统是由运算器、控制器、存储器、输入设备和输出设备组成。

2.3.1 CPU

CPU 是 central processing unit 的缩写，也称为中央处理器，是计算机 思政阅读 2-1：龙芯 的核心部件。CPU 包括运算器和控制器两部分。CPU 的性能直接决定了由它构成的微型计算机系统的性能。目前 CPU 的生产商有 Intel、AMD 和威盛等。

1. 控制器

控制器（controller unit，CU）是计算机的指挥中心，其基本功能是控制和协调计算机各部件自动、连续地执行各条指令。通常由指令部件、时序部件及操作控制部件组成。

2. 运算器

运算器也称为算术逻辑单元（arithmetic and logic unit，ALU），其功能是对数据进行加工处理，它在控制器的指挥下与内存交换数据，主要负责进行算术运算和逻辑运算。运算器的性能直接影响整个计算机系统的性能，而字长和运算速度则是衡量运算器性能的两个重要指标。

（1）字长

字长表示计算机一次能处理的二进制数的位数。字长是衡量计算机性能的一个重要指标，字长越长，表示计算机的运算精度越高，处理能力越强。

（2）运算速度

运算速度是指计算机每秒所能处理的机器语言指令数，通常用每秒 思政阅读 2-2：神威·太湖之光 处理的百万级的指令数来表示。

2.3.2 存储器

计算机存储器指计算机的内部存储区域，以芯片格式和集成电路形式存在。存储器是计算机的记忆装置，它的主要功能是存放程序和数据。在计算机中，存储容量的表示单位除了字节以外，还有 KB、MB、GB、TB。其中，1 KB = 1 024 B，1 MB = 1 024 KB，1 GB = 1 024 MB，1 TB = 1 024 GB。计算机存储器可分为内部存储器、外部存储器两大类。

1. 内存

内部存储器简称内存，是由半导体器件构成的。它是计算机的记忆中心，用于存放当前计算机运行所需要的程序和数据。特点是存取速度快，容量相对较小，价格高。从使用功能上分为只读存储器（read-only memory，ROM）和随机存储器（random access memory，RAM）两种。

ROM 所存数据或程序一般是装入整体前写好的，主要用来存放固定不变的程序和数据。整机工作过程中只能读出，一般无法写入。ROM 所存数据稳定，断电后数据不会改变、丢失。

RAM 是计算机最主要的存储器，是与 CPU 直接交换数据的内部存储器。RAM 可以读出，也可以写入，主要用来根据需要随时读/写，读出时并不损坏原来存储的内容，只有写入时才修改原来所存储的内容。断电后，存储内容消失。

2. 外存

外部存储器简称外存，用以存放系统文件、大型文件、数据库等大量程序与数据信息，位于主机范畴之外。外存可以储存大量的数据和程序，且这些数据和程序在断电后仍然能保存。外存不能被 CPU 直接访问，所以外存中的数据和程序先要被调入内存中才能被 CPU 访问。常见的外存有硬盘、软盘、光盘和 U 盘等。

（1）硬盘

一个硬盘一般由多个盘片组成，盘片的每一面都有一个读写磁头。硬盘在使用时，读写磁头在盘的中心和边缘之间做径向移动，同时轴心进行转动，从而能够快速地在盘片的双面进行数据读写。硬盘具有容量大、读写速度快等优点。现在，硬盘已经成为计算机系统必不可少的外存储设备。固态硬盘如图 2-3 所示。

（2）软盘

软盘是个人计算机中最早使用的可移动存储介质，其读写是通过软盘驱动器完成的，如图 2-4 所示。软盘虽然携带方便，但是存取速度慢、容量小、单位容量成本高且可靠性低，目前已经被市场所淘汰。

图 2-3　固态硬盘

图 2-4　软盘

（3）光盘

光盘和光盘驱动器构成光存储器设备，是近年来颇受重视的一种外存设备，如图 2-5 所示。光存储器具有存储容量大、读取速度快、价格低、使用方便等优点。

（4）U 盘

U 盘即 USB 盘的简称，是闪存的一种，通过 USB 接口与计算机连接，实现即插即用，如图 2-6 所示。U 盘的特点是：小巧便携、存储容量大、价格便宜、可靠性较高。USB2.0 的速度是 480 Mbps，USB3.0 的速度是 5 Gbps。常见的 U 盘品牌有金士顿、朗科、电台、爱国者、联想等。

图 2-5　光盘

图 2-6　U 盘

2.3.3　输入、输出设备

中央处理器（CPU）和主存储器（RAM）构成计算机系统的主体，即主机。主机以外的硬件设备称为外部设备。外部设备通常包括输入输出设备和外部存储设备。

1. 输入设备

输入设备是计算机与用户或其他设备通信的桥梁。输入设备是用户和计算机系统之间进行信息交换的主要装置之一。常见的输入设备主要有键盘、鼠标、摄像头、扫描仪、光笔、手写板、游戏杆和语音输入设备等，如图2-7所示。

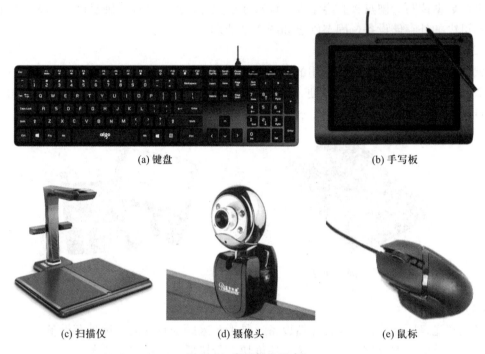

(a) 键盘　　　　　　　　　　　　　　　　　(b) 手写板

(c) 扫描仪　　　　　　(d) 摄像头　　　　　　(e) 鼠标

图2-7　常见输入设备

2. 输出设备

输出设备是人与计算机交互的一种部件，用于数据的输出。它把各种计算结果数据或信息以数字、字符、图像、声音等形式表示出来。常见的输出设备有显示器、打印机、绘图仪、影像输出系统、磁记录设备和语音输出系统等，如图2-8所示。

图2-8　常见输出设备——显示器和打印机

2.4 计算机软件系统

计算机系统中，软件系统是必不可少的一部分。软件系统可以对硬件进行管理、控制和维护。根据软件的用途可将其分为系统软件和应用软件两大类。

2.4.1 系统软件

系统软件是计算机系统的基本软件。其主要作用是调度、监控和维护计算机资源。系统软件是用户和裸机的接口，主要包括操作系统、语言处理程序、数据库管理系统等。

1. 操作系统

操作系统（operating system，OS）负责对计算机的全部软硬件资源进行分配、控制、调度和回收。操作系统是计算机系统中最基本的系统软件，对计算机的所有操作都要在操作系统的支持下才能进行。以下是常见的操作系统。

（1）DOS 操作系统

DOS 是 disk operating system 的简称，它是个人计算机里的一种操作系统。DOS 操作系统从 1981 年问世至今，经历了多次升级，最新已经到 8.0 版本。现在还有一些设备使用 DOS 操作系统，例如数控机床里面的工控机。

（2）Windows 操作系统

在个人计算机发展史上，出现过许多不同的操作系统，Windows 操作系统是用户最为常用的操作系统之一。自 Microsoft 公司 1985 年发布以来，Windows 操作系统经历了多次升级，界面越来越友好，操作更方便，对硬件支持良好。

思政阅读 2-3：华为鸿蒙系统

（3）UNIX 系统

UNIX 是 20 世纪 70 年代初出现的一个操作系统，除了作为网络操作系统之外，还可以作为单机操作系统使用。UNIX 作为一种开发平台和台式操作系统获得了广泛使用，主要用于工程应用和科学计算等领域。

2. 语言处理系统

编写程序是利用计算机解决问题的重要方法和手段，用于编写程序的计算机语言包括机器语言、汇编语言和高级语言。

（1）机器语言（machine language）

机器语言是计算机硬件系统所能识别的、不需要被翻译、直接供机器使用的程序语言。机器语言用二进制代码 0 和 1 的形式表示，是唯一能被计算机直接识别的程序。用机器语言编写的程序，称为机器语言程序。机器语言是一种低级语言，它不便于记忆、阅读和书写。

（2）汇编语言（assemble language）

汇编语言的特点是用助记符来表示机器指令，用符号地址来标识指令中的操作数和操作地址。与机器语言相比，汇编语言较为直观，更容易理解及记忆，但是通用性不强。用汇编语言编写的程序称为汇编语言程序。由于计算机只能执行用机器语言编写的程序，所以必须将用汇编语言编写的源程序翻译成能够直接执行的机器语言程序，这一过程就是汇编。

（3）高级语言（high level language）

高级语言又称算法语言，是一种比较接近自然语言和数学表达的计算机语言。高级语言与具体的计算机指令系统无关，其表达方式更接近人们对求解过程或问题的描述方式。一般用高级语言编写的程序称为"源程序"，计算机不能直接识别和执行使用高级语言编写的程序，要将其翻译成机器指令才能在计算机上运行。要把高级语言编写的源程序翻译成机器指令，通常有编译和解释两种方式。

编译：是将源程序整个地翻译成用机器指令表示的目标程序，然后让计算机执行，例如 C 语言。

解释：是将源程序逐句翻译，翻译一句执行一句，不产生目标程序，例如 BASIC 语言。

常见的高级程序语言有：C 语言、C++语言、BASIC 语言、Java 语言、Python 语言等。

● C 语言

C 语言是一门面向过程的、抽象化的通用程序设计语言，广泛应用于底层开发。C 语言能以简易的方式编译、处理低级存储器。C 语言是仅产生少量的机器语言以及不需要任何运行环境支持便能运行的高效率程序设计语言。尽管 C 语言提供了许多低级处理的功能，但仍然保持着跨平台的特性，以一个标准规格写出的 C 语言程序可在包括类似嵌入式处理器以及超级计算机等作业平台的许多计算机平台上进行编译。

● C++语言

C++语言是由 C 语言扩展升级而产生的。最早于 1979 年由本贾尼·斯特劳斯特卢普在 AT&T 贝尔实验室研发。C++既可以进行 C 语言的过程化程序设计，又可以进行以抽象数据类型为特点的基于对象的程序设计，还可以进行以继承和多态为特点的面向对象的程序设计。C++擅长面向对象程序设计的同时，还可以进行基于过程的程序设计。

● BASIC 语言

BASIC 是一种设计给初学者使用的程序设计语言。BASIC 是一种直译式的编程语言，在完成编写后无须经由编译及连接等即可执行，但如果需要单独执行时仍然需要将其建立成可执行文件。

● Java 语言

Java 是一门面向对象的编程语言，不仅吸收了 C++语言的各种优点，还摒弃了 C++里难以理解的多继承、指针等概念，因此 Java 语言具有功能强大和简单易用两个特征。Java 语言作为静态面向对象编程语言的代表，极好地实现了面向对象理论，允许程序员以优雅的思维方式进行复杂的编程。

● Python 语言

Python 由荷兰数学和计算机科学研究学会的吉多·范罗苏姆于 1990 年代初设计，是 ABC 语言的替代品。Python 提供了高效的高级数据结构，还能简单有效地面向对象编程。Python 语法和动态类型，以及解释型语言的本质，使它成为多数平台上写脚本和快速开发应用的编程语言，随着版本的不断更新和语言新功能的添加，逐渐被用于独立的、大型项目的开发。

3. 数据库管理系统（database management system）

数据库管理系统简称 DBMS，其作用是管理数据库。数据库管理系统是有效进行数据存储、共享和处理的工具。目前，常见的数据库管理系统有甲骨文公司的 Oracle、IBM 公司的 DB2 和微软的 SQL Server 等。

思政阅读 2-4：OceanBase

今天，数据库技术是几乎所有计算机应用系统都离不开的技术，专业的数据库工程师奇缺，数据库工程师成了软件开发、大数据和云计算领域深受欢迎的专业人才。

4. 服务程序

服务程序也称为支撑软件，是为了帮助用户使用、维护计算机系统提供服务性手段的一类程序。它提供运行所需的服务主要有：编辑程序、调试程序、装配程序、连接程序和测试程序等。

2.4.2 应用软件

应用软件是指为用户解决某个实际问题利用各种程序设计语言编制的程序和有关资料。可分为应用软件包和用户程序。常见的计算机应用软件如表 2-1 所示。

表 2-1 常见的计算计应用软件

类　　型	举 例 说 明
文字处理软件	Word、WPS
表格处理软件	Excel
演示文稿软件	PowerPoint
网络通信软件	微信、QQ
图形图像处理软件	Photoshop
视频编辑软件	Premiere
统计软件	SAS、SPSS

1. 用户程序

用户程序是指为特定用户解决特定问题而开发的软件。

思政阅读 2-5：WPS

2. 应用软件包

应用软件包是指软件公司未解决带有通用性的问题精心研制的供用户选择的程序。

2.5 软件工程

本节主要介绍程序设计语言的含义、要素和发展历程，并对软件工程进行简要介绍，使读者进一步走进计算机技术。

2.5.1 程序设计语言

自 20 世纪 60 年代以来, 世界上公布的程序设计语言已有上千种之多, 但至今只有很少一部分得到了广泛应用。程序设计语言是用于书写计算机程序的语言。语言的基础是一组记号和一组规则。根据规则由记号构成的记号串的总体就是语言。在程序设计语言中, 这些记号串就是程序。程序设计语言有 3 个方面的因素, 即语法、语义和语用。语法表示程序的结构或形式, 亦即表示构成语言的各个记号之间的组合规律, 但不涉及这些记号的特定含义, 也不涉及使用者。语义表示程序的含义, 即表示按照各种方法所表示的各个记号的特定含义, 但不涉及使用者。

下面以高级程序设计语言 Python 语言为例, 一起体验编程的魅力。假设需要根据用户输入的出生年份自动算出其年龄, 并输出结果。那么可以用以下代码实现:

```
Import datetime
sName = input("请输入您的姓名:")
birthyear = int(input("请输入您的出生年份:"))
age = datetime. date. today(). year - birthyear
print("您好! {0},您{1}岁。". format(sName,age))
```

2.5.2 软件工程概述

"软件工程" 一词是由北大西洋公约组织 (North Atlantic Treaty Organization, NATO) 的计算机科学家在德国召开的国际会议上首次提出来的。产生软件工程这门学科的时代背景是 "软件危机"。软件工程的发展和应用不仅缓和了软件危机, 而且促使一门新兴的工程学科诞生了。

1. 什么是软件工程

概括地说, 软件工程是指导计算机软件开发和维护的工程学科。采用工程的概念、原理、技术和方法来开发与维护软件, 把经过时间考验而证明正确的管理技术和当前能够得到的最好技术方法结合起来, 经济地开发出高质量的软件并有效地维护它, 这就是软件工程。

2. 软件工程基本目标

软件工程是一门工程性学科, 目的是成功地建造一个大型软件系统。所谓成功是指要达到以下几个目标:

(1) 降低软件开发成本。

(2) 满足用户要求的全部软件功能。

(3) 符合用户要求, 令用户满意的软件性能。

(4) 具有较好的易用性、可重用性和可移植性。

(5) 较低的维护成本, 较高的可靠性。

(6) 按合同要求完成开发任务, 及时交付用户使用。

3. 软件工程的基本原理

自从 1968 年在前联邦德国召开的国际会议上正式提出并使用了 "软件工程" 这个术语以来, 研究软件工程的专家学者们陆续提出了 100 多条关于软件工程的准则或 "信条"。著名的软件工程专家 Barry W. Boehm 综合这些学者们的意见并总结了 TRW 公司多年开发软件的经验,于 1983 年在一篇论文中提出了软件工程的 7 条基本原理,具体内容如下:

(1) 用分阶段的生命周期计划严格管理。

(2) 坚持进行阶段评审。

(3) 实行严格的产品控制。

(4) 采用现代程序设计技术。

(5) 结果应能清楚地审查。

(6) 开发小组的人员应该少而精。

(7) 承认不断改进软件工程实践的必要性。

4. 软件工程包含的领域

IEEE 在 2004 年发布的《软件工程知识体系指南》中将软件工程知识体系划分为以下 10 个知识领域:

(1) 软件需求。

(2) 软件设计。

(3) 软件构建。

(4) 软件测试。

(5) 软件维护。

(6) 软件配置管理。

(7) 软件工程管理。

(8) 软件工程过程。

(9) 软件工程工具和方法。

(10) 软件质量。

【本章小结】

本章由浅入深地介绍了计算机系统的组成和功能及工作原理,并对计算机系统的硬件及软件系统进行了详细的讲述。通过本章的学习,读者应对计算机的概念和原理有进一步的理解,从而能够更好地利用计算机设备进行工作、学习。

【课后习题】

一、单项选择题

1. 计算机硬件系统中最核心的部件是 ( )。

    A. 输入设备   B. 输出设备   C. CPU   D. RAM

2. 在计算机内一切信息存取、传输都是以 ( ) 形式进行的。

    A. 十进制   B. 二进制   C. ASCII 码   D. BCD 码

3. 计算机断电以后，会丢失信息的存储器是（　　　）。

  A. U 盘   B. RAM   C. 硬盘   D. Cache

4. 下列几种存储器中，存取周期最短的是（　　　）。

  A. 内存储器   B. 光盘存储器

  C. 硬盘存储器   D. U 盘存储器

5. 下列设备中，既可向计算机输入数据又能接收计算机输出数据的是（　　　）。

  A. 打印机   B. 显示器

  C. 磁盘存储器   D. 光笔

6. 在键盘的使用和维护的注意事项中，（　　　）是错误的。

  A. 不要自行拆卸键盘进行清理 B. 保持键盘清洁

  C. 用酒精清洗键盘上的污物   D. 敲击键盘不要用力过猛

7. 以下关于计算机操作系统的叙述中，不正确的是（　　　）。

  A. 操作系统是方便用户管理和控制计算机资源的系统软件

  B. 操作系统是计算机中最基本的系统软件

  C. 操作系统是用户与计算机硬件之间的接口

  D. 操作系统是用户与应用软件之间的接口

8. 必须要经过汇编后计算机才能执行的程序是（　　　）。

  A. 机器语言程序   B. 汇编语言程序

  C. 高级语言程序   D. 非过程语言程序

9. 下列关于办公软件的叙述中，不正确的是（　　　）。

  A. 办公软件实现了办公设备的自动化

  B. 办公软件支持日常办公、无纸化办公

  C. 许多办公软件支持网上办公、移动办公

  D. 许多办公软件支持协同办公，是沟通、管理、协作的平台

10. 程序设计语言经历了机器语言、汇编语言、（　　　）和非过程化语言的四代发展历程。

  A. 过程化语言 B. 高级语言   C. Python 语言 D. 智慧语言

二、多项选择题

1. 字长决定了计算机的（　　　）。

  A. 计算精度   B. 主频   C. 运算速度   D. 处理能力

2. 计算机外部存储器主要有（　　　）。

  A. 磁盘   B. 光盘   C. U 盘   D. 内存

3. 常见的高级程序设计语言有（　　　）等。

  A. C 语言   B. Java 语言   C. Python 语言 D. BASIC 语言

4. 常见的操作系统包括（　　　）等。

  A. DOS   B. UNIX   C. Windows   D. Linux

5. 计算机存储器可分为（　　　）两类。

  A. 内部存储器   B. 随机存取存储器

  C. 外部存储器   D. 高速缓冲存储器

三、简答题

1. 简述计算机系统的组成。
2. 说一说"存储程序控制"原理的基本内容。
3. 常见的输入输出设备有哪些?
4. 汇编语言和高级语言能被计算机直接识别和执行吗? 为什么?
5. 系统软件和应用软件的区别是什么?

第 3 章
计算机操作系统

【本章导读】

操作系统是配置在计算机硬件上的第一层软件，是对硬件系统的首次扩充。通常，没有操作系统的计算机被称为"裸机"，"裸机"是无法使用的。操作系统是整个计算机系统的管理与指挥中心，管理着计算机的所有软件和硬件资源，是最重要的系统软件。操作系统的功能不断完善，给人们使用计算机带来了很大的方便。

本章先介绍操作系统的基本知识，然后讨论 Windows 10 的使用和操作。

【学习目标】

（1）理解操作系统的概念、功能、分类等基础知识；
（2）了解认识常用操作系统；
（3）掌握 Windows 10 的基本操作；
（4）掌握 Windows 10 的系统设置；
（5）掌握 Windows 10 的文件管理；
（6）掌握 Windows 10 的程序管理；
（7）掌握 Windows 10 的系统维护；
（8）了解 Windows 10 的常用工具。

3.1 操作系统概述

早期的计算机只有计算机专业人员才能使用。操作系统的出现，为用户提供了使用和操作计算机的接口和界面，从而使计算机成了人们日常工作、学习、生活不可缺少的工具。操作系统的出现和发展，使计算机的功能越来越强，计算机的使用也是越来越方便。

3.1.1 操作系统的定义

计算机系统由硬件和软件组成，计算机系统层次结构图如图 3-1 所示。软件又分为系统软件和应用软件。系统软件为应用软件的开发与运行提供支持。在系统软件中，最重要的就是操作系统，操作系统是其他系统软件和应用软件运行的基础。

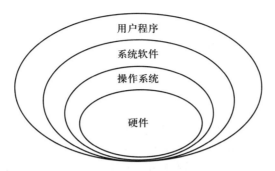

图 3-1　计算机系统层次结构图

　　操作系统（operating system，OS）可以定义为：有效地管理整个计算机系统的软硬件资源，合理组织计算机工作流程，控制程序的执行，并提供给用户和其他软件友好的访问接口和运行环境的软件集合。简单地说，就是管理计算机资源的"管家"。

3.1.2　操作系统的功能

　　从资源管理的角度来看，操作系统有五大基本功能：处理器管理功能、存储器管理功能、设备管理功能、文件管理功能、用户接口。

1. 处理器管理功能

　　处理器管理的主要任务是对处理机的分配和运行实施有效的管理，即如何将 CPU 真正合理地分配给每个任务，保证处理器在多个进程之间进行有效的切换（进程是指程序的一次执行过程）。在传统的多道程序系统中，处理机的分配和运行都是以进程为基本单位，因而对处理机的管理可归结为对进程的管理。进程管理主要实现以下功能：

　　（1）进程控制：实现进程的创建、撤销和状态转换。

　　（2）进程调度：为处理器分配某个进程让其运行。

　　（3）进程同步：协调相互制约的进程的执行。

　　（4）进程通信：实现相互合作的进程之间的信息交换。

2. 存储器管理功能

　　存储器管理主要指对计算机内存的管理。其任务是：分配存储空间，保证各程序占用的存储空间不发生矛盾，并使各程序在自己所属存储区中不互相干扰。存储器管理功能具体如下：

　　（1）内存分配：按照特定的策略为每个程序分配内存。

　　（2）内存保护：确保系统程序和用户程序在自己的独立内存空间中运行，互不干扰。

　　（3）虚拟存储管理：借助虚拟存储技术把外存虚拟成内存。

3. 设备管理功能

　　设备管理是指负责管理各类外围设备，包括分配、启动和故障处理等。主要任务是：分配 I/O 设备，提高 CPU 和 I/O 设备的利用率，提高 I/O 速度，方便用户使用 I/O 设备。

4. 文件管理功能

　　文件管理是指操作系统对文件的存储、检索、修改、删除等操作以及文件的保护功能。操作系统一般都提供功能强大的文件系统，方便用户使用文件并保证文件的安全。

5. 用户接口

用户接口是操作系统与用户进行交互和交换信息的方式，通常有命令接口、程序接口两种。

3.1.3 操作系统的分类

根据用户数、功能等的不同，可以将操作系统分为多种类型。

1. 根据用户数可以分为单用户操作系统和多用户操作系统

单用户操作系统是早期计算机系统使用的操作系统。该系统在同一时间只能有一个用户独立使用计算机，并独占计算机的全部资源。单用户操作系统控制的计算机运行效率低。例如：DOS（磁盘操作系统）属于单用户单任务操作系统。而如果在同一时间允许多个用户同时使用计算机，则称为多用户操作系统。现在常用的 Windows 操作系统都是多用户操作系统。

2. 根据任务数可以分为单任务操作系统和多任务操作系统

同一时间只能运行一个程序的操作系统即为单任务操作系统。反之，允许多个程序同时进入一个计算机系统的主存储器并运行这些程序的操作系统称为多任务操作系统。

3. 根据功能可以分为批处理操作系统、分时操作系统、实时操作系统、网络操作系统、分布式操作系统和嵌入式操作系统

（1）批处理操作系统

批处理操作系统是以作业为处理对象，连续处理在计算机系统运行的作业流。这类操作系统的特点是：作业的运行完全由系统自动控制，系统的吞吐量大，资源的利用率高。

（2）分时操作系统

分时操作系统早期使用在主机–终端型大型计算机系统上（现在已经广泛使用在个人计算机上）。该系统多个用户同时在各自的终端上联机地使用同一台主机，主机的 CPU 按优先级分配各个终端的时间片，轮流为各个终端服务，对用户而言，有"独占"这一台计算机的感觉。分时操作系统侧重于及时性和交互性，使用户的请求尽量能在较短的时间内得到响应。

（3）实时操作系统

实时操作系统是对随机发生的外部事件在限定时间范围内做出响应并对其进行处理的系统。外部事件一般指来自与计算机系统相联系的设备的服务要求和数据采集，如冶金、化工、机械制造等行业的设备，如香烟生产流水线、汽车制造流水线、各类产品制造流水线等。实时操作系统广泛用于要求响应速度快的工业生产过程的控制和事务数据处理中。

（4）网络操作系统

为计算机网络配置的操作系统称为网络操作系统。它负责网络管理、网络通信、资源共享和系统安全等工作。

（5）分布式操作系统

分布式操作系统是用于分布式计算机系统的操作系统。分布式计算机系统是由多个并行工作的处理机组成的系统，提供高度的并行性、有效的同步算法和通信机制，自动实行全系统范围的任务分配并自动调节各处理机的工作负载。例如 Google 的云计算体系结构、阿里巴巴的云计算平台等，分布式操作系统完成海量数据的计算和输出。

（6）嵌入式操作系统

嵌入式操作系统是指用于嵌入式系统（一种完全嵌入受控器件内部，为特定应用而设计的专用计算机系统）的操作系统，负责嵌入式系统的全部软硬件资源的分配和任务调度。如智能手机和平板电脑的 Android、iOS 等。

（7）个人操作系统

个人计算机上的操作系统是一种联机的交互式操作系统。由于是个人专用的，因此对处理机调度、存储保护方面会简单得多。然而，由于个人计算机的普及，对于提供更为方便友好的用户接口的要求会越来越迫切。随着多媒体技术的引入，要求计算机有一个具有高速数据处理能力的实时多任务操作系统。

3.1.4 常用的操作系统

在计算机发展的历程当中出现过许多操作系统，其中最常用的有 DOS、Windows、UNIX 和 Linux。

1. DOS 操作系统

DOS 操作系统最早的版本于 1981 年 8 月推出，在 Windows 流行之前，DOS 一直占据微机操作系统的霸主地位。DOS 采用字符界面，通过输入命令的方式操作计算机，一般用户操作计算机有一定的难度。

2. Windows 操作系统

Microsoft 公司从 1983 年开始研发 Windows 操作系统，1990 年推出的 Windows 3.0 开始逐步占领微型机操作系统市场。Windows 操作系统有着良好的用户界面和简单的操作。我们最熟悉的莫过于 Windows XP 和现在很流行的 Windows 7、Windows 8、Windows 10，还有比较新的 Windows 11。

3. UNIX 操作系统

UNIX 操作系统于 1969 年诞生于贝尔实验室，它是一个交互式的分时操作系统。UNIX 都是安装在服务器上，没有用户界面，基本上都是命令操作。UNIX 具有稳定可靠的特点，因此在金融和保险等行业有广泛的应用。

4. Linux 操作系统

Linux 起源于芬兰一位大学生的课程设计，它是一个开源的操作系统，继承了 UNIX 的许多特性，还加入了自己的一些新的功能，从而得到广泛应用。

3.2 Windows 10 操作系统

Windows 10 是微软公司发布的跨平台操作系统，应用于计算机和平板电脑等设备，于 2015 年 7 月 29 日发布正式版。Windows 10 在易用性和安全性方面有了极大的提升，除了对云服务、智能移动设备、自然人机交互等新技术进行融合外，还对固态硬盘、生物识别、高分辨率屏幕等硬件进行了优化完善与支持。

3.2.1 Windows 10 的版本介绍

微软将 Windows 10 操作系统划分为 7 个版本，以适应不同的使用环境和硬件设备，以下分别介绍。

- Windows 10 家庭版（Home）：Windows 10 家庭版面向所有普通用户，提供 Windows 10 的所有基本功能。此版本适合个人家庭用户使用，相当于 Windows 7 操作系统中的家庭普通版和家庭高级版，去除了一些普通用户不需要的功能及组件。

- Windows 10 专业版（Pro）：Windows 10 专业版在家庭版的基础上提供 Windows Update for Business 功能，以供中小型企业或个人更有效地管理设备、保护数据、支持远程等。

- Windows 10 企业版（Enterprise）：Windows 10 企业版包含有 Windows 10 操作系统的所有功能以及 Windows Update for Business 功能，相当于 Windows 7 操作系统中的旗舰版，只有企业用户或具有批量授权协议的用户才能获取企业版并激活操作系统。此外，此版本支持使用 LTSB（long term servicing branches，长期服务分支）更新服务，可让企业拒绝功能性更新补丁而只获得安全相关的更新补丁。

- Windows 10 教育版（Education）：Windows 10 教育版基于企业版，只能通过批量授权协议渠道获取。Windows 10 教育版适用于学校、教育机构。

- Windows 10 移动版（Mobile）：Windows 10 移动版是面向普通消费者的移动版本，用以取代 Windows Phone 操作系统。Windows 10 移动版适用于智能手机和小型平板设备，只能通过购买相关硬件设备才能获取该版本。

- Windows 10 企业移动版（Mobile Enterprise）：Windows 10 企业移动版是在 Windows 10 移动版的基础上添加了部分企业功能，以供企业用户使用。Windows 10 移动版适用于智能手机和小型平板设备，只能通过批量授权协议渠道获取。

- Windows 10 物联网版（IoT Core）：Windows 10 物联网版专为物联网等小型硬件设备设计，需要经过特殊渠道获取。

3.2.2　Windows 10 的配置要求

表 3-1 是在计算机上安装 Windows 10 的基本要求。如果设备无法满足这些要求，则可能无法享受到 Windows 10 的最佳体验，并且建议考虑购买一台新的计算机。

表 3-1　Windows 10 安装要求

设　　备	基　本　要　求
处理器	1 GHz 或更快的处理器或系统单芯片（SoC）
RAM	1 GB（32 位）或 2 GB（64 位）
硬盘空间	16 GB（32 位操作系统）或 32 GB（64 位操作系统）
显卡	DirectX 9 或更高版本（包含 WDDM 1.0 驱动程序）

3.2.3　Windows 10 的安装

操作系统的安装方法有很多，就 Windows 10 而言，用户可通过微软官网下载"创建安装介质"工具，如图 3-2 所示。

图 3-2　微软官网下载界面

运行"创建安装介质"工具,可以将本地计算机升级到 Windows 10,也可以创建安装介质（USB 闪存驱动器、DVD 或 ISO 文件）在其他计算机上安装 Windows 10。安装前应注意获取 Windows 10 所需的许可。

案例素材 3-1:
Windows 10
的安装 . rar

微视频 3-1:
Windows 10
的安装 . mp4

3.3　Windows 10 的桌面

Windows 10 安装完成并启动后出现在用户面前的界面称为桌面,如图 3-3所示。桌面主要由桌面背景、桌面图标以及任务栏等元素组成。

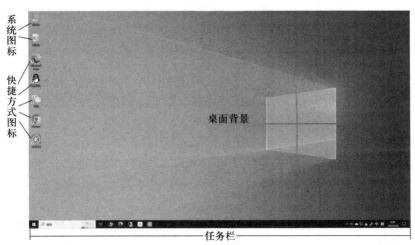

图 3-3　Windows 10 的桌面

3.3.1 桌面背景

桌面背景又称墙纸，即显示在计算机屏幕上的背景画面，它没有实际功能，只起到丰富桌面内容、美化工作环境的作用。刚安装好的系统采用的是默认的桌面背景，用户可根据需要，通过"个性化"设置选择其他图片作为桌面背景。如图 3-4 所示。

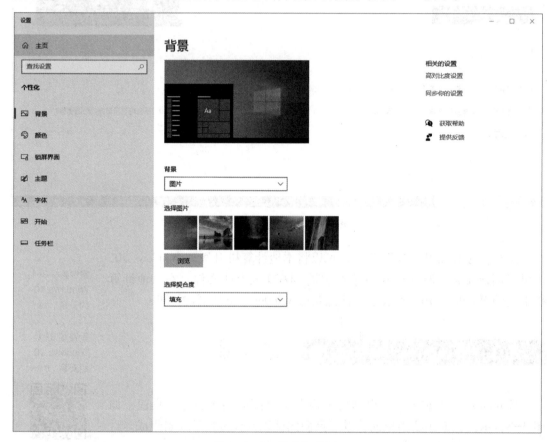

图 3-4 "个性化"设置

3.3.2 桌面图标

桌面图标是代表程序、数据文件、系统文件或文件夹等对象的图形标记。可以进行选择图标、排列图标、添加图标和删除图标等操作。桌面图标可分为系统图标和快捷方式图标两种。

1. 系统图标

系统图标是系统自带的一些有特殊用途的图标，包括"计算机""网络"和"回收站"等，双击可打开相应的系统对象。

2. 快捷方式图标

快捷方式图标用于快速启动相应的应用程序。它通常是在安装某些应用程序时自动产生的，特征是图标左下角有一个箭头标志。用户也可根据需要自行创建，方法如下。

方法一：用鼠标右键按住原文件或程序图标，拖动鼠标至指定存储位置的空白处放开鼠标，在弹出的菜单中选择"在当前位置创建快捷方式"选项，即可创建指向原文件或程序的快捷方式。

方法二：在原文件或程序图标上右击，在弹出的菜单中选择"发送到"选项，然后选择"桌面快捷方式"命令，即可在桌面创建指向原文件或程序的快捷方式。

微视频 3-2：快捷方式的创建 .mp4

方法三：在指定存储位置的空白处，右击，在弹出的菜单中选择"新建"选项，接着选择"快捷方式"，然后在弹出的对话框中输入或选择文件或程序的路径（所在位置的描述），也可创建指向原文件或程序的快捷方式。

特别注意：复制文件时应注意复制原文件，而不是快捷方式。

案例素材 3-2：快捷方式的创建

3.3.3 任务栏

默认状态下任务栏位于桌面的最下方。主要包括"开始"按钮、任务视图、快速启动区、活动任务区、通知区、语言栏和"显示桌面"按钮等部分，如图 3-5 所示。

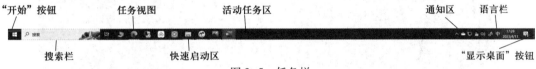

图 3-5　任务栏

1. "开始"按钮

"开始"按钮是位于任务栏最左侧的 Windows 标志按钮，单击可打开"开始"菜单。在 3.3.4 节中将详细介绍"开始"菜单。

2. 任务视图

Windows 10 操作系统中新增了虚拟桌面功能。所谓虚拟桌面就是指操作系统可以有多个传统桌面环境，使用任务视图可以突破传统桌面的使用限制，给用户更多的桌面使用空间，尤其是在打开窗口较多的情况下，可以把不同的窗口放置于不同的桌面环境中使用。

3. 快速启动区

可将常用程序图标固定到快速启动区，通过左键单击图标，可快速启动相应的程序，右击则可打开跳转列表。跳转列表中可显示文件或文件夹使用记录，还会提供应用程序的常用功能快捷选项。

4. 活动任务区

活动任务区用于显示当前正在运行的应用程序或打开的文件夹窗口。使用对应的图标可以进行还原、切换和关闭窗口等操作。

5. 通知区

通知区用于显示"系统音量""网络"和"时钟"等一些正在后台运行的程序图标，单击其中的向上按钮可以查看被隐藏的其他通知图标。

6. 语言栏

语言栏用于输入法的显示和切换，右击可弹出输入法的设置菜单。

7. "显示桌面"按钮

单击"显示桌面"按钮可以在当前打开的窗口和桌面之间进行切换。

3.3.4 "开始"菜单

"开始"菜单与"开始"按钮是 Microsoft Windows 系列操作系统图形用户界面的基本组成部分，是操作系统的中央控制区域。如图 3-6 所示，"开始"菜单存放着计算机操作和设置的绝大多数命令，而且还显示安装到当前系统里的所有的程序，通过"开始"菜单可以快速开始计算机的使用，故而"单击这里开始"成了微软的一句经典广告语。

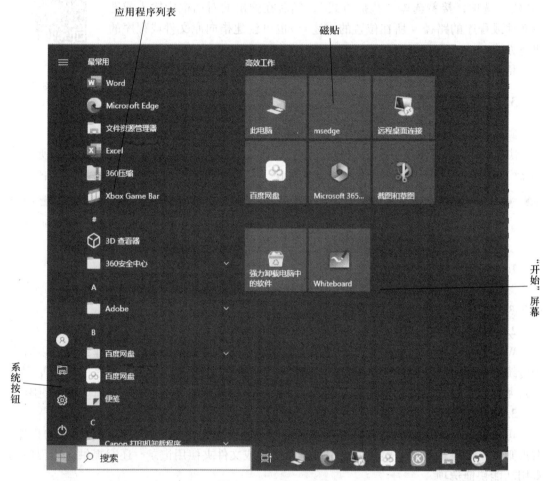

图 3-6 "开始"菜单

在 Windows 8 操作系统中，微软使用"开始"屏幕替代了"开始"菜单，而在 Windows 10 操作系统中，"开始"菜单重新回归，不过此时的"开始"菜单已经过全新设计。在桌面环境中单击左下角的 Windows 图标或按下 Windows 徽标键即可打开"开始"菜单。

"开始"菜单左侧依次是系统按钮、应用程序列表，右侧就是 Windows 8 操作系统中的"开始"屏幕，可将应用程序以磁贴的形式固定在其中。

1. 系统按钮

系统按钮包括用户账户设置按钮、Windows 设置按钮、文件资源管理器按钮以及电源按钮。可方便地进行系统资源的访问和设置。

2. 应用程序列表

应用程序列表显示系统中的应用程序并支持在"开始"菜单中使用跳转列表。单击应用程序选项后面的">"即可打开跳转列表。同时，单击开始菜单左下角的"所有应用"即可显示所有安装在操作系统中的应用程序列表。

在列表中，应用程序以名称中的首字母或数字升序排列，单击排序字母可以显示排序索引，通过索引可以快速查找应用程序。

3. 动态磁贴

"开始"菜单右侧界面（"开始"屏幕）的图形方块，被称为动态磁贴或磁贴，其功能和快捷方式类似，但是不仅限于打开应用程序。动态磁贴有别于图标，因为动态磁贴中的信息是活动的，在任何时候都显示正在发生的变化。例如 Windows 10 操作系统自带的天气应用程序，会自动在动态磁贴上实时显示气象信息，而不用打开应用程序。

在"开始"菜单中，右击固定的动态磁贴或应用程序列表中的应用程序即可显示功能菜单，可选择取消动态磁贴固定、卸载程序、固定至任务栏、调整动态磁贴大小以及关闭动态磁贴等选项。默认情况下动态磁贴最多有 4 种大小显示方式。拖动"开始"菜单中的动态磁贴可自由移动至"开始"菜单任意位置或分组。

3.3.5 窗口

当打开文件、文件夹或运行某个程序时，Windows 10 会提供一个显示相应文件、文件夹或程序内容信息的方框界面，在该界面上可以对文件或程序进行相应的操作，这个界面即 Windows 10 的窗口，如图 3-7 所示。

1. 窗口的组成

窗口一般由标题栏、菜单栏、工具栏、工作区、状态栏、导航窗格等元素所组成。

● 标题栏：标题栏位于窗口最上方，主要是标识窗口的应用程序名或当前文件、文件夹的名称。标题栏的右侧依次是最小化按钮、最大化按钮（向下还原按钮）、关闭按钮。

● 菜单栏：不同应用程序的菜单栏有不同的菜单项，它包括了该程序特定的命令。菜单栏上的每一项均可打开相应命令的下拉菜单。

● 功能区：Windows 10 的资源管理器以及 Office 等应用软件的窗口采用了 Ribbon 界面设计。Ribbon 是一种以面板及标签页为结构的用户界面，该界面把所有的窗口命令都放在了"功能区"中，取缔了级联菜单的使用。Ribbon 界面把命令组织成一种"标签"，每一种标签页包含了同类型的命令。不同格式的文件都有一个不同的选项标签页，其中显示对这些文件的操作选项。在每个标签页里，相关的命令又组合在一起。功能区如图 3-8 所示。

● 工具栏：工具栏以工具按钮的方式实现菜单栏中某些常用菜单项的功能。不同应用程序的工具栏会有所区别。

● 工作区：工作区是用户实际工作的区域，不同应用程序的工作区不同。

● 状态栏：状态栏显示一些与当前操作相关的提示信息。

● 导航窗格：导航窗格显示文件或程序的内容、功能等的结构，指引用户快速定位操作。

标题栏　　　　　　　　　　　　菜单栏　　　　　　　　　　　　　控制按钮

工具栏

导航窗格

状态栏

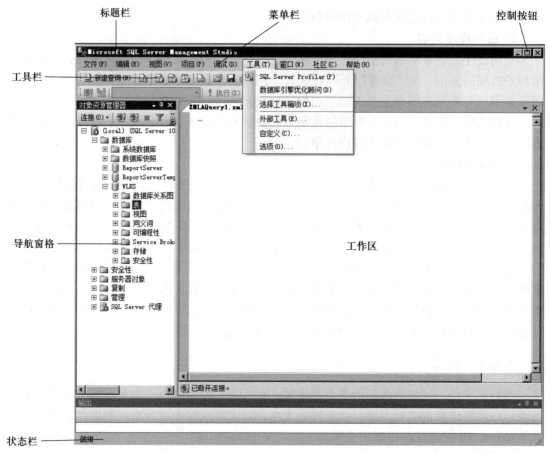

图 3-7　窗口

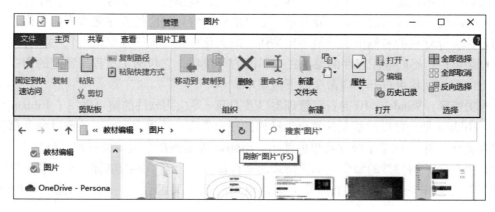

图 3-8　功能区

2. 窗口的操作

对于窗口来说，可进行移动、调整大小、最大化、还原、最小化、切换、排列、关闭等操作。

● 移动窗口：就是改变窗口的位置，在没有最大化窗口的情况下，用鼠标拖动窗口的标题栏来实现。

● 调整窗口大小：在没有最大化窗口的情况下，将鼠标指针置于窗口的边框拖动鼠标；或将鼠标指针置于窗口角上，鼠标指针呈双箭头或 45° 倾斜的双箭头时，拖动鼠标完成。

● 最大化/还原/最小化/关闭窗口：当单击"最大化"按钮时窗口最大化，扩大到整个屏幕，同时"最大化"按钮自动变成"向下还原"按钮；此时单击"向下还原"按钮则窗口还原成原来的大小，同时"向下还原"按钮自动变成"最大化"按钮；单击"最小化"按钮，则屏幕上不显示该窗口，而只是在任务栏中显示该窗口对应的一个图标，单击此图标则窗口重新打开显示出来；单击"关闭"按钮则关闭该窗口。窗口被关闭，也就是其对应的应用程序关闭了。

● 窗口切换：窗口切换也称为应用程序切换。当启动多个应用程序，有多个窗口时，当前正在使用的窗口称为活动窗口，只有它能够接受用户的键盘等操作。其他应用程序的窗口称为非活动窗口。活动窗口只有一个，而非活动窗口可能有多个，也可能没有。当需将非活动窗口切换为活动窗口时，可单击任务栏中的相应图标或按 Alt+Tab 键、Alt+Esc 键。当非活动窗口可见时，在其界面上单击也可将其切换为当前的工作窗口。

● 排列窗口：对于非最大化的窗口，其排列方式有层叠窗口、堆叠显示窗口、并排显示窗口 3 种。可通过右击任务栏的空白处，选择相应选项实现排列窗口。

3.3.6 对话框

对话框是 Windows 10 提供的一种和用户进行信息交流的设置界面。对于菜单名称后面是省略号"…"的菜单项，则单击该菜单命令就会出现对话框。与窗口不同的是，对话框不能调整大小，没有最大化、最小化按钮。组成对话框的元素有很多，部分元素如图 3-9 所示。

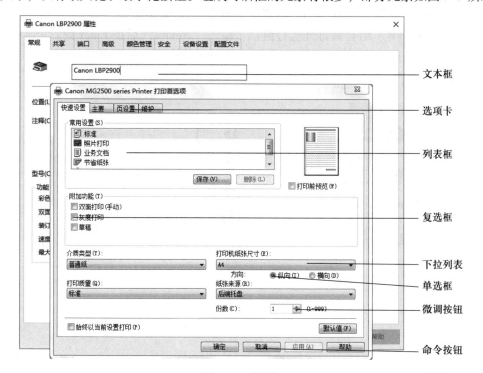

图 3-9 对话框

- 选项卡：将对话框的内容按相关性分页叠放，每一页顶端都有一个标签卡片。单击选项卡可进行不同页的切换。
  - 命令按钮：命令按钮是一个图形按钮，单击即可执行某项命令。
  - 单选框：包含多个选项的组，在同一时间只能选择其中一项。
  - 复选框：包含多个选项的组，允许用户同时进行多项选择。
  - 列表框：列表框列举显示多项内容。用户可选择其中的一项或几项。
  - 下拉列表：单击右侧箭头，可弹出选项列表。
  - 文本框：文本框是用于输入文本信息的一个矩形方框。
  - 微调按钮：微调按钮位于文本框的右侧，有一对箭头用于增减数值。

3.4 Windows 10 的系统设置

根据用户对计算机使用的不同需求及习惯，用户可以对操作系统进行相应的系统设置操作，从而获得安全、稳定、舒适的工作环境。

3.4.1 控制面板

控制面板是 Windows 系列操作系统提供的用来对系统进行设置操作的工具集，它集成了设置计算机软硬件环境的各种功能，用户可以根据需要和爱好进行设置，如图 3-10 所示。打开控制面板，需通过以下几种方法。

（1）"开始"菜单—Windows 系统中找到控制面板图标。

（2）直接在"开始"按钮旁边的搜索框中搜索"控制面板"。

（3）按"Win+R"组合键打开运行窗口，输入"control"后按 Enter 键。

图 3-10 控制面板

3.4.2 Windows 设置

微软在 Windows 10 操作系统中有意识弱化用户使用控制面板的习惯，越来越多的功能设置选项被移至 Windows 设置中，可以说 Windows 设置就是控制面板的替代品，但 Windows 设置功能分类更加合理，选项更加简洁易懂。在"开始"菜单左侧的系统按钮中选择"设置"或按下 Win+I 组合键即可打开 Windows 设置界面，如图 3-11 所示。

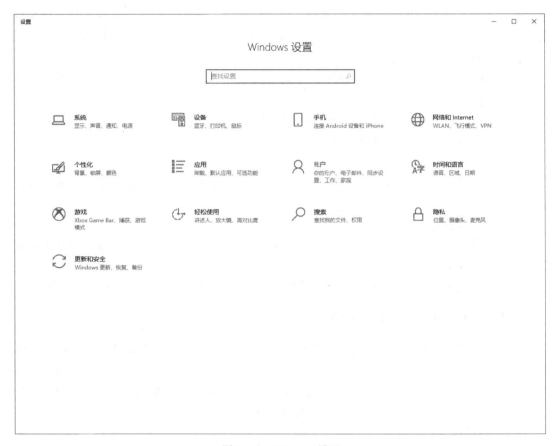

图 3-11　Windows 设置

1. 系统

在系统分类中，主要包含显示、声音、通知、电源以及存储等有关操作系统设置的选项。

2. 应用

应用分类主要包含与应用程序有关的设置操作，如应用和功能、默认应用、视频播放等选项。

3. 设备

设备分类下主要包含连接至计算机的外围设备的设置选项，包括鼠标、打印机与扫描仪、蓝牙、自动播放等设置选项。

4. 网络和 Internet

网络和 Internet 分类中主要有无线网络、宽带拨号、代理、VPN、飞行模式以及数据量统计等设置选项。其中在各子类选项中还显示控制面板中的有关网络设置选项的链接。

5. 个性化

个性化分类中主要包括背景、主题、锁屏界面、窗口颜色以及"开始"菜单等设置选项。其中部分设置选项也会连接至控制面板。

6. 账户

账户分类选项主要包含有关账户方面的设置选项。在账户分类中可以设置启用或停用 Microsoft 账户，也可管理其他账户。此外，还可以在"同步你的设置"选项中选择同步保存在 OneDrive 中的操作系统设置、个性化设置、密码以及浏览器收藏夹等信息。

7. 时间和语言

时间和语言分类选项主要可对时间、显示语言、输入法、区域等选项进行设置。

8. 轻松使用

轻松使用分类选项中主要包含操作系统辅助功能的设置选项，例如讲述人、放大镜、高对比度、鼠标样式、键盘等设置选项。

9. 隐私

隐私分类选项主要包括位置、摄像头、麦克风、联系人等有关计算机隐私方面的设置选项。

10. 更新和安全

更新和安全分类选项主要包括 Windows Update、系统备份、系统恢复以及 Windows Defender 等设置选项。

此外，还有手机、游戏和搜索等设置操作，用户可根据需要及偏好自行设置使用。

3.4.3 Windows 任务管理器

Windows 任务管理器提供了有关计算机性能的信息，并显示了计算机上所运行的程序和进程的详细信息。对于使用 Windows 操作系统的用户来说，当遇到程序未响应的时候，最常见的操作便是打开任务管理器，结束未响应的程序进程。在 Windows 10 操作系统中，任务管理器的功能更强大、操作最简便、界面更直观。

1. 任务管理器的启动

Windows 10 操作系统中的任务管理器有两种显示模式：简略信息模式和详细信息模式。默认打开的是简略信息模式。打开任务管理器有如下 4 种方法。

- 同时按 Ctrl+Shift+Esc 组合键直接打开任务管理器。
- 按 Ctrl+Alt+Delete 组合键，在打开的界面中选择任务管理器。
- 在任务栏上右击，并在出现的快捷菜单中选择任务管理器。
- 按 Win+R 组合键打开"运行"对话框，输入 taskmgr.exe 并按回车键，即可打开任务管理器。

2. 任务管理器的选项卡

第一次打开新版任务管理器时只显示简略信息，显示当前正在运行的应用程序，如图 3-12 所示。如果感觉简略版不能满足需求，可以单击简略版任务管理器左下方的"详细信息"选项切换至功能更强的详细信息模式。在这里有进程、性能、应用历史记录、启动、用户、详细信息和服务 7 个选项页，如图 3-13 所示。

图 3-12　简略版任务管理器

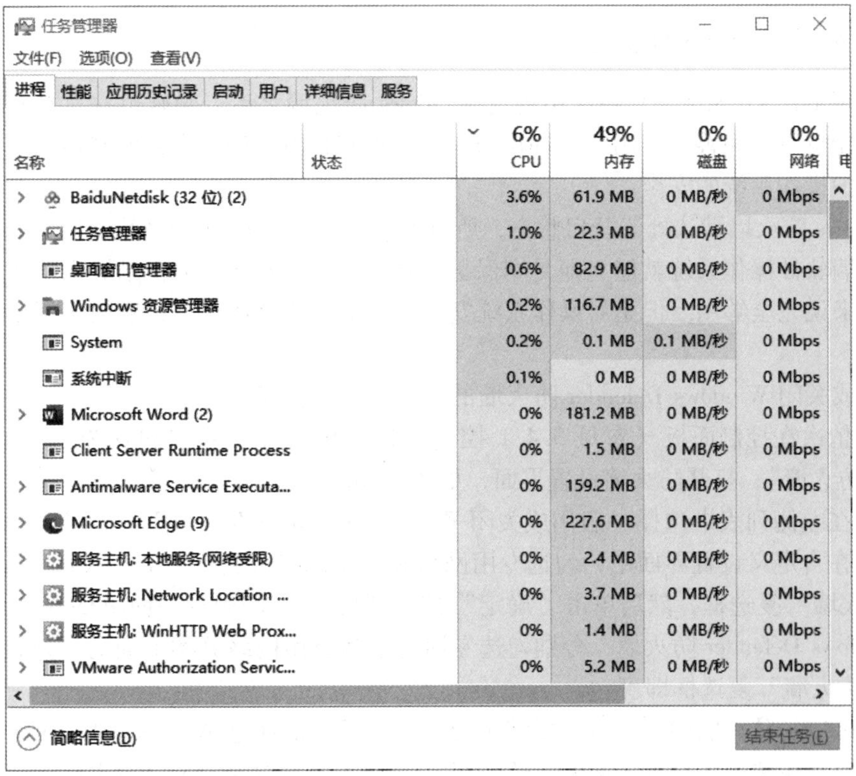

图 3-13　详细信息模式任务管理器

● 进程选项页：采用的是热图显示方式，通过颜色来直观地显示应用程序或进程使用资源的情况，同时也保留了数字显示方式。

● 性能选项页：显示的是所监视的设备列表与资源使用率动态图。

● 应用历史记录：主要用来统计应用程序的运行信息，可以显示每一款应用程序的占用 CPU 时间、使用网络流量多少以及更新 Modern 应用程序耗费的网络流量等信息。

● 启动选项页：原本属于系统配置程序中的启动设置功能也被整合到了任务管理器

中，同时还新增了"启动影响"栏，主要作用是显示启动项对 CPU 与磁盘活动的影响程度，向用户提供一些启动影响度方面的建议。如果用户对操作系统启动速度有特殊要求，可以设置开机不启动某些程序，加快操作系统的启动速度。选中列表中的程序即可在右下角选择是否启用（开机启动）或禁用（开机不启动）。

● 用户选项页：能够同时显示出不同用户的 CPU、内存、磁盘、网络流量等使用情况。

● 详细信息选项页：默认提供进程名称、PID、状态、所属账户、CPU 使用量、内存使用量、描述选项。右键菜单中可为用户提供进程树中止、设置优先级、设置 CPU 内核从属关系、通过进程定位服务等高级操作。

● 服务选项页：显示系统服务运行状况，启动服务/关闭服务可以使用右键菜单来完成，选择右键菜单中的"打开服务"选项可以查看服务的完整信息。Windows 服务是一种在操作系统后台运行的应用程序类型。Windows 服务除了提供操作系统的核心功能，例如 Web 服务、音视频服务、文件服务、网络服务、打印、加密以及错误报告外，部分应用程序也会创建自有 Windows 服务为其使用。

3.4.4　Windows 防火墙

自 Windows XP SP2 操作系统中内置 Windows 防火墙之后，微软也一直在对它进行改进，其功能也更加完善。使用 Windows 防火墙，再配合 Windows 自带的其他安全功能，完全足够保护操作系统的安全。

Windows 防火墙默认处于开启状态，所以安装 Windows 10 操作系统之后，无须安装第三方防火墙软件操作系统就能立即受到保护。Windows 防火墙属于轻量级别的防火墙，对普通用户来说完全够用。但是对操作系统安全性要求高的专业用户，建议使用专业级别防火墙软件。

开启或关闭 Windows Defender 防火墙的方法，操作步骤如下。

（1）依次在控制面板（参见 3.4.1 控制面板）中选择"系统和安全"—"Windows Defender 防火墙"，打开防火墙设置界面，如图 3-14 所示。

（2）在左侧列表中选择"启用或关闭 Windows Defender 防火墙"。

（3）在自定义设置界面中，勾选专用网络和公用网络分类下面的"关闭 Windows Defender 防火墙"复选框，然后单击"确定"按钮即可关闭 Windows Defender 防火墙。如要开启 Windows Defender 防火墙，分别勾选专用网络和公用网络分类下面的"启用 Windows Defender 防火墙"复选框即可。

在 Windows 防火墙中，可以设置特定应用程序或功能通过 Windows Defender 防火墙进行网络通信。在防火墙设置界面的左侧选择"允许应用或功能通过 Windows 防火墙"，在打开的界面中单击"更改设置"按钮，然后选择允许进行通信的应用程序或功能，及其通信的网络类型。

3.4.5　系统重置

当操作系统出现故障时，大部分用户马上会想到还原系统到原始状态，一切重新来过。因此 Windows 10 操作系统也引入了"系统重置"这一功能，类似于手机、路由器等设备中的"恢复出厂设置"。当计算机出现故障时，可以快速及时地重新安装操作系统。

图 3-14　防火墙设置界面

　　如果用户使用的是品牌计算机，使用磁盘管理软件时就会发现厂商在硬盘中设置了隐藏分区，储存用于系统重置的文件。当操作系统出现故障时，可以一键恢复操作系统至出厂状态。当然，还有其他的系统重置办法，例如使用 Ghost 还原、Windows 系统镜像备份、通过 DVD 系统安装盘或 U 盘重新安装系统。虽然这些工具都能实现系统重置，但是不同的方法在不同计算机上的实现效果不尽相同。

　　一键恢复的概念很早就出现了，方法也是多种多样。但是在 Windows 10 操作系统中真正做到了基于不同计算机，使用的方法和用户体验都是一致的。

　　使用系统重置功能，既可以从计算机中移除个人数据、应用程序和设置，也可以选择保留个人数据，然后重新安装 Windows 10 操作系统。对于普通用户来说，系统重置功能相当实用。

　　特别注意：使用系统重置功能必须要确保存在系统恢复分区并能正常使用。

　　系统重置的操作步骤如下。

　　（1）在 Windows 设置中依次打开"更新和安全"→"恢复"，然后在"重置此电脑"选项下单击"开始"按钮，启动系统重置向导程序，如图 3-15 所示。

　　（2）选择数据操作类型，系统重置提供两种选项：删除所有内容和保留我的文件。这里按需选择即可。

　　（3）选择数据操作类型之后，系统重置会准备检测操作系统设置是否符合要求，等待准备完成，系统重置会提示将要进行的操作，确认无误之后，单击"重置"。此时操作系统自动重新启动并进入系统刷新阶段。系统刷新完成之后，操作系统开始重新安装。等待操作系统安装完成，即系统重置完成。

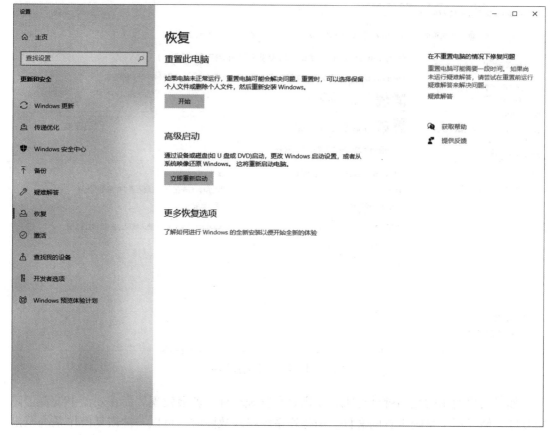

图 3-15　系统重置界面

以上方法适合计算机能正常启动的情况。如果操作系统不能正常启动，则操作系统会自动进入"自动修复"界面，然后选择其中的"高级选项"即可进入"选择一个选项"界面。选择"疑难解答"，进入疑难解答界面，选择其中的"重置电脑"，即可在 Windows 10 操作系统不能正常启动的情况下重置操作系统，后续操作步骤和在操作系统中的操作步骤相同，这里不再赘述。

3.5　Windows 10 的文件系统

Windows 10 的文件系统负责管理存储在计算机中的所有资源，包括软硬件管理程序、用户程序和数据等。

3.5.1　Windows 10 的文件系统概述

文件和文件夹是文件管理中两个非常重要的对象。另外，在对文件和文件夹的操作过程中经常还会涉及剪贴板和回收站这两个概念。下面分别介绍这些专业术语。

1. 文件

文件是一组彼此相关并按一定规律组织起来的数据的集合，这些数据以用户给定的名字存储在辅存中。文件可以是文本文档、图片、程序等。

　　每一个文件都有一个确定的名字，文件按名存取。在 Windows 中，文件名长度最多由 256 个字符组成，文件名不能包含"?""\""/""＊"":""<"">""｜"（注：这些符号在 Windows 中有特定含义，因此不能使用）。文件名通常由主文件名和扩展名两部分组成，主文件名和扩展名之间用"."分开。扩展名用来标识文件的类型，常见的文件类型如表 3-2 所示。

表 3-2　常见文件类型

扩　展　名	文　件　类　型	扩　展　名	文　件　类　型
. txt	文本文件	. mid	MID 文件
. bat	批处理文件	. mp3	MP3 声音文件
. html	网页文件	. zip	ZIP 压缩文件
. docx	Word 文件	. rar	RAR 压缩文件
. xlsx	Excel 文件	. exe	可执行文件
. pptx	PowerPoint 文件	. com	命令文件
. bmp	位图文件	. sys	系统文件
. wav	波形文件	. java	Java 源程序
. jpg	JPEG 压缩图片文件	. c	C 语言源程序
. avi	声音影像文件	. dat	数据文件

　　上述文件类型中，txt、bat、html 是文本文件，docx、xlsx、pptx 是 Office 文件，bmp、wav、jpg、avi 是图形和视频文件，mid、mp3 是音频文件，zip、rar 是压缩文件，exe、com 为可执行文件，sys 为系统文件，java、c 分别是 Java 语言和 C 语言的源程序文件，dat 是数据文件。文件类型非常多，已经超出本书的范畴，在此不再赘述。

　　在 Windows 图形界面下，特定的文件类型都会有特定的图标，安装了相应的软件，才能正确显示这类文件的图标和查看文件的内容。

2. 文件夹

　　文件夹是用来协助人们管理文件的，每一个文件夹对应一块磁盘空间，它提供了指向对应空间的地址，它没有扩展名，也不用扩展名来标识。

　　为了分门别类地有序存放文件，操作系统把文件组织在若干个子目录中，这些目录也称为子文件夹。文件夹、子文件夹、文件等形成多层树形结构。在树形结构中，每一个磁盘有一个根文件夹，它包含若干文件和文件夹。文件夹不但可以包含文件，还可以包含下一级子文件夹，这样类推下去形成的多级文件夹结构，既帮助了用户将不同类型和功能的文件分类储存，又方便文件查找，还允许不同文件夹中的文件拥有相同的文件名。

　　对文件夹中的文件进行操作时，必须指名文件的位置，也就是文件在哪个磁盘的哪个文件夹中。文件的位置描述称为路径，访问文件时，一般采用以下格式。

　　［盘符］［路径］文件名［. 扩展名］

　　说明：

　　● 方括号［ ］表示可选。

- 盘符表示磁盘驱动器，由字母后跟冒号构成，如 C:，D:。
- 路径：由以"\"分隔的若干个文件夹名称和文件名组成。
- 例：C:\Windows\debug\WIA\wiatrace.txt 表示存储在 Windows 文件夹下的 debug 文件夹下的 WIA 文件夹中的 wiatrace.txt 文件。

3. 剪贴板

为了在应用程序之间交换信息，Windows 10 提供了剪贴板的机制。剪贴板是内存中的一块区域，是 Windows 10 内置的一个非常有用的工具，小小的剪贴板使在各种应用程序之间传递和共享信息成为可能。

剪切或复制时保存在剪贴板上的信息，只有再剪贴或复制另外的信息，或停电，或退出 Windows 10，或有意地清除时，才可能更新或清除其内容，即剪贴或复制一次，就可以粘贴多次。然而美中不足的是，剪贴板只能保留一份数据，每当新的数据传入，旧的便会被覆盖。

4. 回收站

回收站是微软 Windows 10 操作系统里的一个系统文件夹，主要用来存放用户临时删除的文档资料，存放在回收站中的文件可以被恢复。当将文件删除并移到回收站后，实质上就是把它存入了这个文件夹，仍然占用着磁盘的空间。这是保护文件被误删除的一种弥补机制，如果由于误操作而删除了不该删除的文件，还可以从回收站找回来。只有在回收站里删除它或清空回收站才能真正地删除文件，为计算机获得更多的磁盘空间。要清空"回收站"，将鼠标指针指向"回收站"并右击，在弹出的快捷菜单中选择"清空回收站"，在确认删除对话框中选择"是"，即可清空回收站。

回收站的容量可以调整，右击"回收站"，在弹出的快捷菜单中选择"属性"命令，通过该对话框可改变回收站的容量。

3.5.2 文件资源管理器

文件资源管理器是 Windows 10 操作系统提供的资源管理工具，可以用它查看计算机的所有资源，还可以在资源管理器中对文件进行各种操作，如打开、复制、移动等。

1. 资源管理器的打开

方法一：在桌面上的"此电脑"图标上双击鼠标左键或右击，在弹出的菜单中选择"打开"命令。默认"此电脑"界面。

方法二：在"开始"按钮上右击，选择"文件资源管理器"命令。默认"快速访问"界面。

2. 文件资源管理器的使用

（1）展开和折叠文件夹

在文件资源管理器的左侧导航窗格中以树形结构显示计算机资源图标。在部分文件夹图标左端有一个右向箭头，表示该文件夹包含子文件夹，双击该箭头，即可展开该文件夹，同时右向箭头会变为下向箭头，这时，双击该箭头，又可将展开的文件夹折叠起来。

（2）使用地址栏的导航功能

Windows 10 的文件资源管理器地址栏使用了导航功能，单击文件夹名称后面的三角形按钮，将弹出下拉菜单，显示该文件夹中的所有子文件夹，用户可以根据需要单击选择某个子文件夹并将其打开。

（3）文件和文件夹的查看方式

文件资源管理器的工作区主要显示当前位置下所包含的文件和文件夹。用户可以选择"超大/大/中等/小图标""列表""详细信息""平铺""内容"几种不同的方式来查看这些文件和文件夹。

方法一：在文件资源管理工作区空白处右击，在弹出菜单的"查看"子菜单中选择一种需要的查看方式。

方法二：在文件资源管理器"查看"选项卡的"布局"功能区中选择一种需要的查看方式。

（4）更改文件和文件夹的排序方式

用户可以根据需要更改文件资源管理器工作区中文件和文件夹的排序方式。文件和文件夹可根据"名称""修改日期""类型""大小"按"递增"或"递减"的方式排列显示。必要时还可设置更多的排序依据。

方法一：在资源管理工作区空白处右击，在弹出菜单的"排序方式"子菜单中选择一种需要的排序依据和方式；

方法二：在"查看"选项卡的"当前视图"功能区中选择一种需要的排序方式。

3.5.3 文件和文件夹的基本操作

在现代操作系统中，用户的程序和数据，操作系统自身的程序和数据，甚至各种输出输入设备，都是以文件形式出现的。因此对文件和文件夹的操作是 Windows 最基本的操作。

1. 新建文件和文件夹

新建文件夹，首先要选定位置，才能进行建立，所以创建文件或文件夹时应选择存放位置。具体方法如下：首先选择要创建文件或文件夹的文件夹，在任意空白处右击，在弹出的菜单中选择"新建"，然后选择"文件夹"建立新文件夹，或选择菜单中的其他选项，建立相应文件，最后，输入新名字后按回车键或者单击该名字方框外的任意位置即可。

2. 选择文件和文件夹

在实际操作中要操作文件和文件夹，首先要做选择。用户可以一次选择一个或者多个文件（或文件夹），然后才能对其进行操作。

● 选定单个文件（或文件夹）：用鼠标单击要选定的文件（或文件夹）即可选定。

● 选择多个连续文件（或文件夹）：先单击第一个要选择的文件（或文件夹），然后按住 Shift 键的同时单击最后一个选择文件（或文件夹），即可选择多个连续文件（或文件夹）。也可以按住鼠标左键拖出一个矩形，矩形所包围的所有文件（或文件夹）都会被选中。

● 选择多个不连续文件（或文件夹）：按住 Ctrl 键的同时依次单击需要选择的文件（或文件夹），即可选中这些单击的文件（或文件夹）。

● 全选：按 Ctrl+A 组合键，即可选择所有文件（或文件夹）。

● 取消选择：若取消所有选定文件，只需单击窗口空白处；如果要取消部分选择文件，则按下 Ctrl 键然后单击已选择的文件（或文件夹）即可取消选择。

3. 重命名文件和文件夹

在 Windows 10 系统中，重命名文件或文件夹有如下 3 种常用的方法。

- 右击菜单法：选定要重命名的文件（或文件夹），右击，在弹出的菜单中选择"重命名"命令，然后输入文件（或文件夹）名。
- 鼠标单击法：选定要重命名的文件（或文件夹），单击文件（或文件夹）的名字，然后输入文件（或文件夹）名。
- 快捷键法：选定要重命名的文件（或文件夹），按 F2 键，然后输入文件（或文件夹）名。

4. 移动或复制文件和文件夹

复制是克隆一个和原来的文件（或文件夹）一模一样的文件（或文件夹），把新复制的文件（或文件夹）放在一个新地方后，原来的那个地方还有原文件或文件夹。移动相当于剪切，文件或者文件夹放到新地方后，原来的地方就没有剪切的文件或文件夹了。

- 鼠标右键操作：选定要移动或复制的文件（或文件夹），右击，在弹出的菜单中选择"复制"或"剪切"命令。
- 鼠标左键操作：选定要移动或复制的文件（或文件夹），按住鼠标左键不放，直接拖至目的地。若拖动的同时按住 Ctrl 键为复制；若拖动的同时不按键或者按住 Shift 键为移动。
- 利用快捷键操作：选定要移动或复制的文件（或文件夹），按下 Ctrl+C 组合键可复制文件（或文件夹）；按下 Ctrl+X 组合键可剪切文件（或文件夹）。接着选定接收的位置，按下 Ctrl+V 组合键粘贴即可完成复制或移动操作。

5. 删除与恢复文件和文件夹

（1）逻辑删除文件和文件夹

逻辑删除是指文件（或文件夹）没有被真正地删除，而是将被删除项目暂时存放在回收站中。如果发现删除有误，可以通过回收站恢复。

删除文件（或文件夹）有多种方法，最快的是使用 Delete 键，方法是先选中要删除的文件（或文件夹），再按 Delete 键，然后在弹出的对话框中单击"是"按钮。另外，还可右击要删除的对象，选中"删除"命令完成删除操作。

（2）物理删除文件和文件夹

指文件（或文件夹）存储所用到的磁存储区域被真正地擦除或清零，被删除的文件（或文件夹）不会放入回收站，这样删除的文件（或文件夹）是不可以恢复的。在删除文件（或文件夹）时，按住 Shift 键的同时按 Delete 键删除即可实现物理删除。

（3）恢复文件和文件夹

如果用户在操作过程中出现误删除，可以通过回收站来恢复文件（或文件夹）。双击打开"回收站"，选中需要恢复的文件（或文件夹），右击并选择"还原"即可实现文件（或文件夹）的恢复。

6. 设置文件和文件夹属性

文件（或文件夹）的主要属性包括只读和隐藏。使用文件（或文件夹）的属性对话框可以查看和改变文件（或文件夹）的属性。如果要设置"存档"等其他属性，可以单击"高级"按钮，在打开的"高级属性"对话框中进行相应设置。

7. 搜索文件和文件夹

当用户想要在短时间内搜索计算机里的文件（或文件夹）时，可以借助 Windows 10

的搜索功能，方法如下。

- 任务栏上的搜索框。
- 使用文件夹窗口中的搜索栏。

如果想要查找一类文件，可以使用"＊"来进行搜索。

例：查找所有 Word 文件，可以在"搜索"框中输入"＊.docx"。

3.6 Windows 10 的应用程序管理

应用程序是指为完成某项或多项特定工作的计算机程序，它运行在用户模式，可以和用户进行交互，具有可视的用户界面。如 Word（文字处理程序）、Photoshop（平面设计程序）等。

3.6.1 应用程序的安装

1. 应用程序的安装方式

用户可根据对计算机应用的需求，有选择地安装相应的应用程序。下面介绍几种安装应用程序的方式。

方式一：购买应用程序安装光盘，一般光盘附有"AutoRun"（Windows 系统的一种自动运行的文件命令），将光盘放入光驱，系统会自动运行安装程序。也可取消自动运行，改为手动打开光盘运行安装程序，安装程序一般命名为"install.exe"或"setup.exe"。

方式二：在互联网中购买或下载应用程序安装包，在本机磁盘中安装。随着互联网的普及，很多应用程序可在网络上购买或下载。在网络中搜索提供相应安装包的服务商或应用程序的官方网站，打开软件购买或下载页面，通过购买或下载将应用程序安装包存放在本机磁盘中，很多安装包需要进行解压，然后双击"install.exe"或"setup.exe"文件即可运行安装程序。

方式三：在不侵犯知识产权，为个人学习使用的情况下，可在网络中搜索下载应用程序的"绿色版"，"绿色版"软件不需要安装，下载后直接对软件包进行解压即可使用。并不是所有应用程序都有"绿色版"，很多"绿色版"软件存在功能不全、程序错误或操作系统不识别等问题，倡导用户使用正版软件。

除以上三种常用方式安装应用程序外，还有其他比较复杂的安装方式，这里不再赘述。

2. 应用程序的一般安装步骤

不同应用程序的安装过程是有差异的，下面总结了常用应用程序的一般安装步骤。

第一步：双击（或右键单击选择"运行"命令）安装程序（"install.exe"或"setup.exe"），打开程序安装对话框。

第二步：程序安装对话框提醒用户有关协议的问题，选择"接受"选项（选择"拒绝"选项，将退出安装），单击"下一步"按钮。

第三步：输入相关信息（用户名、公司名、E-Mail 地址、产品序列号等），单击"下一步"按钮。

第四步：为软件确定安装目录及路径（可自动确定，也可人工指定。建议人工指定并避开系统盘 C 盘。），单击"下一步"按钮。

第五步：选择安装方式和安装规模（自动安装还是人工安装，推荐安装还是全部安装或选择安装。），单击"下一步"按钮。

第六步：安装程序自动建立临时目录。对源程序中的文件进行解压，暂存于临时目录，然后从临时目录向指定安装目录中复制文件，接着进行系统注册（更改操作系统的注册表信息，让操作系统"认识"这个软件程序）。完成后单击"下一步"按钮。

第七步：确定是否在桌面或快速启动栏中建立快捷方式，选择后单击"下一步"按钮。若选择"是"，则自动创建相应的图标。

第八步：安装完成，选择"完成"按钮，关闭安装对话框，或选择"运行"，将直接运行该应用程序。注意，部分应用程序安装完成后需要重启计算机。

3.6.2 应用程序的启动和关闭

1. 启动应用程序

启动应用程序的方法有很多种，以下仅介绍常用的几种。

方法一：使用桌面上的快捷方式启动：许多应用程序安装后，会在桌面上建立相应的快捷方式，双击应用程序的快捷方式即可启动应用程序。

方法二：使用"开始"菜单启动：单击"开始"按钮，弹出"开始"菜单，在该菜单中找到并单击相应的应用程序图标即可启动应用程序。

方法三：在安装目录中启动：打开文件资源管理器，找到应用程序的安装目录，并双击启动应用程序的可执行文件即可。

方法四：在任务栏的搜索框中搜索应用程序并打开。

方法五：使用"运行"命令启动：打开"运行"对话框（组合键：Win+R），输入应用程序的路径和名称，单击"确定"按钮（若要打开的是系统自带程序，可直接输入程序名，如输入"Calc"，确定后将打开计算器）。

2. 关闭应用程序

应用程序使用完毕后应及时将其关闭，以释放计算机 CPU 和内存等资源。应用程序的主要关闭方法有以下几种。

方法一：单击应用程序窗口标题栏右侧的关闭按钮，一般关闭窗口便会关闭相应的应用程序。

方法二：大多数应用程序都有自带的退出（关闭）命令，一般在"文件"菜单中，单击退出（关闭）命令即可。

方法三：使用组合键 Alt+F4，强制关闭应用程序。

方法四：使用任务管理器强制关闭应用程序。

3.6.3 卸载应用程序

已安装的应用程序若不再需要，为节省空间和利于管理，应将其从计算机中清除。应用程序的清除一般通过卸载的方式来完成，不建议像普通文件那样直接删除，删除不彻底，很有可能会造成系统故障。下面介绍几种常用的应用程序卸载方法。

方法一：规范的应用程序一般都自带卸载程序（Uninstall.exe），如同启动应用程序一般，运行卸载程序即可，卸载后的残留文件可手动删除。

方法二：可使用"开始→设置→应用"来卸载应用程序。

方法三：若遇到一些比较"顽固"的应用程序，则需要借助专门的工具来处理，比如360 软件管家。

3.6.4 压缩工具 WinRAR 的使用

WinRAR 是 Windows 版本的 RAR 压缩文件管理器，是一个允许创建、管理和控制压缩文件的强大工具。用户经常遇到容量大、数目多的文件，这些文件占用磁盘空间较多且在网络中传送速度较慢，使用 WinRAR 软件将一个或多个文件压缩成容量较小的单一文件是最好的方法。

WinRAR 软件的安装程序可到其官方网站进行下载，官网提供个人免费版，包含了日常使用的一般功能，若需更强大齐全的功能则需注册购买。WinRAR 软件的安装和一般应用程序的安装一样（参见 3.6.1 应用程序的安装），这里不再赘述。下面讲解使用 WinRAR 压缩文件和解压文件的操作。

1. 使用 WinRAR 压缩文件

方法一：使用"WinRAR"图形界面压缩文件

启动 WinRAR 程序（参见 3.6.2 应用程序的启动和关闭），在"WinRAR"程序窗口的工作区中将显示当前位置下的所有文件（可在地址栏中更改所需显示的位置），如图 3-16 所示。在"WinRAR"程序窗口的工作区中选择一个或多个需要压缩的文件（参见 3.5.3 文件和文件夹的基本操作），单击"添加"工具按钮，将打开"压缩文件名和参数"对话框，如图 3-17 所示，按需求设置相关信息参数，单击"确定"按钮即可。压缩后的文件俗称"压缩包"，扩展名为".rar"。

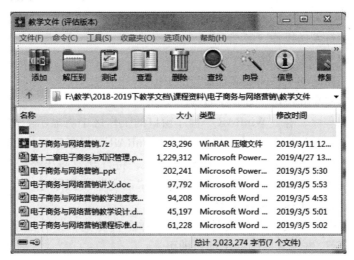

图 3-16 "WinRAR"程序窗口

方法二：使用右键快捷菜单快速压缩

在资源管理器中选择要压缩的文件，右击，弹出快捷菜单，有四个压缩选项可供选择，如图 3-18 所示，选择其中的一个项目即可。

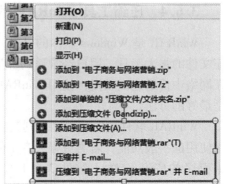

图 3-17 "压缩文件名和参数"对话框　　　　图 3-18　右键快捷菜单压缩选项

●"添加到压缩文件"选项：打开"压缩文件名和参数"对话框，按需求设置相关信息参数，单击"确定"按钮即可。

●"添加到××××.rar"选项：直接按默认设置压缩文件，并以选中的文件或多个文件所在文件夹的文件名命名压缩文件（"××××"表示主文件名，".rar"是压缩文件的扩展名），这是最常用的方法。

●"压缩并 E-mail"选项：压缩方法同"添加到压缩文件"选项，压缩后会启动电子邮件进行发送操作（不常用）。

●"压缩到××××.rar 并 E-mail"选项：压缩方法同"添加到××××.rar"选项，压缩后会启动电子邮件进行发送操作（不常用）。

2. 使用 WinRAR 解压文件

以压缩包形式存储的文件需要解压才能使用，解压方法如下。

方法一：使用"WinRAR"图形界面解压文件

启动 WinRAR 程序，在"WinRAR"程序窗口的工作区中将显示当前位置下的所有文件（可在地址栏中更改所需显示的位置），在"WinRAR"程序窗口的工作区中选择需要解压的文件（".rar"文件），单击"解压到"按钮，将打开"解压路径和选项"对话框，如图 3-19 所示，按需求设置相关信息参数，单击"确定"按钮即可。

方法二：使用右键快捷菜单快速解压

在资源管理器中选择要解压的文件，右击，弹出快捷菜单，有四个解压选项可供选择，如图 3-20 所示，选择其中的一个项目即可。

●"用 WinRAR 打开"选项：打开"WinRAR"程序窗口，再按方法一操作。

●"解压文件"选项：打开"解压路径和选项"对话框，按需求设置相关信息参数，单击"确定"按钮即可。

●"解压到当前文件夹"选项：直接在当前位置解压释放文件，当压缩文件里包含的文件较多，且当前位置文件杂乱时，不建议使用，以免文件混在一起难以查找。

图 3-19　"解压路径和选项"对话框　　　　图 3-20　右键快捷菜单解压选项

●"解压到××××\"：在当前位置创建一个与压缩文件同名的文件夹，在此文件夹中解压释放文件（推荐使用）。

3.7　Windows 10 的常用工具

3.7.1　画图程序与画图 3D

1. 画图程序

"画图"是 Windows 10 的一个简单的图像绘画程序。"画图"程序是一个位图编辑器，可以对各种位图格式的图片进行编辑，用户可以自己绘制图片，也可以对扫描的图片进行编辑修改，在编辑完成后，可用 BMP、JPG、GIF 等格式存档，用户还可以发送到桌面或其他文档中，画图窗口如图 3-21 所示。

用户启动画图程序，可以在"开始"菜单 Windows 附件中启动画图程序，也可以在搜索框中直接输入"画图"来查找启动画图程序。按 Win+R 组合键打开运行框，输入"mspaint"也可直接启动画图程序。后面将要介绍的工具同样使用类似的方式启动。

2. 画图 3D

画图 3D 通过 Windows 10 创意者更新（Creator's Update）发布，该更新是微软为 Windows 10 发布的一组免费功能。画图 3D 是经典画图的最新演进版，拥有大量新颖的艺术工具，可用于 2D 画布或 3D 对象，如图 3-22 所示。画图 3D 比画图工具更先进，但它更专注于渲染 3D 对象。如果想尝试 3D 形状并获得一些乐趣，那么画图 3D 将非常适合。画图 3D 的启动与画图程序类似，同样可以使用"开始"菜单、搜索框查找启动程序。

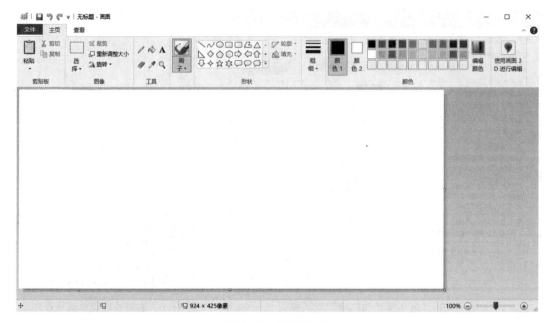

图 3-21　画图程序

图 3-22　画图 3D

3.7.2 截图和草图工具

Windows 10 的"截图工具"可以随心所欲截取自己想要的图形。启动方法类似画图程序，操作方便，常用快捷键为 Win+Shift+S。根据截图需求，可选择"任意格式截图""矩形截图""窗口截图"或"全屏幕截图"，然后选择要捕获的屏幕区域进行截图。截图成功后，可以将截图在如图 3-23 所示的界面中打开，进行初步加工后保存为 HTML、PNG、GIF 或 JPEG 格式的文件。

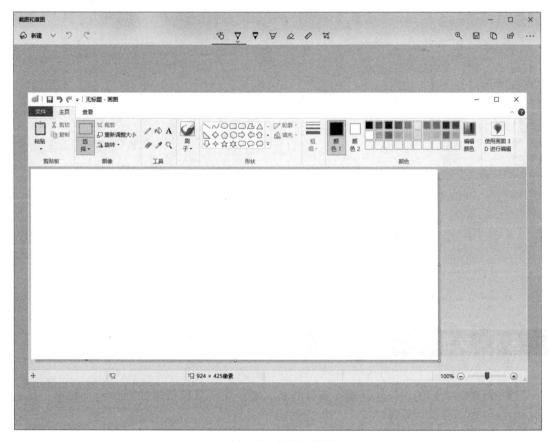

图 3-23 截图和草图

3.7.3 计算器

Windows 10 的"计算器"可以完成所有手持计算器能完成的操作。启动方法类似画图程序。"计算器"有计算和转换两类运算功能，在如图 3-24 所示的菜单中，可以进行多种功能模式的切换。

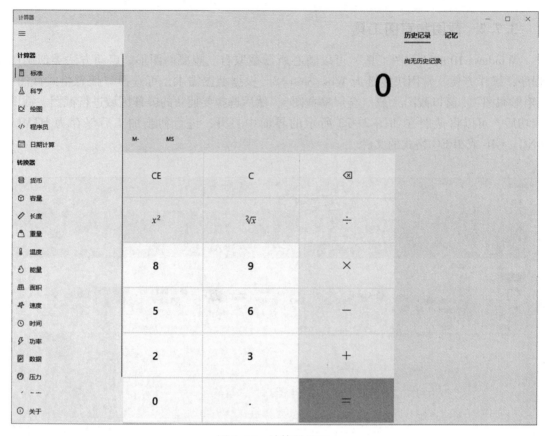

图 3-24 计算器界面

3.8 文本输入

当今社会，人们的工作生活离不开计算机，而使用计算机最多的操作就是打字，那么如何正确有效地学习打字呢？

3.8.1 正确的指法操作

第一步：熟悉键盘，掌握标准指法。

要实现快速盲打，首先必须熟悉键盘，只有对计算机键盘的每个键位做到心中有数，记住键盘指法，手指各司其职灵活敲击，才能提高打字速度，最终实现盲打。

计算机标准键盘有 101 或 104 个按键，这些按键又按照主键盘区、功能键区、控制键区、数字键区四个部分排列组合而成，如图 3-25 所示。这样的排列看似杂乱无章，实则是充分考虑到英文各按键的使用频率而确定的，中文五笔字型输入法也充分考虑到这点而对应设计了编码。因此，熟悉键盘才能更快地掌握标准指法。所谓标准指法，就是双手每个手指对应键盘按键的法则。主键盘区的中心部分包含从 A 到 Z 的 26 个字母键，标准指法要求在开始打字前，左手小指、无名指、中指和食指分别对应虚放在 "A、S、D、F"

键上，右手的食指、中指、无名指和小指分别对应虚放在"J、K、L、；"键上，两个大拇指则虚放在空格键上。虚放就是轻轻地放上，不按键也不重压。在左右手食指所放的字母 F 和 J 键上都有一个小凸起，这两个小凸起就是"盲打定位"。大家在眼睛不看键盘的时候先感受一下这两个键的小凸起，今后实现盲打全靠左右食指触摸这两个键，其余手指依次排列，左右大拇指对应空格键位上。

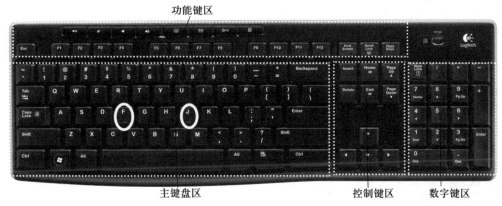

图 3-25　键盘按键排列

第二步：分工明确，各手指对应上下左右移动敲击。

正常情况下，在打字前双手要按照标准指法虚放。打字开始后，每个手指对应到上下左右相应的键位上敲击，敲击后相应手指马上回到虚放键位，这是实现盲打的关键。各手指对应键位如图标示。左手食指负责 4、5、R、T、F、G、V、B 八个键，中指负责 3、E、D、C 四个键，无名指负责 2、W、S、X 键，小指负责 1、Q、A、Z 及其左边的所有键位。右手食指负责 6、7、Y、U、H、J、N、M 八个键，中指负责 8、I、K、"，"四个键，无名指负责 9、O、L、"。"四键，小指负责 0、P、"；"、"/"及其右边的所有键位。

第三步：熟能生巧，逐步提高盲打速度。

要想提高盲打速度，在熟悉键盘和掌握正确指法的前提下，强化练习就显得尤为重要了。打字练习的方法有很多，有的用"金山打字通"等软件辅助练习，有的反复录入一篇长文章练习，总之，只要循序渐进地练习，就可熟能生巧，逐步提高盲打速度，最终成为盲打高手。

3.8.2　语言与输入法的管理

实现中文快速盲打，还需要了解汉字输入法。汉字输入法编码主要包括音码、形码、音形码、形音码、无理码等，常用输入法包括拼音输入法和五笔字型输入法。拼音输入法以智能 ABC、搜狗拼音、微软拼音、拼音加加等为代表，五笔字型输入法以王码五笔、极点五笔、万能五笔、百度五笔等为代表。如果要提高汉字录入速度，不提倡使用手写和语音录入方法。

Windows 10 操作系统支持 109 种语言，对小语种语言的支持也更加丰富。此外，Windows 10 操作系统中自带的微软拼音输入法得到了巨大的改进，其丰富的词库、词汇的准确识别、云搜索等功能，完全可以替代第三方拼音输入法（第三方输入法需自行下载安装程序）。

如需在 Windows 10 操作系统中添加语言，可在 Windows 设置中依次打开"时间和语言"→"语言"，如图 3-26 所示，然后在右侧列表中单击"添加语言"，在出现的界面中选择相应语言即可。删除语言只需单击"删除"即可。

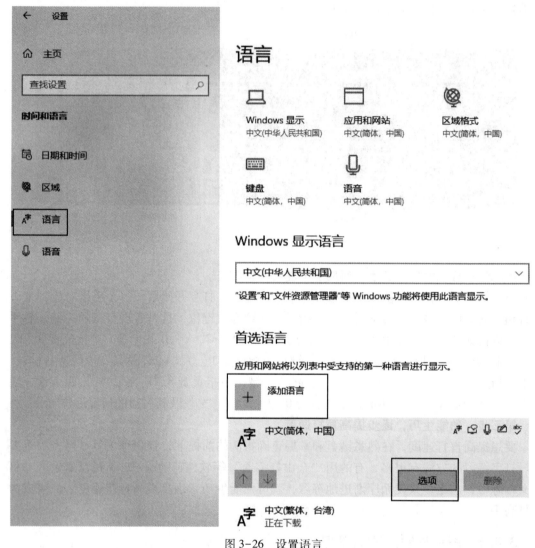

图 3-26　设置语言

在 Windows 10 操作系统中，添加的输入法是某一种语言中所包含的一项，除了输入法还有手写识别文件、语音文件。单击图 3-26 中的"选项"，打开语言设置界面，如图 3-27 所示。操作系统默认不下载手写识别文件和语音文件，单击相应选项中的"下载"按钮，即可下载此类文件。此外，某些语言环境下还包含其他输入法，所以单击"添加键盘"可添加其他输入法，例如在中文语言环境下，还可以添加五笔输入法。

在进行文字录入时经常需要切换输入法，常用切换方法如下。

（1）中英文切换：按 Shift 键即可。

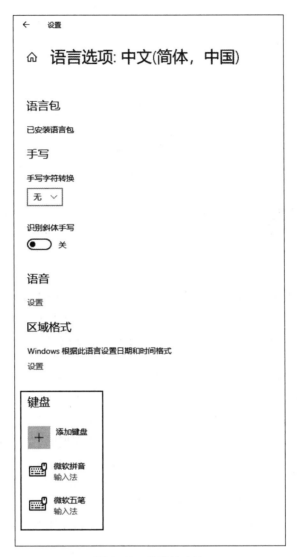

图 3-27　设置输入法

（2）输入法与非输入法切换：按 Ctrl+空格键。

（3）多种输入法间选择切换：按 Ctrl+Shift 键。

（4）多种语言间选择切换：按 Alt+Shift 键。

（5）不建议用鼠标单击语言栏进行输入法切换。

> 思政阅读 3-1：
> 国产操作系统何时崛起？

【本章小结】

操作系统可以定义为：有效地组织和管理整个计算机系统的硬件和软件资源，并合理地组织计算机工作流程，控制程序的执行，以提供给用户和其他软件方便的接口和环境的软件集合。简单地说就是管理计算机硬件与软件资源的计算机"管家"。

操作系统有五大基本功能：处理器管理、存储器管理、设备管理、文件管理和用户接口。

通常，操作系统按照功能可以分为：批处理操作系统、分时操作系统、实时操作系统、网络操作系统、分布式操作系统和嵌入式操作系统。

认识 Windows 10，并掌握基本操作设置，包括桌面的认识与操作、系统设置、文件系统的使用、应用程序管理。

熟练运用画图程序、截图工具、计算器等 Windows 10 的常用工具。

熟练掌握输入法的使用，快速进行文本输入。

【课后习题】

一、单项选择题

1. 支持跨平台及设备应用且支持 DirectX 12 的 Windows 版本是（　　）。
   A. Windows 7　　　　B. Windows 8　　　C. Windows 8.1　　　D. Windows 10

2. ①Windows ME　②Windows XP　③Windows NT　④FrontPage　⑤Access 97　⑥UNIX　⑦Linux

以上列出的 7 个软件，（　　）均为操作系统软件。
   A. ①②③④　　　　B. ①②③⑤⑦　　　C. ①③⑤⑥　　　D. ①②③⑥⑦

3. Windows 能自动识别和配置硬件设备，此特点称为（　　）。
   A. 即插即用　　　B. 自动配置　　　C. 控制面板　　　D. 自动批处理

4. 首次引入 Modern 界面（动态磁贴）的 Windows 版本是（　　）。
   A. Windows XP　　　B. Windows 7　　　C. Windows 8　　　D. Windows 10

5. 任务视图又叫"虚拟桌面"，打开它的快捷键是（　　）。
   A. Alt+Esc　　　　B. Alt+Tab　　　C. Windows+Tab　　　D. Windows+Esc

二、简答题

1. 选定文件有哪些方法？
2. 文件资源管理器的功能是什么？
3. 如何隐藏文档？

> 案例素材 3-3：操作系统作业 . rar

三、操作题

1. 将作业文件夹下 VOTUNA 文件夹中的文件 BOYABLE. DOC 复制到同一文件夹下，并命名为 SYAD. DOC。

2. 将作业文件夹下 BENA 文件夹中的文件 PRODUCT. WRI 的隐藏和只读属性撤销，并设置为存档属性。

3. 将作业文件夹下 TIUIN 文件夹中的文件 ZHUCE. BAS 删除。

> 微视频 3-3：操作系统作业 . mp4

第 4 章
文字处理

电子教案：
文字处理

【本章导读】

    Microsoft Office 2016 是微软推出的一组办公软件，其中的 Word、Excel、PowerPoint 是常用的文字处理、电子表格制作与数据处理、幻灯片制作与设计的桌面办公软件，使用它们可以进行各种文档资料的管理、数据的处理与分析、演示文稿的展示等。Microsoft Office 2016 目前已经广泛应用于财务、行政、人事、统计和金融等众多领域，并且是国家计算机等级考试及计算机技术与软件专业技术资格（水平）考试指定软件。

    本章主要介绍 Word 2016 的一些操作方法和使用技巧。如一般文档编辑、报表、海报的设计、信函的制作以及毕业论文格式排版等。

【学习目标】

    （1）掌握基本编辑操作，能够利用 Word 处理一般文档的编辑排版；

    （2）掌握表格排版方法，能够在 Word 文档中处理表格信息；

    （3）掌握图文混排的技巧，能够利用 Word 制作海报、信函等丰富多彩的电子文档；

    （4）掌握 Word 文档的高级排版技术，具备长文档排版能力，能够胜任论文、书稿的排版工作。

4.1　Word 2016 概述

    Word 2016 是 Microsoft Office 2016 中应用最广泛的一个组件。作为电子文档编辑工具，Word 2016 为用户提供了上佳的文档编辑排版设置功能，利用它能够更加轻松、高效地组织和编写文档，并能轻松地与他人协调工作。本节将带领大家认识 Word 2016 及其工作环境。

4.1.1　Word 2016 简介

    Word 2016 是 Microsoft 公司开发的 Office 2016 办公组件之一，主要用于文字处理工作。Word 的最初版本是由 Richard Brodie 为了运行 DOS 的 IBM 计算机而在 1983 年编写的。随后的版本可运行于 Apple Macintosh（1984 年）、SCO UNIX 和 Microsoft Windows（1989

年），并成了 Microsoft Office 的一部分。Word 2016 是现在的流行版本，于 2015 年 3 月 18 日发布。

4.1.2　Word 2016 的工作界面

1. Word 2016 的启动与退出

（1）Word 2016 的启动

安装了 Word 2016 之后，就可以使用其所提供的强大功能了。首先要启动 Word 2016，进入工作环境，方法有多种，下面介绍几种常用的方法。

方法一：可使用桌面上的"Microsoft Word 2016"快捷图标启动 Word 2016。

方法二：可在"开始"菜单中单击"Microsoft Word 2016"图标启动 Word 2016。

方法三：双击需要编辑的 Word 文档，启动 Word 2016 并打开相应的文件。

方法四：在搜索框中直接输入"word"来启动 Word 2016。

方法五：按 Win+R 组合键打开运行对话框，输入"winword"，确定后启动 Word 2016。

（2）Word 2016 的退出

完成文档的编辑操作后，要退出 Word 2016 的工作环境，可使用下面几种常用的退出方法。

方法一：使用"文件"选项卡中的"退出"命令。

方法二：单击标题栏右端的"关闭"按钮。

方法三：在标题栏上右击，在弹出的快捷菜单中选择"关闭"命令。

方法四：按快捷键 Alt+F4。

提示：如果在退出 Word 2016 时，用户对当前文档做过修改且还没有执行保存操作，系统将弹出一个对话框询问用户是否保存修改操作，如果要保存文档，单击"保存"按钮，如果不需要保存，单击"不保存"按钮，单击"取消"按钮则取消此次关闭操作，如图 4-1 保存提示对话框所示。

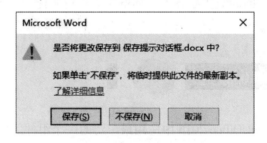

图 4-1　保存提示对话框

2. 认识 Word 2016 的工作界面

打开 Word 2016 文档后，如果要对文字进行处理，首先需要了解文档的操作窗口。Word 2016 工作窗口主要包括标题栏、快速访问工具栏、窗口控制按钮、选项卡、功能区、文档编辑区、滚动条、状态栏等，如图 4-2 所示。

标题栏：显示 Office 应用程序名称和文档名称。

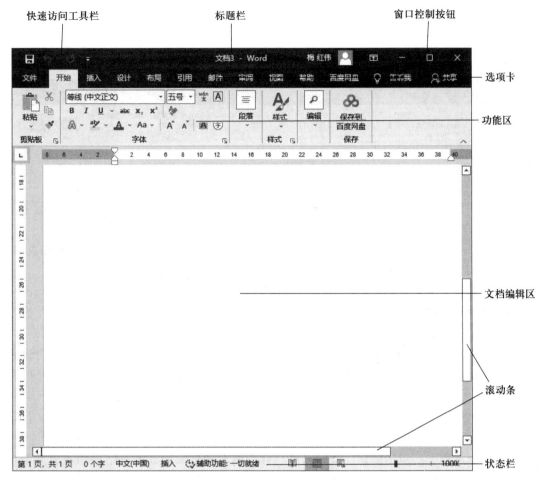

图 4-2　Word 2016 的工作窗口

快速访问工具栏：提供默认的按钮或用户添加的按钮，可以加速命令的执行。相当于早期 Office 应用程序中的工具栏。

窗口控制按钮：调整窗口的不同状态，包括最大化、最小化、还原、关闭。

选项卡：功能区的切换标签，将命令操作按功能分类组织。

功能区：提供常用命令的直观访问方式，相当于早期 Office 应用程序中的菜单栏和命令。功能区由选项卡、功能组和命令三部分组成。

文档编辑区：文档编辑的主要区域。不同的 Office 组件，其编辑区的外观和使用方法也不相同，例如 Word 由一个空白页面组成，而 Excel 的编辑区由纵横交错的单元格组成。

滚动条：调整文档窗口中当前显示的内容。

状态栏：显示当前文档的工作状态或额外信息（切换文档视图按钮、调整窗口比例按钮）。

3. 功能区的了解

Word 2016 采用 Ribbon 界面设计，该界面把 Word 操作的主要命令都放在了"功能区"中，取缔了级联菜单的使用，如图 4-3 所示。在 Word 2016 窗口上方那些看起来像菜单的名称，其实是功能区的选项卡名称。当单击这些选项卡时并不会打开菜单，而是切换到与之相对应的功能区面板。每个功能区根据功能的不同又分为若干个组，功能区所拥有的功能如下所述。

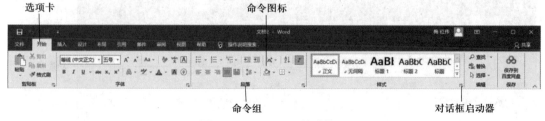

图 4-3　Word 2016 的功能区

"开始"选项卡：包括剪贴板、字体、段落、样式和编辑五个功能组，该功能区主要用于帮助用户对 Word 文档进行文字编辑和格式设置，是用户最常用的功能区。

"插入"选项卡：包括页面、表格、插图、加载项、媒体、链接、批注、页眉和页脚、文本和符号十个功能组，主要用于在 Word 文档中插入各种多元化文档元素。

"设计"选项卡：包括文档格式、页面背景两个功能组，主要用于对 Word 文档的主题、页面颜色、边框等进行整体的设计。（"设计"选项卡由 2010 版的"页面布局"选项卡拆分而来。）

"布局"选项卡：包括页面设置、稿纸、段落、排列四个功能组，用于帮助用户设置 Word 文档页面的具体格式。（"布局"选项卡由 2010 版的"页面布局"选项卡拆分而来。）

"引用"选项卡：包括目录、脚注、信息检索、引文与书目、题注、索引和引文目录六个功能组，用于实现在 Word 文档中编辑目录等特殊的引用、注释、说明信息。

"邮件"选项卡：包括创建、开始邮件合并、编写和插入域、预览结果和完成五个功能组，该功能区专门用于在 Word 文档中进行邮件合并方面的操作。

"审阅"选项卡：包括校对、见解、语言、中文简繁转换、批注、修订、更改、比较和保护九个功能组，主要用于对 Word 文档进行校对和修订等操作，适用于多人协作处理 Word 长文档。

"视图"选项卡：包括视图、显示、显示比例、窗口和宏五个功能组，主要用于帮助用户设置 Word 操作窗口的视图类型、显示方式，以方便操作。

4. "文件"选项卡的了解

"文件"选项卡类似于"文件"菜单项，位于 Word 2016 窗口的左上角。单击"文件"选项卡可以打开"文件"窗口，包含"开始""新建""打开""信息""保存""关闭""选项"等常用命令，如图 4-4 所示。

特别注意："文件"窗口左上角的带圈箭头为"返回"按钮，单击可返回正常编辑界面。

"信息"命令窗口中，用户可以进行旧版本格式转换、保护文档（包含设置 Word 文档密码）、检查问题和管理自动保存的版本。

"新建"命令窗口中，用户可以看到多种类型的 Word 2016 文档模板，包括"空白文档""求职信""简历"等 Word 2016 内置的文档类型。用户还可以通过互联网搜索实用的 Word 文档模板。

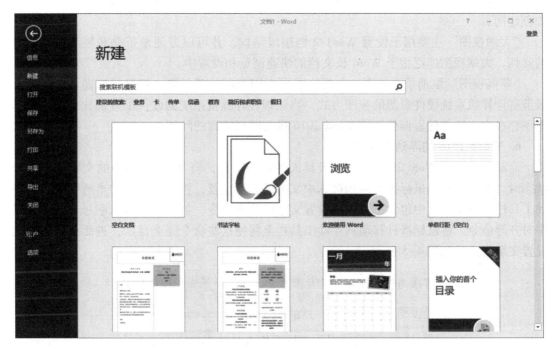

图 4-4 Word 2016 的"文件"窗口

"打开"命令窗口中，可以选择打开最近使用的 Word 文档，也可以通过选择路径来打开 Word 文档。

"保存"和"另存为"命令窗口，将修改编辑后的文档覆盖保存或另存为新的文档。

"打印"命令窗口中，可以预览文档打印效果，详细设置多种打印参数，例如双面打印、指定打印页等参数，从而有效控制 Word 文档的打印结果。

"共享"命令中，将 Word 2016 文档发送到博客、发送电子邮件或保存到云端。

"导出"命令窗口中，可创建 PDF/XPS 文档，或更改文档类型。

"关闭"命令窗口，关闭当前文档，但不关闭 Word 程序。

"账户"命令窗口，Office 账户登录及软件激活。

"选项"命令，可以打开"Word 选项"对话框。在"Word 选项"对话框中可以开启或关闭 Word 2016 中的许多功能或设置相关环境参数。

5. 认识 Word 2016 的视图模式

在 Word 2016 中提供了五种视图模式供用户选择，包括"阅读视图""页面视图""Web 版式视图""大纲视图"和"草稿视图"。用户可以在"视图"功能区中选择需要的文档视图模式，也可以在 Word 文档窗口的右下方单击视图按钮选择视图。

"阅读视图"以图书的分栏样式显示 Word 文档，"文件"选项卡、功能区等窗口元素被隐藏起来。在阅读视图中，用户还可以单击"工具"按钮选择各种阅读工具。按 Esc 键可退出阅读视图。

"页面视图"可以显示 Word 文档的打印结果外观，主要包括页眉、页脚、图形对象、分栏设置、页边距等元素，是最接近打印结果的页面视图。

"Web 版式视图"以网页的形式显示 Word 文档，Web 版式视图适用于发送电子邮件和创建网页。

"大纲视图"主要用于设置 Word 文档层级结构，并可以方便地折叠和展开各种层级的文档。大纲视图广泛用于 Word 长文档的快速浏览和设置中。

"草稿视图"取消了页边距、分栏、页眉页脚和图片等元素，仅显示标题和正文，是最节省计算机系统硬件资源的视图方式。当然现在计算机系统的硬件配置都比较高，基本上不存在由于硬件配置偏低而使 Word 2016 运行遇到障碍的问题。

6. Word 2016 的浮动工具栏

浮动工具栏是 Word 2016 中一项极具人性化的功能，当 Word 文档中的文字处于选中状态时，如果用户将鼠标指针移到被选中文字的右侧位置，将会出现一个半透明状态的浮动工具栏。该工具栏中包含了常用的设置文字格式的命令，如设置字体、字号、颜色、居中对齐等命令。将鼠标指针移动到浮动工具栏上将使这些命令完全显示，进而可以方便地设置文字格式，如图 4-5 所示。

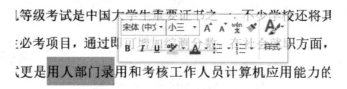

图 4-5　Word 2016 的浮动工具栏

如果不需要在 Word 2016 文档窗口中显示浮动工具栏，可以在 "Word 选项" 对话框中将其关闭。

7. Word 2016 中的标尺、网格线和导航窗格

在 Word 2016 文档窗口中，用户可以根据需要显示或隐藏标尺、网格线和导航窗格。在 "视图" 功能区的 "显示" 分组中，选中或取消相应复选框可以显示或隐藏对应的项目。

"标尺"包括水平标尺和垂直标尺，用于显示 Word 文档的页边距、段落缩进、制表符等。

"网格线"能够帮助用户将 Word 文档中的图形、图像、文本框、艺术字等对象沿网格线对齐，并且在打印时网格线不被打印出来。

"导航窗格"主要用于显示 Word 文档的标题大纲，用户可以单击 "文档结构图" 中的标题，可以展开或收缩下一级标题，并且可以快速定位到标题对应的正文内容，还可以显示 Word 文档的缩略图。

8. 快速访问工具栏

Word 2016 窗口中的 "自定义快速访问工具栏" 用于放置命令按钮，使用户快速启动经常使用的命令。默认情况下，"自定义快速访问工具栏" 中只有数量较少的命令，用户可以根据需要添加多个自定义命令，如图 4-6 "自定义快速访问工具栏" 命令设置所示。

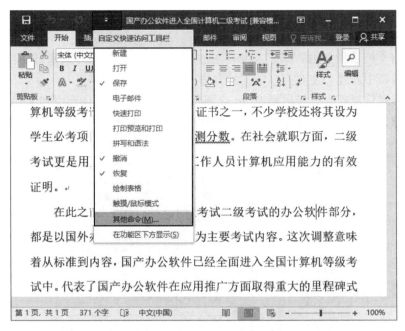

图 4-6 "自定义快速访问工具栏"命令设置

4.2 Word 2016 的基本编辑操作

本节主要介绍 Word 2016 日常使用的基本操作。主要包括文档的创建、保存、打开、文本编辑以及一般文档格式排版的方法和技巧,并通过"自荐书的编辑"案例,展开各项操作。通过本节的学习,读者应能利用 Word 2016 处理一般 Word 文档的编辑与操作。

4.2.1 任务导入:自荐书的编辑

李晴是丽江文化旅游学院大二的学生,为锻炼自己的能力,李晴积极竞选学生会主席一职,因此特向学院管理部门提交一份自荐书。自荐书的内容李晴已经在文本文件中编辑好了,现需要使用 Word 2016 将其排版为一份合乎规范的标准文档,以吸引评委的关注,从而获得学生会主席的职位。

自荐书是最为普通的一类实用公务文档,是求职者寻找工作、谋求职务的敲门砖。如何使用有限的文字,将自己的才能、潜力展现出夺人的光彩?一方面需要文字表达出众,另外一方面则需要考虑文档的格式是否符合一般公文的要求,排版是否美观大方、严谨合理。此例涉及 Word 2016 最基本的文档创建、文字编辑、字体段落设置等操作,下文将逐一进行讲解。

4.2.2 文档的创建、保存与打开

1. 新建文档

Word 2016 在对文档进行操作前必须先创建文档。根据文档需要和用户当前使用环境

的不同，用户可选择不同的文档新建方式。

（1）新建空白文档

新建空白文档是最常用的操作，可以通过启动 Word 软件的方式来自动创建，也可以直接在文档窗口中新建。主要有以下几种方法。

启动程序默认新建： 直接启动 Word 应用程序，系统会默认创建空白文档。

右击新建文件： 如图 4-7 所示，在桌面或其他指定位置右击，在弹出的快捷菜单中选择"新建"→"Microsoft Word 文档"选项即可。

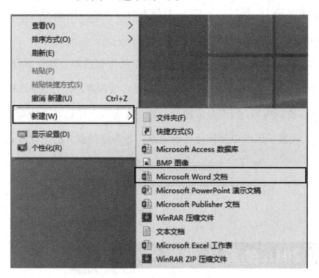

图 4-7　右击菜单新建文档

"文件"选项卡新建文件： 在 Word 窗口中单击"文件"选项卡，选择"新建"菜单项，然后在"可用模板"栏中双击"空白文档"，或者选择"空白文档"再单击"创建"按钮。如图 4-8 所示。

快速访问工具栏新建命令： 如在快速访问工具栏上添加了"新建"工具，亦可单击快速工具栏创建文档，如图 4-9 所示。

快捷键： 在 Word 中按"Ctrl+N"组合键。

（2）根据模板创建文档

Word 2016 提供了许多已经设置好的文档模板，选择不同的模板可以快速创建各种类型的文档，如信函、传真等。模板中已经包含了特定类型文档的格式和内容等，只需要根据个人需求简单修改即可创建一个精美的文档。使用如图 4-8"文件"选项卡新建文档一样的方法，可按类型搜索选择合适的模板。

2. 保存文档

文档编辑一定要注意保存，不仅编辑完成后要保存，编辑过程中也要随时保存，以免遇到意外（如突然停电）使之前的工作白费。一般情况下，保存的方法有以下几种。

（1）新文档第一次保存

新建文档第一次保存时可单击快速访问工具栏上的"保存"按钮或选择"文件"选项卡中的"保存""另存为"项，均可打开"另存为"对话框。在"另存为"对话框中，用户可以选择将文档保存到云端或本机的常用存储位置，也可以通过单击"浏览"，弹出"另存为"对话框，如图 4-10 所示。在对话框中选择，调整存储位置，并在"文件名"文本框中输入文档名称，若不输入则自动将文档第一句话作为文档名称。最后可根据需要在"保存类型"下拉列表框中选择文档类型（默认为 . docx），单击"保存"按钮即可完成。

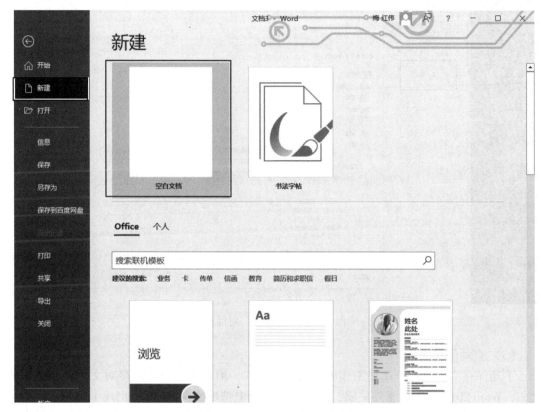

图 4-8　通过"文件"选项卡新建文档

图 4-9　快速访问工具栏新建文档

（2）文档修改后的保存

如果当前编辑的文档是对旧有文档进行修改，能替换原文档，可直接单击快速访问工具栏中的保存按钮，或者选择"文件"选项卡面板中的"保存"命令，即可覆盖旧有文档直接保存。若需保留旧有文档，修改后的文档需另存为一篇新文档（如需不同的名称、类型、位置等），则应单击"文件"选项卡面板中的"另存为"选项，如上文所述选择位置、填写名称、更换类型。

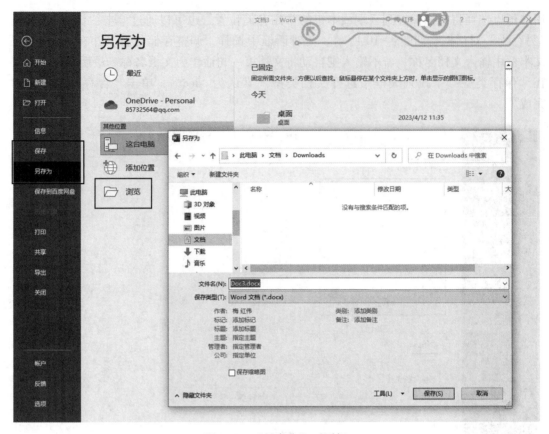

图 4-10 "另存为"对话框

（3）自动保存文档

手动保存文档是保护用户工作成果的可靠方式，但有时在用户保存对文档所做的更改之前，Word 2016 程序会意外关闭，例如发生了断电情况或 Word 程序出现了问题等。为了在 Word 程序意外关闭时保护用户所做的工作，将损失降到最小，Word 提供了自动保存功能。自动保存是指 Word 2016 会按照用户设置的时间间隔自动保存文档，默认间隔为 10 分钟。自动保存文档的设置方法如下。

单击"文件"选项卡，选择"选项"，打开 Word 2016 "选项"对话框。点击对话框左侧的"保存"选项，在打开的"自定义文档保存方式"面板中根据需要在对话框中设置参数，如图 4-11 所示。

特别注意：文档保存时，文件名的命名、文件类型设置以及存储位置的选择，一定要非常仔细。这三项一旦出错很有可能就查找不到文档，或文档识别错误。尤其是在相关机试系统中，文档的命名、类型、位置任意一项出错均记为 0 分。

3. 打开文档

当需要打开原有文档进行查看编辑时，可打开 Word 2016 文档窗口，单击"文件"选项卡，选择"打开"选项，在"打开"窗口"最近"列表中单击准备打开的 Word 文档名称即可，如果该列表中没有找到想要打开的 Word 文档，用户可以在"打开"窗口中选择浏览其他位置，打开任何一个需要的 Word 文档，如图 4-12 所示。

图 4-11　"自定义文档保存方式"面板

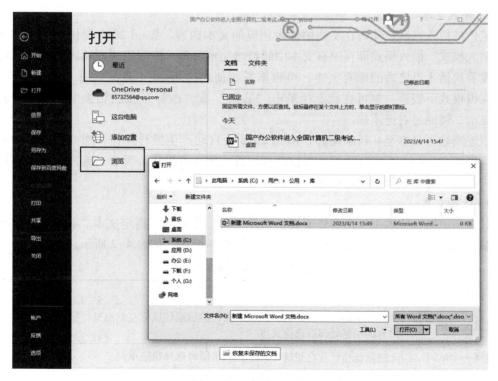

图 4-12　"打开"窗口

4.2.3 文本编辑操作

文本编辑操作是指创建或打开一个文档后根据需要输入或修改相应的文本内容。主要包括文本的增、删、改、查以及移动等操作。

1. 定位插入点

要在文档中输入内容，首先需要将光标定位在指定的输入位置上，即定位插入点。较为简单的文档，可直接移动鼠标实现定位。而对于复杂的长文档，可使用快捷键来实现插入点的快速定位。如表 4-1 所示。

表 4-1 定位插入点的快捷键

快　捷　键	移　动　方　式	快　捷　键	移　动　方　式
上方向键↑	上移一行	Home	移至行首
下方向键↓	下移一行	End	移至行尾
左方向键←	左移一个字符	Ctrl+Home	移至文档的开头
右方向键→	右移一个字符	Ctrl+End	移至文档的末尾
Ctrl+↑	上移一段	PageUp	上移一屏
Ctrl+↓	下移一段	PageDown	下移一屏
Ctrl+←	左移一个单词	Ctrl+PageUp	上移一页
Ctrl+→	右移一个单词	Ctrl+PageDown	下移一页

2. 输入文本

定位好插入点后，便可在文档中输入相应的文本内容。Word 2016 提供了插入和改写两种输入模式。插入模式即在原有文本中间新增文本内容，改写模式即输入的新文本将依次更改替换插入点之后的原有文本。可根据需要使用"Insert"键在"插入"和"改写"两种编辑模式下切换。也可在状态栏单击"插入"或"改写"按钮切换编辑模式。若无按钮显示，可通过右键添加。

当连续输入文本至一行末尾时，Word 2016 会自动产生换行操作。当一段文字输入完毕时，可按"Enter（回车）"键插入段落标记符实现分段操作。反之，若需将连续两段合并为一段时，将两段间的段落标记符删除即可。

3. 选择文本

对文档中原有文本进行内容修改或格式设置时，要先选定指定文本。在 Word 2016 中可根据不同的选择需求，采用不同方式完成文本选择操作，如表 4-2 所示。

表 4-2 文本选择方法

选 择 内 容	操 作 方 法
拖曳鼠标选择文本	将鼠标指针放到要选择的文本上，然后按住鼠标左键拖曳，拖到要选择的文本内容的结尾处即可选择文本
选择一个单词	把鼠标指针放在想选单词上，双击即可选择指定单词
选择一个句子	按住 Ctrl 键，单击句子任意一处，即可选择整个句子

续表

选择内容	操作方法
选择一行	将鼠标指针移至文本左侧，和想要选择的一行对齐，当鼠标指针变成一个向右的箭头时，单击即可选中一行
选择一个段落	将鼠标指针移至文本左侧，当鼠标指针变成一个向右的箭头时，双击即可选中一个段落
	把鼠标指针放在想选段落的任意位置，然后连击鼠标左键 3 次，也可以选择鼠标指针所在的段落
选择不相邻的多段文本	按住 Ctrl 键不放，同时按住鼠标左键并拖曳，选择要选取的部分文字，然后释放 Ctrl 键，即可选择不相邻的多段文本
选择垂直文本	将鼠标指针移至要选择文本的左侧，按住 Alt 键不放，同时按下鼠标左键，垂直方向拖曳鼠标选择需要选择的文本，释放 Alt 键即可选择垂直文本
选择整篇文档	见鼠标指针移至文档左侧，当指针变成一个向右的箭头时，连续单击 3 次左键，或 Ctrl+A，即可选择整篇文档

4. 剪切、复制和粘贴文本

Windows 操作系统中的编辑操作剪切、复制和粘贴同样可以使用在 Word 2016 的文本编辑中。选择好文字或对象后，在"开始"选项卡中最左边的"剪贴板"功能区单击"复制"（或"剪切"），也可使用快捷键 Ctrl+C（或 Ctrl+X）。完成复制（或"剪切"）操作后，就可以进行粘贴了。在开始选显卡最左边的"剪贴板"功能区单击"粘贴"，也可使用快捷键 Ctrl+V。剪切、复制和粘贴操作均可通过右键快捷菜单实现。

案例素材 4-1：选择性粘贴.rar；

特别提示："剪切"和"粘贴"操作的组合其本质就是选定内容的移动，而"复制"和"粘贴"操作的组合其本质则是将选定内容复制多份。

5. 选择性粘贴

除了常规的"粘贴"操作外，Word 2016 还提供了功能更为强大的选择性粘贴。选择性粘贴是 Microsoft Office、金山 WPS 等众多软件中的一种粘贴选项，通过使用选择性粘贴，用户能够将剪贴板中的内容粘贴为不同于内容源的格式。具体方法如下：

微视频 4-1：选择性粘贴.mp4

选中并复制所需文本或对象，在 Word 2016 文档窗口"开始"选项卡的"剪贴板"功能组中单击"粘贴"按钮下方的下拉三角按钮，并选择下拉菜单中合适的粘贴选项，如图 4-13 所示。也可在下拉菜单中选择"选择性粘贴"命令，在打开的"选择性粘贴"对话框中，设置选择性粘贴方式。另外，通过右键快捷菜单也能实现选择性粘贴。

6. 删除文本

当文档中某部分内容因错误或冗余等问题已不再需要时，可执行删除操作。Word 2016 提供了 Backspace 键和 Delete 键两种删除文本的方式。Backspace 键可删除插入点之前的文本内容，Delete 键可删除插入点之后的文本内容。若

图 4-13　"粘贴选项"命令

先选择了要删除的文本，则 Backspace 键和 Delete 键均直接删除该选定文本。

特别注意：在表格操作中，Backspace 键将删除表格或指定单元格，Delete 键将清除单元格中的内容。

7. 查找与替换

在编辑文档时，若需对文档中的某个字、词或短句进行大量查找更正，而依靠人工逐个寻找不仅费时费力，还可能出现漏改现象，利用 Word 2016 中的"查找和替换"功能即可解决这一问题。

（1）查找

在功能区选择"开始"选项卡，然后在"编辑"功能组单击"查找"命令或者按"Ctrl+F"组合键，此时文档的左边会弹出一个"导航"任务窗格，在里面输入想要查阅的文本，系统便会自动在任务窗格中搜索出该文本所在的句子并列出来，而在文档的正文部分，被搜索出来的文本都会用黄色的底纹标注起来。如图 4-14 所示，这里我们查找单词"NRCE"。

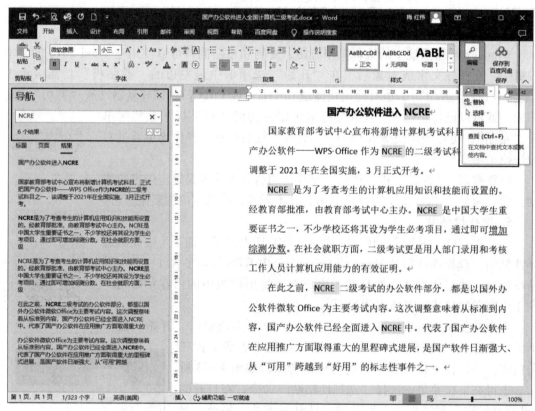

图 4-14　查找操作

（2）替换

在功能区点击"开始"选项卡，选择"编辑"功能组中点击"替换"命令或者按 Ctrl+H 组合键，打开"查找和替换"对话框。在"查找内容"中输入替换前的文本，在"替换为"中输入替换后的新文本，然后单击"查找下一处"按钮，将在文档中查找对应的文本，并以蓝色的形式显示。接着单击"替换"按钮，查找到的文本将替换为新文本，并自动查找下一处文本。再次单击"替换"按钮，将进行逐个查找和替换操作，若单击"全部替换"按钮，则直接替换文档中所有查找到的文本。替换完成后，Word 将自动打开提示对话框，提示替换操作完成，并显示替换次数。替换操作如图 4-15 所示。

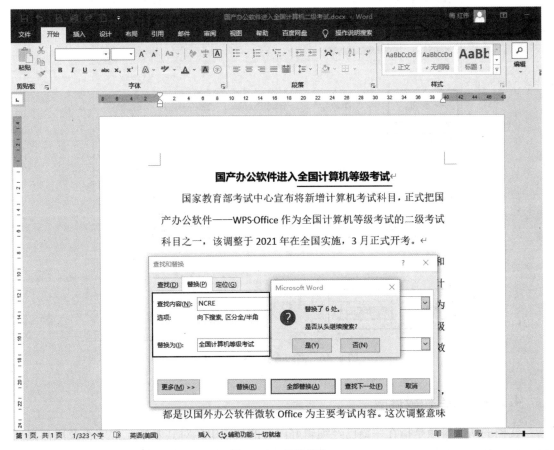

图 4-15　替换操作

（3）高级查找与替换

Word 2016 还可以利用"查找与替换"功能来进行更复杂的查找与替换操作。比如查找替换格式、特殊字符等。在"查找与替换"对话框中，单击"更多"按钮，将展开更多的设置选项，如图 4-16 所示。

案例素材 4-2：查找与替换.docx

"搜索"下拉列表框：此下拉列表框用于设置搜索方向。

"区分大小写"复选框：选中该复选框可在查找和替换内容时区分英文大小写。

"使用通配符"复选框：选中该复选框可以利用通配符"？"（代表单个字符）和"＊"（代表多个字符）进行查找。

微视频 4-2：查找与替换.mp4

"格式"按钮：利用该按钮可查找具有特定格式的文本，或将原文本格式替换为指定的格式。

"特殊格式"按钮：可查找和替换诸如段落标记、制表符等特殊符号。

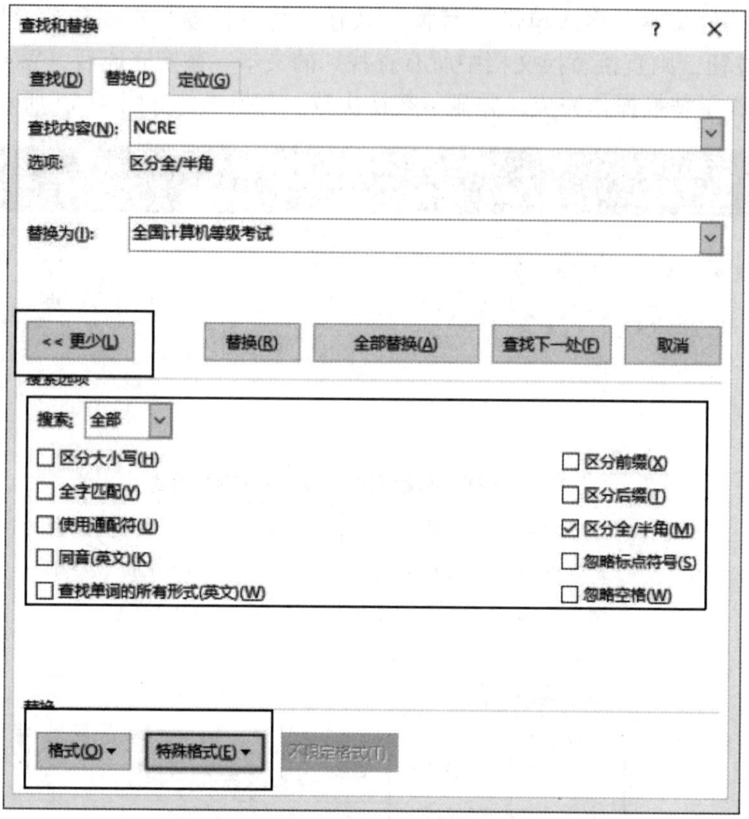

图 4-16　高级查找与替换操作

4.2.4　文档初级排版

文档的初级排版是指在一篇已经编辑好内容的文档中，对其基本元素字符及段落进行格式设置和页面布局，使文档整齐、规范，并能够符合一般应用要求。初级排版操作是 Word 2016 日常使用最为频繁的操作。

1. 设置字体格式

字体格式是以 Word 2016 文档最基本的元素"字符"为对象的格式。主要以展现"字符"本身的效果为设置目的，包括"字符"的字体、字号、字形、颜色和字符间距等。

（1）通过浮动工具栏设置

前面介绍过，当 Word 2016 文档中的文字处于选中状态时，如果用户将鼠标指针移到被选中文字的右侧位置，将会出现一个半透明状态的浮动工具栏。该工具栏中包含了常用的设置文字格式的命令，如设置字体、字号、颜色、加粗等命令。将鼠标指针移动到浮动工具栏上将使这些命令完全显示，进而可以使用相应的命令工具方便地设置文字格式，如图 4-17 所示。

字体：指文字的外在形式特征，文字的风格。如黑体、楷体等。Word 2016 包含了大部分的常用字体，如编辑文档时找不到所需字体，需要下载安装相应的字体文件。

字号：指文字的大小。Word 2016 中有"号"和"磅"两种度量单位来表示字的大小。"号"用中文描述，如：初号、一号、小一等，值越大字越小。"磅"（72 磅 = 1 英寸）用阿拉伯数字描述，如：10、16、20 等，值越大字越大。特别注意，若"字号"列表中没用相应的数据可自行手动输入。

图 4-17　浮动工具栏

增减字号：即对字号的渐变调整。

加粗、斜体：设置特殊字形。

下画线：在选定文本下增加线条标注。线型、颜色可选。

凸显文本：在选定文本范围内标记指定颜色，起到醒目的作用。

特别注意：凸显文本与字符底纹效果类似，但是是不同的两种操作。

字体颜色：给字体设置指定的颜色。可以是主题颜色、标准颜色，也可以是自定义的其他颜色，还可以设置具有渐变效果的颜色。

项目符号和编号：在项目段落前添加符号或编号。

拼音指南：在选定的文本上方添加拼音标注。

格式刷：格式复制工具，可将选定的字符、段落的格式复制应用到其他字符、段落上，避免重复格式设置。单击格式刷可应用一次，双击则可重复应用。

样式：设定好的文本格式方案，通过选择可快速进行统一格式的设置。

（2）通过"字体"功能组设置

在 Word 2016"开始"功能区"字体"功能组中可直接设置文本的字体格式，如图 4-18 所示。

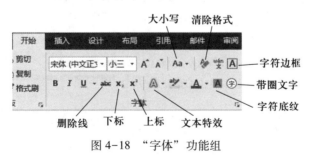

图 4-18　"字体"功能组

"字体"功能组包含了常用字体格式设置工具，除浮动工具栏中的功能外，还包括一些具有特殊功能的工具。

大小写：对于西方文字设置转换其大小写。

字符边框、字符底纹：给字符添加框线及底部花纹颜色。这里仅简单地默认添加操作，若要更多设置，则需使用"边框底纹"对话框。

删除线、上标、下标：对选定文本添加特殊意义的效果标记。

文本特效：对选定文本添加外观效果，如发光、阴影等。可点击旁边的下拉按钮选择

Word 2016 自带的效果样式，或进行效果的自定义。

带圈文字：即给指定文字加一个圆圈。如注册商标的标记"⑭"。

清除格式：取消选定文本的所有格式设置，使文本恢复到默认的字符格式。

（3）通过"字体"对话框设置

浮动工具栏和"字体"功能组都是为了使用户方便、快捷地进行字体格式设置而提供了部分常用设置工具。但若需对选定文本进行更详细、更多的格式设置，则需要打开"字体"对框来实现。选定文本后，单击"字体"功能组右下角的"对话框启动器"或右击，在弹出的快捷菜单中，选择"字体"菜单命令，即可打开"字体"对话框，如图4-19所示。

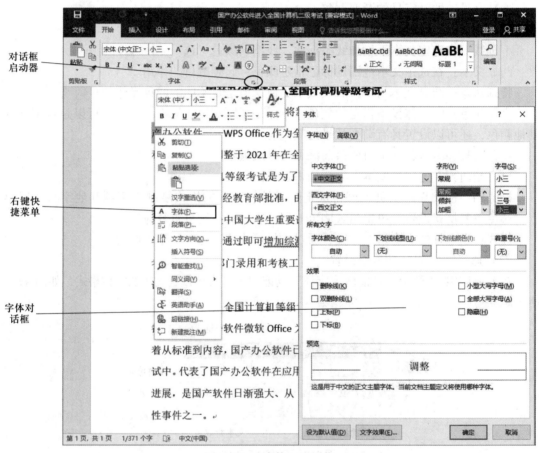

图 4-19 "字体"对话框

"字体"对话框中的"字体"选项卡可以对一般的格式设置提供更详细的内容，如："字体"可分为中文字体和西文字体，更多的下画线线型和颜色的选择，添加了着重号以及更多的文字效果设置。另外"高级"选项卡还提供了更丰富的字体格式设置，如图4-20所示。

"高级"选项卡下的相关设置功能如下：

字符缩放：在字符原来大小的基础上缩放宽与高的比例。100%时为标准字体，大于100%为扁型字体，小于100%为长型字体，取值范围在1%~600%之间。

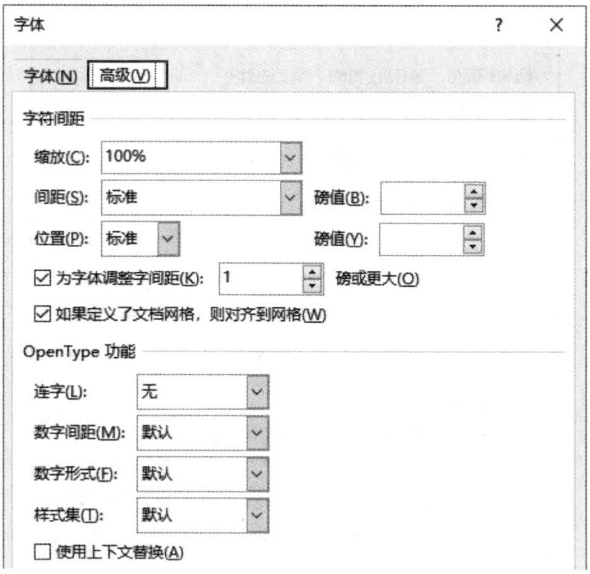

图 4-20 "字体"对话框"高级"选项卡

字符间距：增加或减少字符之间的间隔距离，而不改变字符本身的尺寸。

字符位置：相对于标准位置，在垂直方向上提高或降低字符的位置。

为字体调整字间距：Word 2016 可以根据字符的形状自动调整字间距，设置该选项指定进行自动调整的最小间距。

2. 设置段落格式

段落是文件的一个重要结构，在 Word 文档中，输入的所有内容都位于段落中。即使没有输入任何内容，每个 Word 文档也至少包含一个空段落。Word 文档以段落标记符（常用回车符）表示一个段落的结束。

段落格式主要使用"段落"功能组和"段落"对话框进行格式设置。"段落"功能组有两组，分别位于"开始"和"布局"选项卡。"开始"选项卡的"段落"功能组包含大部分常用的格式设置，如图 4-21 所示。"布局"选项卡的"段落"功能组仅包含"缩进"和"间距"两类设置，如图 4-22 所示。"段落"对话框包含最为齐全、详细的段落格式设置，如图 4-23 所示。

图 4-21 "开始"选项卡"段落"功能组

图 4-22 "布局"选项卡"段落"功能组

图 4-23 "段落"对话框

下面将逐一介绍"段落"的主要格式设置。

（1）设置段落对齐方式

段落的对齐方式分为水平对齐和垂直对齐两类。水平对齐包括：左对齐、右对齐、居中对齐、两端对齐和分散对齐五种，可通过"开始"选项卡的"段落"组或"段落"对话框的"缩进与间距"面板进行设置。垂直对齐包括：顶端对齐、居中、基线对齐、底端对齐、自动设置五种，可通过"段落"对话框中的"中文版式"面板进行设置。

（2）设置段落大纲级别

段落的大纲级别用于为文档中的段落指定等级结构（1级至9级）的段落格式。指定了大纲级别后，就可在大纲视图或文档结构图中处理文档。也是自动生成文档目录的必要操作。可通过"段落"对话框的"缩进与间距"面板进行设置。对于长文档，也可在"大纲视图"中利用大纲工具进行设置。

（3）设置段落缩进

段落的缩进指的是调整段落文本与页面边界之间的距离。主要设置有首行缩进、悬挂缩进、左缩进以及右缩进。

首行缩进：将某个段落的第一行向右进行段落缩进，其余行不进行段落缩进。

悬挂缩进：将某个段落首行不缩进，其余各行缩进。

左缩进：增加所选段落左侧与页面左边界的间距。

右缩进：增加所选段落右侧与页面右边界的间距。

段落缩进可通过"标尺"、"段落"对话框、"段落"功能组以及 Tab 键来设置。

方法一：在水平标尺中，有四个段落缩进滑块分别对应首行缩进、悬挂缩进、左缩进以及右缩进。按住鼠标左键拖动它们即可完成相应的缩进，如图 4-24 所示。

方法二：打开"段落"对话框，在"缩进和间距"面板中的"缩进"区可以设置段落的各种缩进类型。

图 4-24　标尺

方法三：在"开始"选项卡"段落"组中可进行段落缩进增减的调整。

方法四：在"布局"选项卡"段落"组中可进行左右缩进的设置。

方法五：使用 Tab 键也可以对段落进行首行缩进及左缩进。若要缩进段落的首行，先将插入点置于首行开始处按一次 Tab 键，继续按 Tab 键，则整个段落左缩进。若要直接缩进整个段落，可以先将插入点置于首行以外的其他行的开始处再按 Tab 键。

特别注意：各种缩进的度量单位可根据需要在"文件"选项卡的"选项"命令"高级"面板下进行选择设置，比如"字符""厘米""磅"等，如图 4-25 所示。

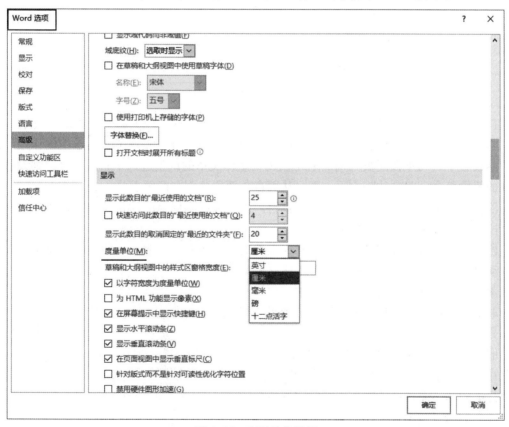

图 4-25　度量单位设置

（4）设置行距和段落间距

行距是邻近两行之间的距离。可通过"开始"选项卡的"段落"组打开"行和段落间距"列表进行选择设置，也可在"段落"对话框"缩进和间距"面板的"行距"下拉列表中选择相应的项目，并在右侧输入数值来设置。

段落间距是段与段之间的距离，分为段前距和段后距。可在"开始"选项卡的"段落"组打开的"行和段落间距"列表中，选择"增加段落前的间距"和"增加段落后的空格"命令，以设置段落间距。也可通过"段落"对话框中的"缩进和间距"面板设置"段前"和"段后"的数值，以设置段落间距。还可以通过"布局"选项卡中的"段落"组调整"段前"和"段后"间距的数值，以设置段落间距。

（5）设置段落换行和分页

换行和分页设置用于所选文本或段落在特殊情况下进行换行或分段的控制操作。通过"段落"对话框中的"换行和分页"面板设置，如图 4-26 所示。

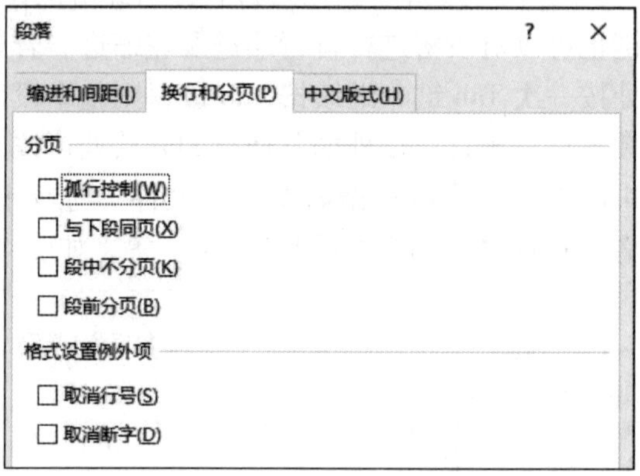

图 4-26 "换行和分页"面板

孤行控制：避免一段的最后一行出现在另一页的页首或一段的第一行出现在页尾。

与下段同页：防止在选中段落与后面一段间插入分页符。实现了自动连接的作用，即该段落设置了"与下段同页"后，若下段因为整体文章的调整进入了新的一页，则设置了此项的该段落会一起自动跳入下一页，从而避免两段分别在两页上。

段中不分页：防止在段落中出现分页符。同样可以实现整段的整体连接，避免完整的一个段落分别显示在两个页面上。

段前分页：实现每一个自然段自然成页的效果。例如，每输入一段文字，敲击回车键后自动进入下一页。或者，选中带若干段落标记的一段文字，做出如上设置后，会将每一个段落标记中的内容分列在不同页面中。

取消行号：若对于其中某行设置"取消行号"，全文就会跳开该行继续编号。

案例素材 4-3：自荐书的编辑 . rar

取消断字：若在"页面布局"选项卡中设置了"断字"，则在"段落"中可以取消断字，使用"断字"可以打消两端对齐文本中长单词自动跳行的问题，而是自动插入连字符实现转行。

（6）设置中文版式

中文版式是 Word 对于中文特殊需求提供的相应功能。通过"段落"对话框中的"中文版式"面板设置。

微视频 4-3：自荐书的编辑 . mp4

4. 2. 5 自荐书的编辑示例

根据 4.2.1 节中任务导入：自荐书的编辑可按以下步骤完成操作：

步骤 1：新建一个 Word 文档，保存为"自荐书"。打开"自荐书.txt"文件并将其内容全部复制到"自荐书.docx"。

步骤 2：段落标记符（回车符）表示一个段落的结束。若文档中有两个段落标记符在一起，则表示有一个空段存在。因此清除空段只需要删除多余的回车符即可。为避免遗漏，可使用"替换"功能。具体操作步骤如下。

（1）将光标定位在文档开始位置，单击"开始"选项卡中的"替换"按钮，打开"查找和替换"对话框。

（2）单击"更多"按钮，并在"查找内容"文本框中用"特殊格式"连续添加两个段落标记（^p），在"替换为"文本框中添加一个段落标记。

（3）单击"全部替换"按钮即可。

步骤 3：在文档第一段"尊敬的领导："之后插入回车符，然后切换输入法，输入"您好！"。

步骤 4：移动段落。选中指定段落，执行"剪切"命令（Ctrl+X），然后将光标移动到原正文第一段之前，执行"粘贴"命令（Ctrl+V）。

步骤 5：选定文档第一段，在"开始"选项卡"字体"组中设置字体为"宋体"、字号为"小二"号、加粗；在"开始"选项卡中单击"段落"组的对话框启动器按钮，在"缩进和间距"选项卡的"间距"栏设置段后值为 0.5 行。

步骤 6：将文档中的"您好！……此致敬礼！"设置为宋体、四号字、首行空两字符，与步骤 5 操作方法类似。

步骤 7：将光标定位在"此致敬礼！"的中间，按 Enter 键，然后选中"敬礼！"，在"开始"选项卡中单击"段落"组的对话框启动器按钮，在"缩进和间距"选项卡的"缩进"栏中取消"特殊格式"中的"首行缩进"。

步骤 8：将文档的最后两段"自荐人：李晴 2021 年 11 月 15 日"，在"开始"选项卡的"字体"组和"段落"组中分别设置为右对齐、宋体、四号字。

思政阅读 4-1：毕业论文基本格式参考

步骤 9：单击"保存"按钮，保存文档。

4.3　Word 2016 的表格制作

在编辑计划、报告、说明等文档时，经常会遇到大量繁杂且彼此关联的信息内容，这些内容仅用语言文字来表示将会非常困难。对此，可以利用 Word 2016 的表格工具，将杂乱无章的信息管理得井井有条，从而提高文档内容的可读性。本节将学习表格的创建及美化技巧。

案例素材 4-4：制作计算机销售情况统计表.rar

4.3.1　任务导入：制作计算机销售情况统计表

冯鑫是大学四年级的学生，为了完成毕业设计，冯鑫利用假期进行了本市计算机销售的市场调查。在撰写毕业论文时，需要将计算机销售情况统计信息以 Word 表格的形式表现出来，并且为了数据变动方便，表格中相关的合计数、总数以及平均数要求能够自动计算。请帮冯鑫完成该表格的制作。

统计表是反映统计资料的表格，是对统计指标加以合理叙述的形式，使统计资料条理化，简明清晰，便于检查数字的完整性和准确性，并方便进行对比分析。要完成本任务，则需掌握 Word 表格的创建、设计、布局等编辑操作。

4.3.2 创建表格

1. 插入表格

（1）实时预览插入表格

这是一种简单且能够实时预览操作结果的创建表格的方式，在"插入"→"表格"功能组中单击"表格"按钮，在弹出的下拉列表中将光标移动至"插入表格"栏的某个单元格上，此时呈黄色边框显示的单元格为将要插入的单元格，单击鼠标左键即可完成插入操作，如图 4-27 所示。

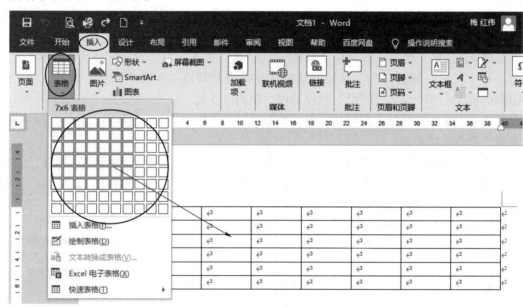

图 4-27　实时预览插入表格

（2）插入表格对话框

在"插入"→"表格"功能组中单击"表格"按钮，在弹出的下拉列表中单击"插入表格"选项，将打开"插入表格"对话框，在其中设置表格尺寸和单元格宽度等表格的选项，单击确定即可插入表格，如图 4-28 所示。

2. 绘制表格

对于一些结构不规则的表格，可以通过绘制表格的方法进行创建。在"插入"→"表格"功能组中单击"表格"按钮，在弹出的下拉列表中单击"绘制表格"选项，光标将变为笔状，拖动鼠标将按使用者的意愿完成表格的外边框、行线、列线的绘制。

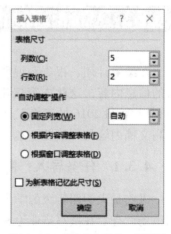

图 4-28　"插入表格"对话框

特别注意：绘制表格或选定表格时，功能区会出现"表格工具"选项卡，在其中提供了表格设计、布局的相关功能工具，如图 4-29 所示。

图 4-29　"表格工具"选项卡

3. 文本、表格互换

（1）文本转换为表格

首先，我们使用特定的符号分隔文本，如段落标记、半角逗号、制表符、空格等。然后，选中 Word 中需要转换成表格的文本，在"插入"→"表格"功能组中单击"表格"按钮，在弹出的下拉列表中单击"文本转换成表格"选项，即弹出"将文字转换成表格"对话框。最后在"将文字转换成表格"对话框中设置适当的表格列数、行数、列宽、文字分隔位置等选项，单击"确定"按钮即可，如图 4-30 所示。

（2）表格转换为文本

如果要转化部分行，需先将这些行选定，如果要转化表格的全部，则需全选表格或将插入点置于表格

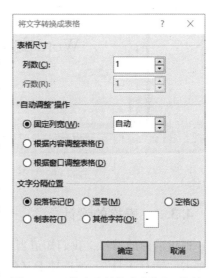

图 4-30　"将文字转换成表格"对话框

中，单击"表格工具"→"布局"→"数据"功能组中的"转换为文本"命令，在"表格转换成文本"对话框中指定文字分隔符，可以选择段落标记、制表符、半角逗号或自定义其他符号，最后单击"确定"按钮即可。

4. 嵌入 Excel 电子表格

由于 Word 表格的计算功能较少，可以用嵌入 Excel 表格的方式来增强其功能。在 Word 文档中要创建工作表的位置放置插入点，在"插入"→"表格"功能组中单击"表格"按钮，在弹出的下拉列表中单击"Excel 电子表格"选项，即将 Excel 工作表作为嵌入对象插入文档中，就可以在工作表中利用 Excel 的功能编辑所需的信息了，如图 4-31 所示。

5. 快速表格

Word 2016 提供了一个"快速表格库"，包含一组已经应用了样式的表格，用户可以直接选择对应的样式来快速创建表格。在 Word 文档中要创建工作表的位置放置插入点，在"插入"→"表格"功能组中单击"表格"按钮，在弹出的下拉列表中单击"快速表格"选项，然后选择一种内置样式，此时即可根据选择的样式，在文档中插入一个快速表格。

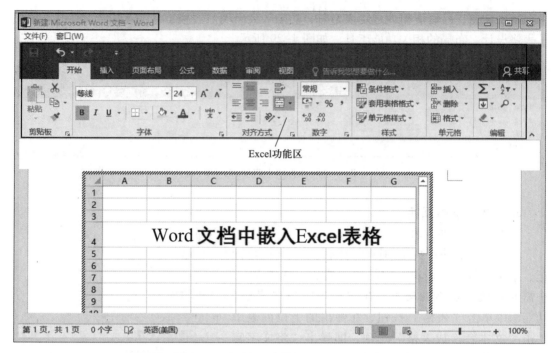

图 4-31 在 Word 中嵌入 Excel 电子表格

4.3.3 表格的设计

通过前面的学习，我们知道当绘制表格或选定表格时，Word 2016 会增加一个上下文选项卡"表格工具"，该选项卡又包括"设计"和"布局"两个子选项卡。当绘制好基本的表格后，需要对表格进一步加工美化，则需要使用这两个选项卡中的功能。其中"设计"主要是针对表格样式进行设置。

1. 应用表格样式

表格样式是软件内置的完整的表格格式方案，当需要快速美化表格的外观时，可以对表格应用表格样式。

将文本插入点定位到单元格中，也可选择单元格、行、列或整个表格，然后在"表格工具"→"设计"→"表格样式"功能组的下拉列表中选择某个样式选项即可，如图 4-32 所示。需要注意的是，通常情况下，下拉列表中只显示常用的表格样式，只有单击右下角的"其他"按钮，才能显示出完整的"样式"下拉列表。

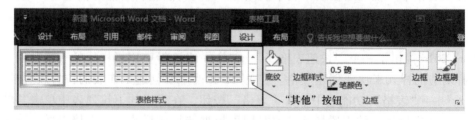

图 4-32 表格"样式"下拉列表

2. 表格的边框和底纹

需要自行设置表格的边框和底纹以美化表格，可在"表格工具"→"设计"选项卡下选择设置边框、底纹或画笔等外观元素，也可在"绘图边框"功能组中单击右下角的"对话框启动器"按钮或对表格右击，在弹出的快捷菜单中选择"边框和底纹"选项，打开"边框和底纹"对话框，并在其中进行对应设置即可，如图 4-33 所示。

图 4-33 "边框和底纹"对话框

4.3.4 表格的布局

"布局"则是通过对表格中的各个元素（表格、行、列、单元格）的插入、删除、合并、拆分以及相关属性的设置操作，来实现调整表格的布局，如图 4-34 所示。

图 4-34 表格"布局"选项卡

"表"功能组：主要用于选择表格内容和设置表格的属性。

"绘图"功能组：用于手工绘制表格。

"行和列"功能组：主要用于插入和删除表格中的行和列。

"合并"功能组：主要用于单元格的合并和拆分操作。

"单元格大小"功能组：主要用于设置单元格的高度和宽度。

"对齐方式"功能组：主要用于设置单元格内文本的对齐方式。

"数据"功能组：主要用于对单元格内数据信息进行排序、公式计算等简单的处理操作。

特别注意：Word 表格的公式编辑类似于 Excel 公式编辑，请参考第 5 章电子表格的相关内容。

4.3.5　制作计算机销售情况统计表示例

微视频 4-4：制作计算机销售情况统计表 .mp4

根据 4.3.1 任务导入：制作计算机销售情况统计表的要求描述，可按以下步骤完成操作：

步骤 1：创建一个新 Word 文档，在文档编辑区输入表格标题"计算机销售情况统计表"，居中，并设置合适的字体格式（例如：二号、宋体、加粗）。

步骤 2：另起一行，插入一个 5 行 8 列的表格（在"插入"→"表格"功能组中单击"表格"按钮，在弹出的下拉列表中单击"插入表格"选项，将打开"插入表格"对话框，在其中设置表格尺寸和单元格宽度，单击"确定"按钮即可插入表格）。

步骤 3：将"斜线表头""计算机""合计"所在单元格分别进行合并操作（选中要合并的单元格，单击"表格工具"→"布局"→"合并"功能组中的合并单元格按钮）。

步骤 4：选中斜线表头单元格，单击"插入"→"插图"→"形状"按钮，在弹出的列表中选择斜线条，画出对应的两条斜线。

步骤 5：使用文本框来添加表头名称，单击"插入"→"文本"→"文本框"按钮，在弹出的列表中选择"绘制文本框"选项，绘制好文本框后输入相应的文字，并将文本框设置为"无轮廓""无填充"。为了方便排版，可以一个文字占用一个文本框，使用复制、粘贴的方式完成编辑。

步骤 6：根据样张图片将文本输入对应的单元中（内容为"计算机"的单元格应单击"表格工具"→"布局"→"对齐方式"中的"文字方向"按钮，使其变为竖排文字）。然后设置文本的格式，这里设为四号、宋体、单元格内文本水平和垂直均居中。

步骤 7：套用"表格工具"→"设计"→"表格样式"中的"网格表 6 彩色-着色"样式，美化表格。

步骤 8：在"总数量"列的单元格中依次编入公式：=SUM（LEFT）；在"平均数"列的单元格中依次编入公式：= AVERAGE（C2:F2）、= AVERAGE（C3:F3）、= AVERAGE（C4:F4）、=AVERAGE（C5:F5）；在一、二、三、四月的"合计"行中依次编入公式：=SUM（ABOVE）。

说明：SUM（）为求和函数，AVERAGE（）为平均值函数，LEFT 表示左侧的所有数据，ABOVE 表示上方的所有数据，C2:F2Z 表示从第 3 列第 2 行的单元格一直到第 6 列第 2 行的单元格，字母为列号，数字为行号。公式通过单击"表格工具"→"布局"→"数据"中的"公式"按钮，弹出"公式"对话框来编辑。

4.4 Word 2016 的图文混排

在编辑 Word 文档的时候，经常遇到需要混排编辑图片和文字的情况，恰到好处的图文混排不仅可以起到美化文档的效果，对于阅读者阅读并理解文档内容也是大有裨益的。因此，熟练掌握 Word 的图文混排是制作例如海报、刊物、贺卡等这类非纯文本文档的第一步。本节主要介绍页面布局、插入图形图片、编辑文本框、艺术字、邮件合并等图文混合排版技巧。

4.4.1 任务导入："创新创业宣讲会"海报制作

为激发大学生的创新创业兴趣，提升大学生的创新创业能力，就业创业指导服务中心将于 2023 年 11 月 29 日 19：00—21：30 在学校学术报告厅举办主题为"演绎精彩人生　创业成就梦想"的讲座，特别邀请就业创业指导服务中心主任李晓老师作为本次讲座的主讲人。请利用 Word 制作一份宣传海报。

> 案例素材 4-5：制作创新创业宣讲会海报 . rar

宣传海报具有主题鲜明、冲击力强、简洁突出等特点，能够快速吸引人的注意力，是典型的图文混排操作。根据本案例的要求，需要在 Word 文档中完成调整页面设置、设计艺术字和插入图片、文本框以及 SmartArt 图形等操作。

4.4.2 页面布局

所谓页面布局是指对文档页面的整体格式设置。包括文档的配色方案、页边距、纸张、版式、网格、背景以及其他页面内容的空间分布和格式设置。在早期的版本中，页面布局是通过"页面布局"选项卡来完成的，Word 2016 将"页面布局"拆分为"设计"和"布局"两个选项卡。其中，"设计"选项卡主要包含文档主题、格式方案以及页面背景方面的设置功能。而"布局"选项卡主要包含页面的空间布局设置。

1. 设置主题

用户通过 Word 2016 主题的应用，可以快速改变 Word 2016 文档的整体外观，主要包括字体、字体颜色和图形对象的效果。

打开 Word 2016 文档窗口，切换到"设计"选项卡，并在"文档格式"分组中单击"主题"下拉三角按钮，在打开的"主题"下拉列表中选择合适的主题。不同的主题包含多套布局、颜色、字体、段落以及特殊效果的搭配方案，以供用户使用，如图 4-35 所示。

2. 页面背景

设置页面背景主要用于创建更有趣味或特殊效果的 Word 文档外观设置，包括页面颜色、水印和页面边框等。

（1）页面颜色

页面颜色即页面的背景颜色。可以单击"设计"选项卡中的"页面颜色"按钮，在打开的列表中选择所需颜色，也可在列表中选择"其他颜色"选项进行颜色的自定义。若在列表中选择"填充效果"选项，则打开"填充效果"对话框，可以为页面填充渐变颜色、纹理背景、图案背景以及图片背景。以图片背景为例，如图 4-36 所示。

图 4-35 设置主题

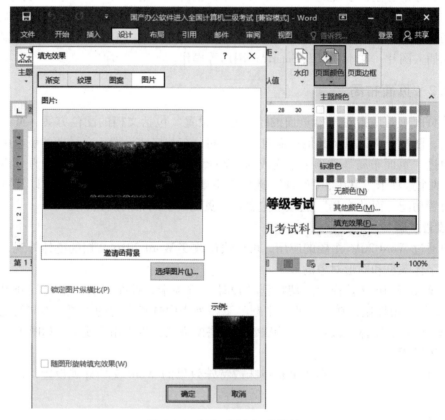

图 4-36 "页面颜色"的设置

（2）水印

水印是指在文档上加入的具有说明意义的半透明标记。Word 2016 的水印分为文字水印和图片水印。可以单击"设计"选项卡中的"水印"按钮，在打开的列表中选择需要内置的水印，也可在列表中选择"自定义水印"选项，打开"水印"对话框，自行设置文字或图片水印。若要取消水印，可在水印列表中选择"删除水印"选项或在"水印"对话框汇总中选择"无水印"。

（3）页面边框

页面边框是指在页面的四周增加一个可视的边界线框。单击"设计"选项卡中的"页面边框"按钮，即可打开"边框和底纹"对话框。该对话框的"边框"和"底纹"两个选项卡是对文字和段落设置边框底纹，而中间的"页面边框"选项卡才是对页面的边框设置。在"页面边框"选项卡中，可以设置页面边框的边框种类、框线的线型、颜色、宽度、艺术型、位置以及应用范围。

3. 页面设置

页面设置是指对一个文档页面的空间分布进行设置，包括文字方向、页边距、纸张方向、纸张大小等。可以单击"布局"选项卡中的"页面设置"分组相应的功能按钮，在打开的列表中选择合适的设置方案。若需进行自定义设置，则可单击"页面设置"分组右下角的"对话框启动器"，在打开的"页面设置"对话框中选择相应选项卡进行定义设置，如图 4-37 所示。

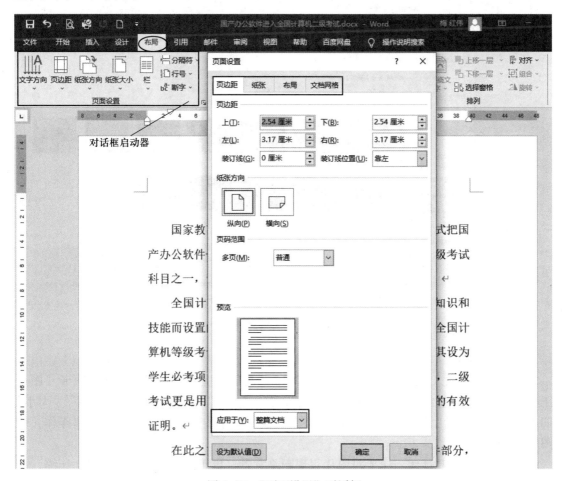

图 4-37 "页面设置"对话框

特别注意：页面设置默认适用于整个文档的全部页面。若有特殊需要，在进行页面设置时应注意选择所需的应用范围。

4.4.3 图形图像处理

在文档中适当地插入图形、图片，可以使文档增色，进一步体现文档的说明表现能力。

1. 插入图片

在 Word 2016 中可以插入用户自己计算机中的图片，也可以在网络联机环境下查找图片进行插入。若需插入的图片为用户自己的图片，则单击"插入"选项卡中的"图片"按钮（若选择"联机图片"，则可在网络环境下查找图片），打开"插入图片"对话框，即可在特定位置选择图片进行插入，如图 4-38 所示。另外，直接复制图片文件或图片内容，在文档指定位置进行粘贴，也可快速插入图片。

图 4-38　插入用户图片

2. 图片格式

当在文档中插入或选定图片时，Word 2016 的功能区上就会出现上下文选项卡"图片工具"。该选项卡包含一个子选项卡"格式"，其中包括"调整""样式""排列""大小"四个功能组。对图片进行格式设置时，可在功能组中单击各工具按钮完成快速操作，如图 4-39 所示。

（1）"调整"功能组：主要对图片实现删除背景、更正、颜色、艺术效果、压缩、更改和重设的选择和设置操作。

图 4-39 "图片工具"→"格式"选项卡

（2）"图片样式"功能组：主要包括选择内置图片格式方案、图片边框、显示效果、图文版式的设置。

（3）"排列"功能组：主要包括位置、环绕文字、图片层次、对齐方式、图形组合以及图形旋转操作。

（4）"大小"功能组：调整图片的宽度、高度、旋转、放缩以及裁剪操作。

对图片的位置和大小进行调整时，也可打开"布局"对话框进行详细设置，如图 4-40 所示。

图 4-40 "布局"对话框

① 位置选项卡：图片相对页面的空间位置。

● "水平"指图片相对页面水平方向的位置。

● "垂直"指图片相对页面垂直方向的位置。

● "对象随文字移动"，当 Word 2016 文档中的对象（这些对象包括自选图片、形状、剪贴画、图表、SmartArt 图形等）周围文字位置发生变化时，该对象的位置也做相应变化，从而使其与文字的相对位置关系保持不变。

- "允许重叠"，多张图片可以相互覆盖。
- "锁定标记"，固定图片的位置。
- "表格单位格中的版式"，可以使用表格安排图片的位置。

② 文字环绕选项卡：文字对图片的环绕方式，设置图片与图片、图片与文字之间的位置关系。

③ 大小选项卡：提供图片尺寸的多种设置方式。

特别注意：当选定文档中的图片时，图片四周会出现 8 个控制点，用鼠标拖曳这些控制点，可粗略调整图片大小。

3. 插入形状

插入形状是使用各种形状对象（直线、箭头、矩形等）组合成一个图形来表达一些复杂信息的操作方法。合理使用形状或图形，不仅能提高效率，而且能提升文档的质量。

在"插入"选项卡"形状"按钮的下拉列表中选择所需形状后，在文档指定位置单击或拖曳鼠标即可插入。插入或选定文档中的形状时，Word 2016 的功能区上就会出现上下文选项卡"绘图工具"。同图片类似，可利用"绘图工具"对图形进行设置调整，如图 4-41 所示。

图 4-41 "绘图工具"→"格式"选项卡

特别注意：一个完整的图形，往往需要由多个形状对象按设计搭配而成。为方便移动，避免形状散乱，可在图形绘制完成后，全选所有形状，进行组合操作，使之组成一个整体。

4. 插入 SmartArt 图形

SmartArt 图形是 Word 2016 内置的具有较强专业性的图形方案。

（1）插入 SmartArt 图形

在文档中定位插入点后，单击"插入"选项卡中的"SmartArt"按钮，打开"选择 SmartArt 图形"对话框，在对话框中选择指定类型和样式的图形方案，单击确定即可。如图 4-42 所示。

（2）添加/删除形状

插入的 SmartArt 图形具备基本结构，不一定符合用户的实际需要。用户可根据自己的意愿对基本图形结构添加或删除形状。

当形状缺少，需添加时，选择 SmartArt 图形要添加形状的位置，Word 2016 的功能区上就会出现上下文选项卡"SmartArt 工具"，单击该选项卡下"设计"子选项卡中的"添加形状"按钮，在打开的列表中选择添加方式。或使用右键快捷菜单"添加形状"选项，

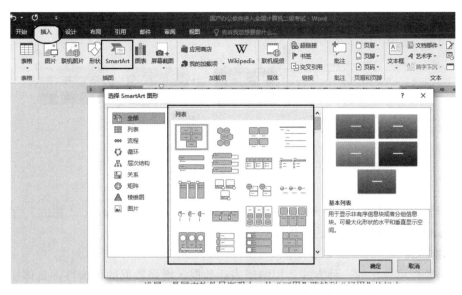

图 4-42　创建 SmartArt 图形

也可快速添加形状，如图 4-43 所示。若需删除多余形状，则选中指定形状，按 Backspace
键即将该形状删除。

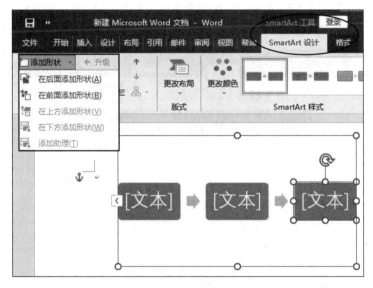

图 4-43　在 SmartArt 图形中添加形状

（3）输入文字

在创建的 SmartArt 图形上可以添加文字。单击图形左侧箭头，展开文本窗格，可顺序
输入图形的文字内容，如图 4-44 所示。也可单击指定图形直接输入文字，或对图形单击
右键快捷菜单"键入文字"选项输入文字。

（4）修饰、调整 SmartArt 图形

修饰、调整 SmartArt 图形与图片、形状的操作类似。可利用"SmartArt 工具"选项卡

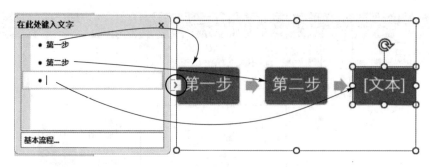

图 4-44 在文本窗格输入文字

下的"设计"子选项卡，完成 SmartArt 图形的布局、样式的设置操作，"格式"子选项卡可完成 SmartArt 图形中各形状的详细格式设置。

5. 创建图表

图表是数据可视化的一种方式。用图形表达数据，增强数据的可读性。具体操作方法如下：定位插入点，单击"插入"选项卡中的"图表"按钮，打开"插入图表"对话框（已有图表则为"更改图表类型"对话框），选择所需类型，即可插入图表样式，并同时打开编辑数据的 Excel 文件，在 Excel 文件的蓝色边框范围内输入相应的数据（范围可调整），保存关闭 Excel 文件，便完成了该数据集图表的创建。需要进一步修饰、调整已有图表，可在创建或选定图表时 Word 2016 的功能区上出现的上下文选项卡"图表工具"中的"设计""布局""格式"三个子选项卡中进行详细操作，如图 4-45 所示。

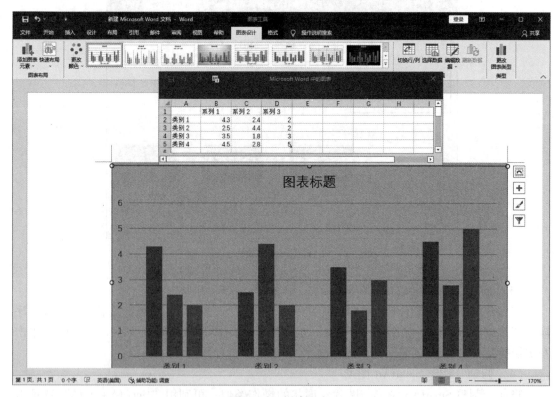

图 4-45 创建图表

6. 屏幕截图

Office 2016 内置了屏幕截图功能，可将截图即时插入文档中。单击"插入"选项卡下"插图"分组中的"屏幕截图"按钮，可以在下拉菜单中看到当前打开的非最小化的窗口缩略图（注意：当前正在编辑的 Word 文档窗口不可直接截图）。点击其中一个，即可将该窗口完整截图并自动插入文档中。如果只想要屏幕上的一部分，则需要先将要截取的地方置于桌面顶层，再打开 Word，单击"屏幕截图"中的"屏幕剪辑"后，Word 文档窗口会自动最小化，此时就可以手动截取想要的部分了。另外，如果想将截取的图片独立保存，可以右击该图，选择"另存为图片"，可保存类型有 png、jpg、gif、tif、bmp 五种。

4.4.4 编辑文本对象

基于特定环境的需求，为了使某些文字或其他信息对象展现出特别的功能效果，经常会需要使用一些特殊编辑的形式，包括文本框、艺术字、首字下沉、日期时间等。

1. 编辑文本框

文本框是一种可自由移动位置、调整大小的文字或图形容器，文本框可以被置于文档页面中的任何位置，而且文本框中可以放置文本、图片和表格等各种对象，适用于非规范的空间布局。插入文本框的方式有以下几种。

方式一：选定插入点后，在单击"插入"选项卡"文本框"按钮后打开的列表中选择一种系统预设的文本框。

方式二：在单击"插入"选项卡"文本框"按钮后打开的列表中选择"绘制文本框"（横向文字排列）或"绘制竖排文本框"选项，然后在指定位置拖曳鼠标即可，如图 4-46 所示。

文本框绘制好后可直接编辑文字或插入其他内容。对文本框的修饰、调整类似图形的操作。

2. 编辑艺术字

艺术字是指将文字以特定图形图像的形式插入文档中，使文字具有强烈的艺术色彩，美观且醒目。插入艺术字的方法如下：

单击"插入"选项卡中的"艺术字"按钮，在列表中选择一种需要的艺术字样式，文档中将自动插入该样式的艺术字文本编辑框，直接在编辑框中输入文字即可，如图 4-47 所示。

类似图形，插入或选定文档中的艺术字后，Word 2016 的功能区上会出现上下文选项卡"绘图工具"，可用该选项卡的"格式"子选项卡进行艺术字的修饰和调整操作。

3. 首字下沉

首字下沉是指将 Word 2016 文档中段首的一个文字放大并转换为图形，再进行下沉或悬挂设置，以凸显段落或整篇文档的开始位置。在 Word 2016 中设置首字下沉或悬挂的步骤如下所述。

将光标定位到需要设置首字下沉的段落中。单击"插入"选项卡中的"首字下沉"按钮，在打开的首字下沉列表中单击"下沉"或"悬挂"预设效果，如果需要设置下沉文字的字体或下沉行数等选项，可以在首字下沉列表中单击"首字下沉选项"，打开"首

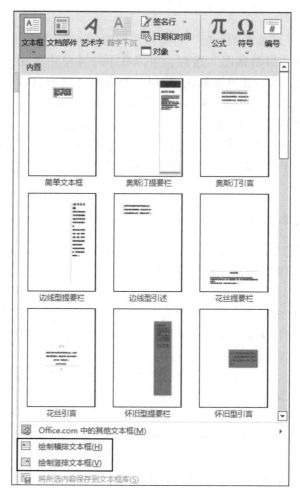

图 4-46 插入文本框

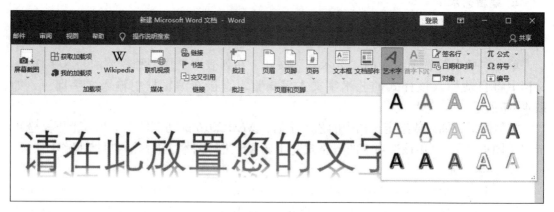

图 4-47 插入艺术字

字下沉"对话框。选中"下沉"或"悬挂"选项,并选择字体或设置下沉行数。完成设置后单击"确定"按钮即可,如图 4-48 所示。

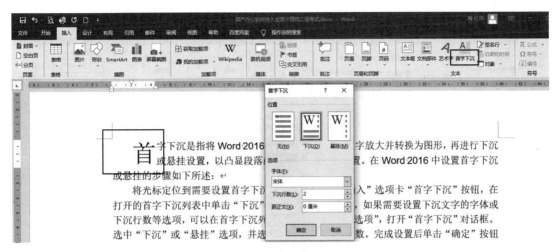

图 4-48　设置首字下沉

4. 插入日期和时间

用户可以根据实际需要在 Word 2016 文档中插入特定格式的日期和时间，并且由于所插入的日期和时间代码是从系统中调用的，因此可以在每次打开该 Word 文档时自动更新时间，或者只在需要更新时间时进行手动更新。在 Word 2016 文档中插入日期和时间的步骤如下所述。

将光标定位到需要插入日期和时间的位置（正文任意位置或页眉页脚中），然后切换到"插入"选项卡，单击"日期和时间"按钮，打开"日期和时间"对话框，在"可用格式"列表中选择合适的日期或时间格式，也可以选择日期和时间的组合格式。如果选中"自动更新"复选框，则可以在每次打开该 Word 文档时，根据当前系统的日期和时间自动更新。设置完毕后单击"确定"按钮。

如果在"日期和时间"对话框的"语言"列表中选择的是"英语（美国）"选项，并且选择"自动更新"。则在返回 Word 文档窗口后，可以选中插入的日期或时间，并单击出现的"更新"按钮，便可以手动更新日期或时间，如图 4-49 所示。

5. 插入对象

在 Word 2016 文档中，用户可以将整个文件作为对象插入当前文档中。嵌入 Word 2016 文档中的文件对象可以使用原始程序进行编辑。以在 Word 2016 文档中插入音乐文件为例，操作步骤如下所述。

打开 Word 2016 文档窗口，将光标定位到准备插入对象的位置。切换到"插入"选项卡，单击"对象"按钮，在打开的"对象"对话框中切换到"由文件创建"选项卡，然后单击"浏览"按钮，打开"浏览"对话框，查找并选中需要插入 Word 2016 文档中的音乐文件，单击"插入"按钮，返回"对象"对话框，单击"确定"按钮。返回 Word 2010 文档窗口后，用户可以看到插入当前文档窗口中的音乐文件对象。默认情况下，插入 Word 文档窗口中的对象以图片的形式存在，如图 4-50 所示。双击对象即可打开该文件的原始程序并对其进行编辑。若需要在文档中插入播放器直接播放音乐，则需添加使用"开发工具"选项卡。

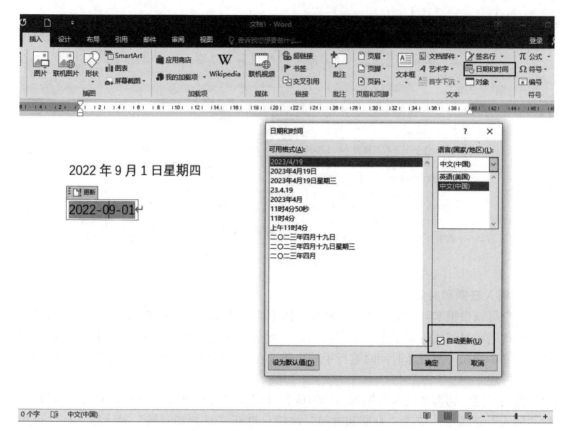

图 4-49　插入时间

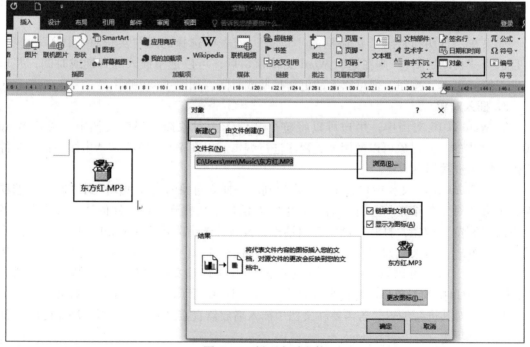

图 4-50　插入音乐文件

4.4.5　"创新创业宣讲会"海报制作示例

根据 4.4.1 任务导入："创新创业宣讲会"海报制作的要求描述，可按以下步骤完成操作。

步骤 1：调整页面设置。

新建一个 Word 文档，保存为"创新创业宣讲会"。在"布局"选项卡下打开"页面设置"对话框。在"页边距"选项卡中设置纸张方向为"纵向"，页边距（上、下）为 4 cm，页边距（左、右）为 2.5 cm，在"纸张"选项卡中设置宽度为 21 cm，高度为 25 cm。

步骤 2：设置海报背景。

在"设计"选项卡下单击"页面颜色"按钮，选择"填充效果"选项，打开"填充效果"对话框。在"渐变"选项卡下选择预设颜色为"茵茵绿原"，底纹样式为"斜下"第一行第二个变形。

步骤 3：设计艺术字。

（1）在"插入"选项卡中，单击"艺术字"按钮，参考样张图片选择合适的艺术字样式（第二行第四个）。在弹出的艺术字文本框中输入"演绎精彩人生"，左对齐。换行输入"创业成就梦想"，右对齐。选中整个艺术字，设置合适的字体、段落（"华文楷体"，"初号"，"字符间距"加宽 6 磅，段前、段后 1 行，1.5 倍行距）。

（2）选中整个艺术字，在"绘图工具"→"形状格式"选项卡下，"艺术字样式"组中设置"文本轮廓"为"标浅绿色"；"文字效果"为"转换"→"腰鼓"样式。"排列"组中"位置"选择"顶端居中"，"环绕文字"选择"上下型环绕"，"大小"组中设置高为 6 cm，宽为 18 cm。

步骤 4：插入图片。

（1）单击"插入"选项卡"插图"组中的"图片"按钮，选择插入"风筝 . jpg"。

（2）选中风筝图片，在"图片工具"→"图片格式"选项卡中单击"大小"组中的对话框启动器按钮，打开"布局"对话框。选择"大小"选项卡，取消"锁定纵横比"，设置高度为 8 cm，宽为 7.5 cm；选择"文字环绕"选项卡，设置"浮于文字上方"；选择"位置"选项卡，设置水平方向相对于"页面""右对齐"，垂直方向相对于"页面""顶端对齐"。

（3）在"图片工具"→"图片格式"选项卡中单击"删除背景"按钮。

（4）以类似的方式插入并设置图片"树叶 . jpg"。（"垂直翻转"、取消"锁定纵横比"，高度为 13 cm，宽为 21 cm、"衬于文字下方"、水平方向相对于"页面""居中"，垂直方向相对于"页面""下对齐"、"删除背景"）。

步骤 5：插入文本框。

（1）单击"插入"选项卡"文本"组中的"文本框"按钮，选择插入"简单文本框"。参考样张图片录入文字（"黑体""二号"）并调整文本框的大小。

（2）选中整个文本框，在"绘图工具"→"形状格式"选项卡中设置"四周型"环绕，拖动文本框到合适位置，并设置"水平居中"。

步骤 6：插入 SmartArt 图形。

（1）单击"插入"选项卡"插图"组中的"SmartArt"按钮，选择插入"基本流程"。

（2）选择插入的 SmartArt 图形，在"SmartArt 工具"→"SmartArt 设计"选项卡中单击"添加形状"按钮，选择"在后面添加形状"，依次参考样张图片输入文字。

（3）选择插入的 SmartArt 图形，在"SmartArt 工具"→"SmartArt 设计"选项卡中选择"SmartArt 样式"（"优雅"）；"更改颜色"（"彩色-个性色"）。

（4）选中整个 SmartArt 图形，在"SmartArt 工具"→"格式"选项卡中设置"浮于文字上方"环绕，调整 SmartArt 图形的大小并拖动到合适位置，设置"水平居中"。

（5）海报制作完成，保存文档。

4.4.6 任务导入："迎新晚会邀请函"的编制

案例素材 4-6："迎新晚会邀请函"的编制.rar

学校团委定于 2023 年 11 月 24 日举办以"2023 梦想起航"为主题的迎新晚会，现需制作一批邀请函，诚邀学校相关领导、老师参加。请根据人员信息.xlsx 完成 2023 迎新晚会邀请函的制作。

邀请函的制作是典型的邮件合并操作。粗看本任务是一个图文混合排版问题，但由于收件人信息不同，则需要反复修改生成多份文档，操作颇为烦琐枯燥，且容易遗漏。使用邮件合并操作则可实现一次性批量生成，省时省力。

4.4.7 邮件合并

Word 的邮件合并可以将一个主文档与一个数据源结合起来，最终生成一系列输出文档。

1. 基本概念

（1）创建主文档

主文档是经过特殊标记的 Word 文档，它用于创建输出文档的"蓝图"。其中包含了基本的文本内容，这些文本内容在所有输出文档中都是相同的，比如信件的信头、主体以及落款等。另外还有一系列指令（称为合并域），用于插入在每个输出文档中都要发生变化的文本，比如收件人的姓名和地址等。

（2）选择数据源

数据源实际上是一个数据列表，其中包含了用户希望合并到输出文档的数据。通常它保存了姓名、通信地址、电子邮件地址、传真号码等数据字段。

（3）邮件合并的输出文档

邮件合并的输出文档包含了所有的输出结果，其中，有些文本内容在输出文档中都是相同的，而有些会随着收件人的不同而发生变化。利用"邮件合并"功能可以创建信函、电子邮件、传真、信封、标签、目录（打印出来或保存在单个 Word 文档中的姓名、地址或其他信息的列表）等文档。

2. 邮件合并步骤

首先在主文档上编辑完成输出的公共部分，然后利用"邮件合并分步向导"按如下步骤批量创建信函。

（1）在 Word 2016 的功能区中，打开"邮件"选项卡。

（2）在"邮件"选项卡上单击"开始邮件合并"→"邮件合并分步向导"选项。

（3）打开"邮件合并"任务窗格，进入"邮件合并分步向导"的第 1 步（总共有 6 步）。在"选择文档类型"选项区域中，选择一个希望创建的输出文档的类型（一般选"信函"单选按钮），如图 4-51 所示。

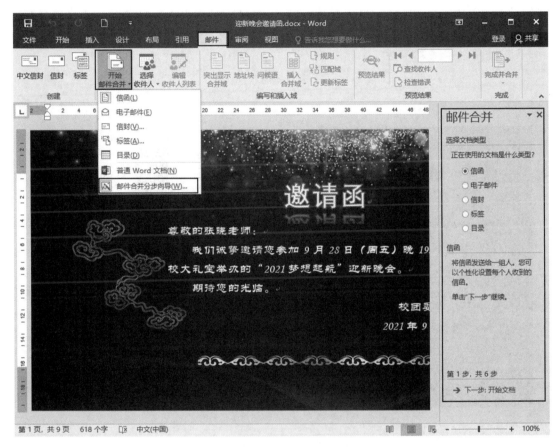

图 4-51　"邮件合并分步向导"的第 1 步

（4）单击"下一步：正在启动文档"，进入"邮件合并分步向导"的第 2 步，在"选择开始文档"选项区域中选中"使用当前文档"单选按钮，接着单击"下一步：选取收件人"，进入"邮件合并分步向导"的第 3 步。在"选择收件人"选项区域中选中"使用现有列表"单选按钮，然后单击"浏览"。

（5）打开"选取数据源"对话框，选择收件人信息所在的 Excel 工作表文件，然后单击"打开"按钮。此时打开"选择表格"对话框，选择收件人信息的工作表名称，然后单击"确定"按钮。

（6）打开"邮件合并收件人"对话框，可以对需要合并的收件人信息进行筛选。然后，单击"确定"按钮，完成现有工作表的链接工作。

（7）选择了收件人的列表之后，单击"下一步：撰写信函"，进入"邮件合并分步向导"的第 4 步。先将鼠标指针定位在文档中需要添加收件人信息的位置，然后根据需要插入"地址块""问候语"等内容。这里以个性化信息"其他项目"为例。

（8）单击"其他项目"，打开如图 4-52 所示的"插入合并域"对话框，在"域"列表框中，选择需要添加到邀请函中邀请人信息的域，这里选择"姓名"域，单击"插入"按钮。

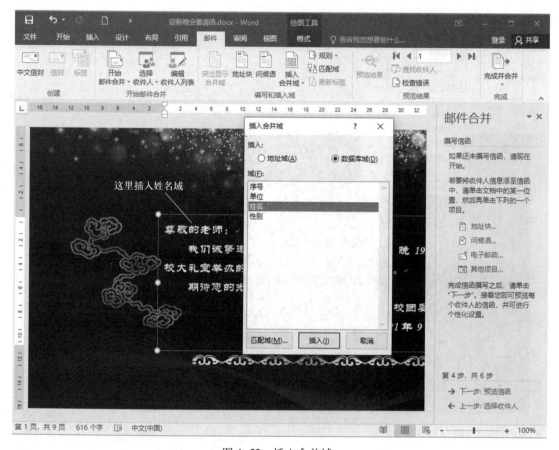

图 4-52　插入合并域

（9）插入完所需的域后，单击"关闭"按钮，关闭"插入合并域"对话框。文档中的相应位置就会出现已插入的域标记。

（10）遇到有条件选择的信息插入时，如按性别插入不同称谓，可在"邮件"选项卡上的"编写和插入域"选项组中，单击"规则"→"如果 ... 那么 ... 否则 ... "选项，打开"插入 Word 域"对话框，在"域名"下拉列表框中选择"性别"，在"比较条件"下拉列表框中选择"等于"，在"比较对象"文本框中输入"男"，在"则插入此文字"文本框中输入"先生"，在"否则插入此文字"文本框中输入"女士"（实际条件与内容的设置应符合数据源和题目要求），如图 4-53 所示。然后，单击"确定"按钮，这样就可以使被邀请人的称谓与性别建立关联。

（11）在"邮件合并"任务窗格中，单击"下一步：预览信函"，进入"邮件合并分

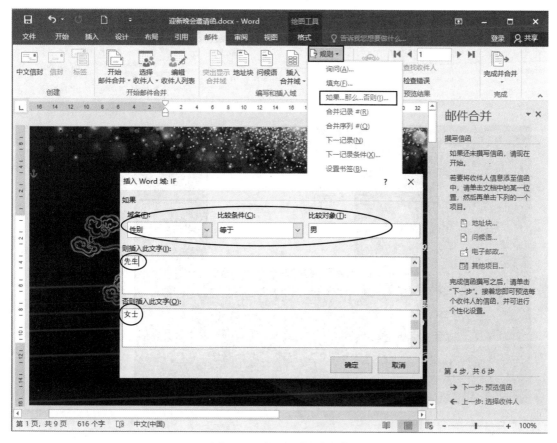

图 4-53 插入"规则"域

步向导"的第 5 步。在"预览信函"选项区域中，单击"<<"或">>"按钮，查看具有不同邀请人信息的信函。

注意：如果用户想要更改收件人列表，可单击"做出更改"选项区域中的"编辑收件人列表"，在随后打开的"邮件合并收件人"对话框中进行更改。如果用户想要从最终的输出文档中删除当前显示的输出文档，可单击"排除此收件人"。

（12）预览并处理输出文档后，单击"下一步：完成合并"，进入"邮件合并分步向导"的最后一步。在"合并"选项区域中，用户可以根据实际需要选择单击"打印"或"编辑单个信函"（即生成输出文档），进行合并工作。

（13）打开"合并到新文档"对话框，在"合并记录"选项区域中，选合适的范围，如图 4-54 所示，然后单击"确定"按钮。

这样，Word 会将数据源中存储的收件人信息自动添加到信函正文中，并合并生成一个新文档，在该文档中，每页中的信函收件人信息均由数据源自动创建生成。

特别注意：邮件合并完成后的 Word 文档应该有两个，一个是主文档，另一个是有不同收件人信息的信函，即输出文档。

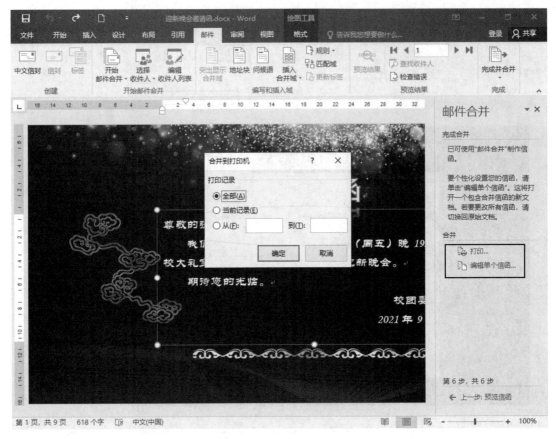

图 4-54 合并到新文档

4.4.8 "迎新晚会邀请函"的编制示例

微视频 4-6：
"迎新晚会邀
请函"的编
制 . mp4

根据 4.4.6 任务导入："迎新晚会邀请函"的编制要求描述，可按以下步骤完成操作：

步骤 1： 页面设置。

（1）新建一个 Word 文档，保存为"邀请函"。

（2）选择"布局"选项卡并打开"页面设置"对话框。在"页边距"选项卡中设置纸张方向为横向，页边距（上、下）为 2 厘米，页边距（左、右）为 2.5 厘米；在"纸张"选项卡中设置宽度为 31 厘米，高度为 13 厘米，然后单击"确定"按钮。

（3）单击"设计"选项卡上的"页面颜色"按钮，选择"填充效果"命令，打开"填充效果"对话框。在"图片"选项卡下单击"选择图片"按钮，在弹出的窗口中找到"邀请函背景"图片，单击"插入"按钮，单击"确定"按钮，将背景图片插入文档中。

步骤 2： 使用艺术字制作标题。

（1）将光标定位在页面第一行，点击"插入"选项卡"文本"组中的"艺术字"按钮，在列表中选择第二行第四个样式。

（2）在弹出的艺术字文本框中输入"邀请函"。

（3）选中艺术字，在"绘图工具|格式"选项卡"艺术字样式"组中单击"文字效

果"按钮，选择"映象"列表中"印象变体"组中的"半印象，8 pt 偏移量"样式。

（4）选中艺术字，在"绘图工具│格式"选项卡"排列"组中单击"位置"按钮，选择"环绕方式"组中的"顶端居中"选项；在"大小"组中设置高为 2.5 厘米，宽为 6 厘米。

步骤 3：制作文字内容并进行排版。

（1）单击"插入"选项卡"文本"组中的"文本框"按钮，选择"绘制横排文本框"。在合适位置绘制文本框，并在"绘图工具│格式"选项卡"形状样式"组中单击"形状轮廓"按钮，选择"无轮廓"，单击"形状填充"按钮，选择"无填充颜色"。

（2）按样张图片输入文字，选中邀请函的正文内容，在"开始"选项卡"字体"组中设置字体颜色为"白色"，字体为"华文隶书"，字号为"三号"；点击"段落"组的对话框启动器按钮，在"缩进和间距"选项卡"间距"栏中选择"行距"为固定值 25 磅。选中邀请函正文第二、三段内容，点击"段落"组的对话框启动器按钮，在"缩进和间距"选项卡的"缩进"栏中选择特殊格式"首行缩进 2 字符"；选中邀请函的最后两段内容，选择"右对齐"。

步骤 4：通过邮件合并批量产生信函。

（1）选择"邮件"选项卡，单击"开始邮件合并"功能组中的"开始邮件合并"按钮，选择"邮件合并分步向导"命令。

（2）在"邮件合并"任务窗格中选择"信函"选项，单击"下一步：开始文档"按钮。

（3）开始文档选择"使用当前文档"选项，单击"下一步：选取收件人"选项。

（4）收件人选择"使用现有列表"选项，单击"浏览"按钮，找到"人员信息. xlsx"，选择 Sheet1，人员全选，单击"确定"按钮，单击"下一步：撰写信函"选项。

（5）将光标定位在文档第一段"尊敬的"之后，在任务窗格中单击"其他项目"选项，选择姓名，单击"插入"按钮，关闭对话框，单击"下一步：预览信函"选项。

（6）浏览信函内容后单击"下一步：完成合并"选项，单击"编辑单个信函"选项，选择全部，生成信函。

特别注意：因软件自身的缺陷，生成的输出文档可能会丢失背景图片，只需在输出文档上重设一下背景图片即可。

（7）保存输出文档为"迎新晚会邀请函"，主文档直接保存。

4.5 Word 2016 的高级排版

大型综合性文档（通常称为长文档）的编辑排版需要使用 Word 2016 的更多功能。Word 2016 为用户提供了从整体结构控制文档的操作功能，同时，也为不同环境、不同级别、复杂多变、需求各异的文档特效处理提供灵活方便的实现技巧。这些功能、技巧称为 Word 的高级排版，常用于书稿编辑、论文排版以及政府、企业的项目文案处理。

4.5.1 任务导入：论文排版

现有一篇学术论文，拟投稿于石油化工技术杂志社，根据杂志社的相关要求，论文必须遵照杂志社的样式要求进行排版。请根据提供的材料并参考样例完成排版任务。

论文排版是长文档编排的典型应用。涉及页面设置、样式应用、大纲级别、目录生成、论文分节、页眉页脚设置以及各种特殊需求的设置操作。根据本案例的相关素材，该论文的排版应完成以下操作。

（1）按要求对稿件的页面布局进行设置。

（2）根据论文正文第二段的表格制作图形并替换。

（3）在论文中的指定位置插入公式。

（4）在论文中的指定位置插入图片并按说明进行设置。

（5）在论文中的指定位置插入 Excel 表格对象并按说明进行设置。

（6）在论文中将指定的文本转换为表格并按说明进行设置。

（7）按要求对指定样式进行修改，为指定段落应用样式。

（8）自动多级列表替换原手动编号。

（9）分别在表格上方和图片下方添加题注并按要求设置题注样式的格式，并在引用表格或图片题注号的位置以自动引用代替原来的手动序号。

（10）对稿件正文按要求设置分栏。

（11）为论文制作封面，令其独占一页。

（12）在封面与正文之间插入目录，令其独占一页。

（13）按要求设置页眉、页脚以及页码。

4.5.2 设置大纲级别

大型文档（长文档）的编排，通常都需要按文档的结构进行处理操作（比如编制目录）。Word 2016 对文档的结构设置就是靠大纲结构来实现的，即设置文档内容的大纲级别。

大纲级别是按文档内容之间的层次和上下文关系，将文档中相应的部分分别设置为正文文本、1 级标题、2 级标题、3 级标题等，Word 2016 最多可以设置 10 个级别（包含正文文本）。一般长文档的排版首先应设置大纲级别，以明确文档结构及其层次关系。

大纲级别的设置方法有两种。

方法一：对文档各个段落依次通过"段落"对话框的"缩进和间距"选项卡中的大纲级别选项进行设置，这个方法在初级排版时已介绍过。

方法二：打开专门的大纲视图，利用该视图的大纲工具进行设置，如图 4-55 所示。

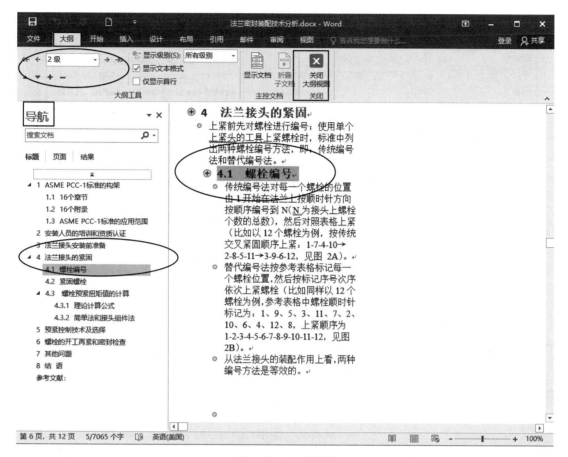

图 4-55　大纲视图

4.5.3　文档样式的应用

文档样式是事先设置好的一套方案。长文档中不同级别的内容往往有不同格式的设置要求，若逐一单独设置将是一项机械重复的操作，且容易有遗漏和出错。这时可以事先按要求对各级格式进行样式定义，排版时按级别（类别）套用样式将会大大减轻排版的工作量。

1. 应用样式

Word 内置了一个样式库，只需直接选择，即可为指定文本应用某种统一的格式方案。样式应用的方法是，选定文本段落，在"开始"选项卡的"样式"分组的列表中选择一个所需样式即可，如图 4-56 所示。

2. 创建新样式

若 Word 内置的样式不能满足需求，用户可以自行定义新的样式。

方法一：单击"开始"选项卡"样式"分组的"对话框启动器"，打开"样式对话框"，"样式对话框"底部的第一个按钮即为新建样式按钮。单击该按钮，弹出"根据格式设置创建新样式"对话框，在对话框中进行所需格式方案的设置便完成了新样式的创建（注意：样式名称不能重复），如图 4-57 所示。

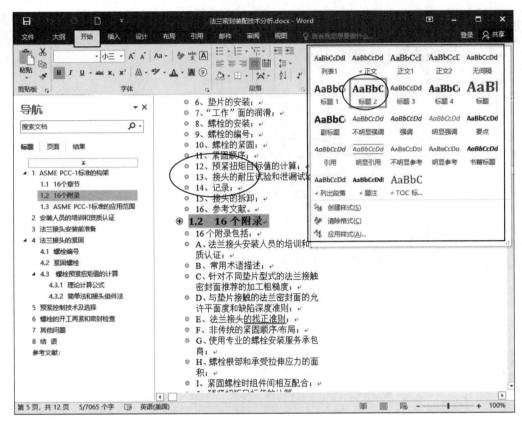

图 4-56 应用样式

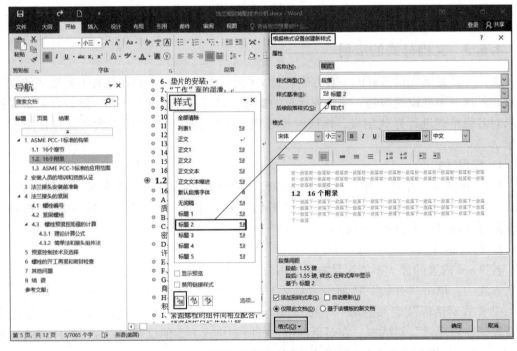

图 4-57 "根据格式设置创建新样式"对话框 1

方法二：用户可以先在文档中选定设置好格式的某一内容，然后打开样式列表，点击下方的"创建样式"选项，可快速根据选定内容的格式完成新样式的创建，如图 4-58 所示。

3. 修改样式

若需要对已有样式进行小幅调整应用，可进行样式修改。方法：在"样式"列表中右击要修改的样式，选择右键快捷菜单中的修改项，打开"修改样式"对话框，在该对话框中可进行样式修改。

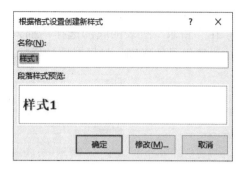

图 4-58 "根据格式设置创建新样式"
对话框 2

4.5.4 自动生成文档目录

当长文档设置好大纲级别后，Word 2016 便可根据大纲级别为文档自动生成目录。

1. 使用内置样式创建目录

定位光标在目录的插入点，单击"引用"选项卡"目录"分组中的"目录"按钮，在弹出的目录列表中选择一种目录即可，如图 4-59 所示。

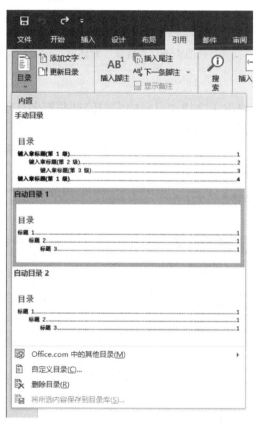

图 4-59 使用内置目录

2. 自定义目录

在"目录"列表的底部选择"插入目录"选项,打开"目录"对话框,可在该对话框中设置目录的级别、目录对应的样式以及目录显示设置等,如图4-60所示。

图4-60 "目录"对话框

3. 更新目录

在目录创建之后,若修改了文档,目录的索引信息并不会自动修改,需要用户自行更新目录。具体方法:选中目录,单击目录左上角的"更新目录"按钮(或在右键快捷菜单中选择"更新域"命令),在弹出的"更新目录"对话框中根据需要进行选择,并单击"确定"按钮即可,如图4-61所示。

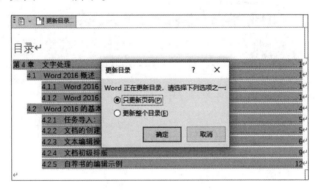

图4-61 更新目录

4.5.5 页眉页脚的高级应用

页眉指页面的顶端,页脚指页面的底部。页眉页脚通常用来显示一些文档说明性信息,比如文档标题、作者、页码等。默认情况下,Word 2016文档中的页眉和页脚均为空白内容，只有在页眉和页脚区域输入文本或插入页码等对象后，用户才能看到页眉或页脚。在 Word 2016 文档中编辑页眉和页脚的步骤如下所述。

1. 编辑统一的页面和页脚

打开 Word 2016 文档窗口，切换到"插入"选项卡。在"页眉和页脚"分组中单击"页眉"或"页脚"按钮，在打开的列表中选择一种页眉或页脚的样式，也可单击"编辑页眉"选项，用户便可以在"页眉"或"页脚"区域输入文本内容，还可以在新打开的"页眉和页脚"选项卡中选择插入页码、日期和时间等对象。完成编辑后单击"关闭页眉和页脚"按钮即可。如图 4-62 所示。

图 4-62 编辑页眉

特别注意：在页眉和页脚的区域内，双击鼠标左键也可直接进入页眉页脚的编辑状态。

2. 设置首页不同、奇偶页不同的页眉和页脚

方法一：进入页眉页脚的编辑状态后，出现"页眉和页脚工具"选项卡，在该选项卡的"选项"分组中可以勾选"首页不同"和"奇偶页不同"复选框。

方法二：打开"页面设置"对话框，在"布局"选项卡下也可设置页眉和页脚首页不同、奇偶页不同。

3. 文档不同部分设置不同的页眉页脚

文档的不同部分用分节表示（后文讲解），进入页眉页脚的编辑状态后，出现"页眉和页脚工具"选项卡，在该选项卡"导航"分组中的"链接到前一节"按钮取消选择即可。

4. 设置页码

（1）设置页码格式

在"插入"选项卡的"页眉和页脚"分组中单击"页码"按钮，弹出下拉列表，选择"设置页码格式"选项，打开"页码格式"对话框，在该对话框中即可设置页码信息。其中，"续前节"单选按钮表示接着前面的页码编号，取消选中该单选按钮，则由用户自行指定编号的起始值，如图 4-63 所示。

（2）插入页码

设置好页码格式后，可直接在指定位置插入页码。在"插入"选项卡的"页眉和页脚"分组中单击"页码"按钮，选择页码的位置和样式。

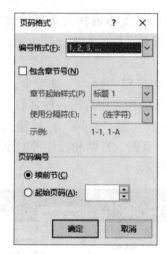

图 4-63 "页码格式"对话框

4.5.6 分隔符

分隔符是长文档将相邻的内容划分为不同部分的一种标记，有两种形式：分页符和分节符。分页符是从空间上将内容分为两页，但从逻辑结构上还是属于同一部分，将使用相同的页面格式，分页符主要是文档空间布局上的一种处理。而分节符是从逻辑结构上将文档分为不同的部分，每一部分均可独立进行页面格式设置（比如不同的页眉页脚），空间布局上可以分开，也可以不分开。具体根据类型的选择使用。添加分隔符可在"布局"选项卡的"页面设置"分组中找到"分隔符"按钮，在该按钮的列表中可以选择不同类型和效用的分隔符，如图 4-64 所示。

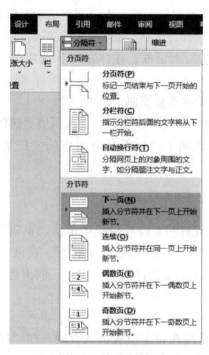

图 4-64 插入分隔符

4.5.7　分栏

分栏就是将文档中的内容分为多栏排列，这样有利于阅读，使文档版式更加生动。设置分栏要先选中分栏的段落，在"布局"选项卡的"页面设置"分组中，单击"栏"按钮，在列表中选择分栏方式或点击"更多栏"选项，打开"栏"对话框，在对话框中自行定义分栏，如图 4-65 所示。

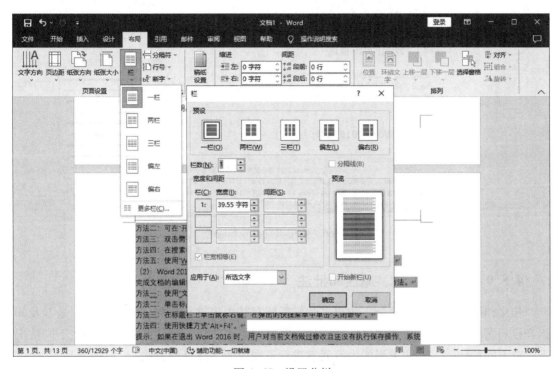

图 4-65　设置分栏

特别注意：为文档最后一段分栏时，应避开选择最后的段落标记，若为文档中间段落分栏，则整个段落都应选中，包括段落标记。

4.5.8　项目符号与编号列表

项目符号和编号的作用是使文档层次分明，条理清晰。一般而言，存在并列关系的项目使用项目符号。而存在顺序关系的项目使用项目编号。

选中需要添加项目符号或编号的段落，在"开始"选项卡"段落"分组中单击项目符号或编号按钮，在列表中选择一种符号或编号即可为段落添加符号或编号。若需新的符号或编号，可选择列表中的"定义新项目符号"或"定义新编号格式"，如图 4-66 所示。

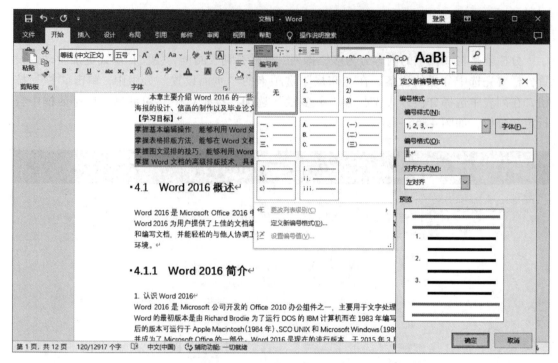

图 4-66　使用项目符号和编号

4.5.9　题注、脚注、尾注和批注

长文档因为内容比较繁杂，故很多时候需要对其内容进行解释、说明，特别是涉及知识产权问题的内容，一般都需进行原创的声明。题注、脚注、尾注和批注均是在不同情况下，对不同的问题、不同类型的内容元素进行不同说明、注释的方式。

1. 题注

题注是对图、表进行标注的工具。具体方法是：选中准备插入题注的表格或图片。在"引用"选项卡的"题注"分组中单击"插入题注"按钮，打开"题注"对话框，在"题注"编辑框中会自动出现标签编号，用户可以在其后输入被选中图表的名称。单击"编号"按钮，在打开的"题注编号"对话框中，单击"格式"下拉三角按钮，选择合适的编号格式。如果选中"包含章节号"复选框，则标号中会出现章节号。设置完毕单击"确定"按钮，返回"题注"对话框，如果选中"从题注中排除标签"复选框，则表格题注中将不显示标签，而只显式编号和用户输入的表格名称。单击"位置"下拉三角按钮，在位置列表中可以选择"所选项目上方"或"所选项目下方"。设置完毕单击"确定"按钮，插入的表格题注默认位于表格左上方，图片的题注默认位于图片的左下方，用户可以在"开始"选项卡设置对齐方式（如居中对齐），如图 4-67 所示。

2. 脚注和尾注

脚注和尾注均是对文档指定内容进行注释的工具，脚注是在当前页面的底部进行注释；尾注是在整个文档的末尾进行注释。具体操作方如下。

选中要注释的内容，在"引用"选项卡的"脚注"分组中单击"插入脚注"或"插

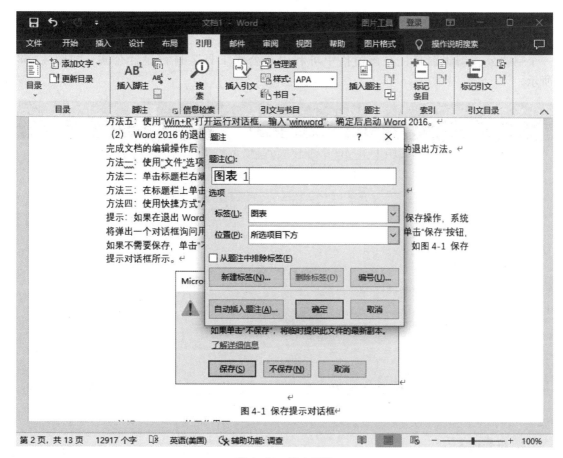

图 4-67　插入题注

入尾注"按钮,此时所选内容的注释位于页面底部或整个文档的末尾,出现编辑区,将注释内容输入编辑区。

3. 批注

批注是评阅文档时,对存在疑问或错误的地方进行标注说明,也用于文档审阅时对内容的评价、建议等。

添加批注应选定添加批注的内容,在"审阅"选项卡的"批注"分组下,单击"新建批注"按钮,即可在指定位置出现批注编辑框,用户可直接编辑文字。添加批注后,可在"审阅"选项卡"修订"分组下的"显示标记"列表中设置是否显示批注。

4.5.10　插入公式和符号

长文档编辑时,经常会遇到特殊信息的输入需求。比如,学术类论文中就会频繁使用公式和学术符号,此时可以使用 Word 2016 提供的公式编辑功能以及类别齐全的符号插入功能。

1. 公式编辑

选定公式插入点,在"插入"选项卡的"符号"分组下,单击"公式"按钮,在弹出的列表中选择合适的内置公式模型,文档中便会插入一个带选定模型的公式编辑窗格,同时会出现"公式工具"选项卡。在编辑窗格中的模型上添加相应的数据即可。另外，需要自定义复杂公式，可以在"公式"列表中选择"插入新公式"选项，文档中便会插入一个空的公式编辑窗格，在该窗格中可利用"公式工具"自行设计公式，如图 4-68 所示。

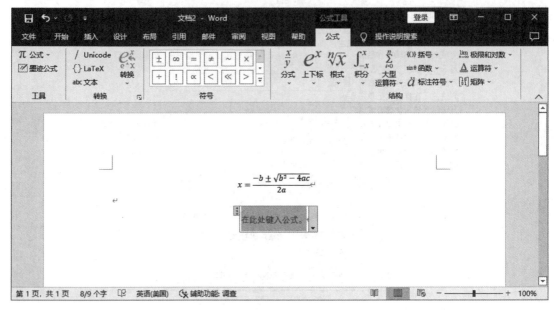

图 4-68　公式编辑

2. 符号插入

选择需要插入符号的位置，在"插入"选项卡的"符号"分组下，单击"符号"按钮，在弹出列表中选择合适的符号插入。或者选择"其他符号"选项，打开"符号"对话框，可按类别插入更多符号，如图 4-69 所示。

图 4-69　"符号"对话框

特别注意：很多输入法自身也带有丰富的符号输入，例如"搜狗拼音输入法"。在相应输入法的工具条上右击，在弹出的快捷菜单中可以选择符号输入，也可以使用更多的输入功能。

4.5.11　论文排版示例

根据 4.5.1 任务导入：论文排版的要求描述，可按以下步骤完成操作。

微视频 4-7：
论文排版.mp4

步骤 1：页面设置。

在"布局"选项卡下打开"页面设置"对话框，分别设置纸张大小、页边距、对称页边距、装订线、"页眉"和"页脚"距边界。

步骤 2：绘制图形。

（1）在指定位置，选择"插入"→"形状"→"新建绘图画布"。

（2）选择画布，在"绘图工具"→"格式"下打开"布局"对话框，取消勾选"锁定纵横比"复选框，设置画布"高度"和"宽度"。

（3）参考图形样张，在画布中插入一个"竖排文本框"，将指定文字复制粘贴到文本框中，并设置文字的对齐方式、段间距和行间距。

（4）参考图形样张，在画布中插入一个"横排文本框"，将对应的表格单元复制到文本框中，适当缩小文字字号、行间距，适当调整文本框的大小和位置，使所有文字内容均可显示。在"绘图工具"→"格式"下设置两个文本框为"无轮廓"。

（5）选择"插入"→"形状"→"左大括号"，在画布中添加"左大括号"，并设置合适的图形样式。删除论文原有表格。

步骤 3：插入图片。

（1）在文档指定位置，选择"插入"→"图片"，将"图 4.jpg"插入文档。

（2）选中图片，打开"布局"对话框，调整图片缩放比例。

（3）参考图片样张，选择下方紫色文字，单击"插入"→"绘制文本框"，设置文字字体、段落格式，并将文本框拖放到图片第二排圆形的右侧合适位置。设置文本框的"形状轮廓"为"无轮廓"，调整文本框的大小、位置，选中文本框，右击，在下拉列表中选择"其他布局选项"，勾选"锁定标记"复选框。删除多余内容。

步骤 4：插入公式。

（1）在文档指定位置，选择"插入"→"公式"→"插入新公式"。

（2）在公式编辑框中，参考公式样张，利用"公式工具"→"设计"，插入相应的公式结构和字符。

步骤 5：插入 Excel 表格对象。

（1）在文档指定位置，选择"插入"→"对象"按钮，弹出"对象"对话框，切换到"由文件创建"选项卡，单击"浏览"按钮，弹出"浏览"对话框，选中素材文件夹下的"表 1 螺栓预紧应力表.xlsx"文件，单击"插入"，并勾选对话框中的"链接到文件"复选框，单击"确定"按钮。

（2）选中插入的 Excel 对象，按要求设置对象的大小。

步骤 6：文本转换为表格。

（1）选中文档指定的紫色文本，选择"插入"→"表格"→"文本转换成表格"，弹出"将文字转换成表格"对话框，在"自动调整"操作栏中选择"根据窗口调整表格"，"文字分隔位置"选择"逗号"，单击"确定"按钮。

（2）选中表格，通过"表格工具"选项卡，应用任意"表格样式"，设置"对齐方式"为"水平居中"。

步骤 7：应用样式。

（1）选择"开始"→"样式"选项，左击"标题 1"样式，在弹出的快捷菜单中选择"修改"选项，弹出"修改样式"对话框，按要求设置字体和段落格式。使用相同的方式修改其他样式格式。

（2）选中论文中任意一段红色字体段落，通过"开始"→"选择"→"选定所有格式类似的文本"，选中所有红色字体段落，然后单击应用"标题 1"样式；使用相同的方式对蓝色文字、绿色文字应用"标题 2"和"标题 3"样式。

步骤 8：设置多级列表。

（1）选择"开始"→"多级列表"→"定义新的多级列表"，弹出"定义新多级列表"对话框。

（2）选中左侧"单击要修改的级别"列表框中的"1"，单击"更多"按钮，展开全部设置，在右侧的"将级别链接到样式"下拉列表中选择"标题 1"样式，并按要求设置其他相应格式。使用相同方法设置第 2、3 级列表。完成后删除正文各级标题多余内容。

步骤 9：设置题注。

（1）删除文字"螺栓预紧应力表"前的"表 1"，在该处单击"引用"→"插入题注"，弹出"题注"对话框，在"标签"下拉列表中选择"表"（如果下拉列表中没有"表"，则单击"新建标签"按钮，弹出"新建标签"对话框，在"标签"文本框内输入"表"，单击"确定"按钮），单击"确定"按钮。使用相同方式为其他表格和图片插入题注（注意表格题注在上方，图片题注在下方）。

（2）对每一张图片和表格的题注，依次设置"开始"→"段落"对话框→"换行和分页"选项卡，勾选"与下段同页"复选框。

（3）依次选择文档内黄色底纹标记的题注编号，单击"引用"→"交叉引用"，弹出"交叉引用"对话框，在"引用类型"下拉列表中选择"表"或"图"，在"引用内容"下拉列表中选择"只有标签和编号"，在"引用哪一个题注"列表中选择相应内容，单击"插入"。

（4）在"开始"→"样式"列表中右击"题注"样式，在下拉列表中选择"修改"，弹出"修改样式"对话框，并修改题注格式。

步骤 10：设置分栏。

分三次选择文档正文内容（跳过图 4、图 5、表 2 及其题注）并分别通过"布局"→"分栏"→"两栏"进行分栏设置。（注意：不要选文档最后的回车符，保证最后一页的内容平均分为两栏排列）。

步骤 11：制作封面。

（1）将光标定位在论文题目前方，单击"插入"→"封面"，选择"边线型"封面。

（2）在封面的插件上填写对应内容，删除多余插件。

（3）选中"摘要"前方的文字内容并进行删除。

步骤 12：制作目录。

（1）将光标定位于"摘要"前，在"引用"→"目录"下选择"自动目录 2"。并对生成的目录设置居中对齐。

（2）将光标定位于"摘要"前，选择"布局"→"分隔符"→"分节符｜下一页"，使目录独占一页。

步骤 13：设置页眉。

（1）选择"插入"→"页眉"→"编辑页眉"，进入页眉编辑状态，勾选"奇偶页不同"复选框，取消选中"首页不同"复选框。

（2）单击"页眉和页脚工具"→"设计"→"页码"→"设置页码格式"，在弹出的对话框中设置"页码格式"为"-1-，-2-，……"，设置"起始页码"为"-1-"，单击"确定"按钮。

（3）选择"奇数页页眉-第 2 节"，在"页眉和页脚工具"→"设计"选项卡下，取消选中"链接到前一条页眉"复选框。单击"页眉"按钮，选择"空白（三栏）"。在左侧的占位符中插入"文档部件"→"文档属性"→"备注"；删除页眉中间的占位符，然后插入中间点"·"，在中间点左右分别插入"文档部件""作者"和"标题"。选择右侧占位符，插入页码。

（4）使用相同方式，按要求设置偶数页页眉。页眉设置完成后单击"关闭页眉和页脚"按钮。

【本章小结】

本章将 Word 2016 的操作分为四个部分进行讲解。

第一部分主要讲解 Word 2016 的一般操作方法，包括 Word 2016 的认识；文件的创建、打开、保存；文本编辑操作、字体、段落的格式排版等基础知识。通过学习，用户应能完成一般的文档编辑任务。

第二部分主要讲解 Word 2016 的表格操作，包括表格的创建、布局、格式设置等操作。通过学习，用户应能利用 Word 2016 编辑表格文档。

第三部分主要讲解 Word 2016 的图文混排操作，包括图片、图形、SmartArt 图形、图表、艺术字、页面设置以及邮件合并等操作。通过学习，用户应能熟练掌握各种图文元素的设置操作，美化修饰文档。

第四部分主要讲解 Word 2016 的长文档编排技法，涉及大纲结构、目录创建、样式应用、项目符号与编号、分隔符、页眉页脚设置等特殊需求的编排操作。通过学习，用户应能胜任长文档编辑工作。

思政阅读4-2：国产软件进入全国计算机等级考试

【课后习题】

一、单项选择题

1. 在 Word 2016 中，给每位家长发送一份"期末成绩通知单"，用（　　）命令最简便。

　　A. 复制　　　　　　B. 信封　　　　　　C. 标签　　　　　　D. 邮件合并

2. 下面有关 Word 2016 表格的功能，说法不正确的是（　　）。

　　A. 可以通过表格工具将表格转换成文本　B. 表格单元格中可以插入表格

　　C. 表格中可以插入图片　　　　　　　　D. 不能设置表格边框线

3. Word 中（　　）视图方式使得显示效果与打印预览基本相同。

　　A. 普通　　　　　　B. 大纲　　　　　　C. 页面　　　　　　D. 主控文档

4. 在 Word 中，如果当前光标在表格中某行最后一个单元格的外框线上，按 Enter 键后（　　）。

　　A. 光标所在列加宽　　　　　　　　　B. 对表格不起作用

　　C. 在光标所在行下增加一行　　　　　D. 光标所在行加高

5. 在 Word 编辑状态下，选择了当前文档中的一个段落，进行"清除"操作（或按 Del 键），则（　　）。

　　A. 该段落被删除且不能恢复　　　　　B. 该段落被移到"回收站"

　　C. 该段落被删除，但能恢复　　　　　D. 能利用"回收站"恢复被删除的该段落

二、操作题

请打开"作业.docx"文档并进行下列操作。完成操作后，请保存文档并关闭 Word。

1. 设置文档纸张为"Letter"，上、下、左、右页边距均为 3 厘米。

2. 将所有文字设为小四号字，字体设为"隶书"。

3. 将正文行距设置为最小值 19 磅，段前、段后间距均设为 0.5 行，首行缩进 2 字符。

4. 添加标题"冬游九寨沟"，字体为黑体，五号，居中对齐，设置字符缩放为 200%。

5. 为正文第二段添加如样张图片所示的项目符号。

6. 在正文适当位置插入图片"02.jpg"，设置文字环绕为"四周型环绕"，高度、宽度为 60%。

7. 设置文档最后一段首字下沉，下沉 3 行。

8. 设置文档页脚为"九寨沟"，并居中。

案例素材 4-8：
Word 作业.rar;

微视频 4-8：
Word 作业.mp4

第 5 章
电子表格

【本章导读】

Excel 是 Microsoft 推出的 Windows 和 Apple Macintosh 操作系统下流行的一款电子表格软件。在全国计算机等级考试中，对于该章知识点的考查主要以电子表格的形式出现。

本章主要介绍 Excel 2016 制作电子表格的相关内容，包括 Excel 2016 基本操作、利用公式和函数计算数据、创建图表和表格、数据的分析和处理等。

【学习目标】

（1）认识 Excel 2016；
（2）了解 Excel 2016 制表基础；
（3）掌握 Excel 公式和函数；
（4）掌握在 Excel 中创建图表；
（5）掌握 Excel 数据分析及处理。

5.1 认识 Excel 2016

Excel 2016 是微软推出的新一代办公软件 Microsoft Office 2016 的重要组成部分。较之前的版本，Excel 2016 新增了一些功能。

1. 贴心的 Tell Me："告诉我你想要做什么"

此功能能够直接引导到用户所需要的功能。

2. 快速填充数据

会根据从数据中识别的模式，一次性输入剩余的数据。

3. 及时数据分析

"快速分析"工具，可以在很少的步骤内将数据转换为图表或表格。预览使用条件的数据、迷你图或图表。

4. 推荐合适的图表

通过"推荐的图表"，Excel 2016 能够推荐展示用户数据模式的最佳图表。

5. 新增的图表类型

Excel 2016 添加了 6 种新图表。

此外，从 Office 2013 开始，就实现了计算机端与手机移动端的协作，用户可以随时随地实现移动办公。而在 Office 2016 中，强化了 Office 的跨平台应用，用户可以在很多电子设备上审阅、分析和演示 Office 2016 文档。

5.1.1 Excel 2016 概述

Excel 是一种数据处理系统和报表制作工具，它提供了方便的表格制作、强大的计算能力、丰富的图表表现、快速的数据库操作及数据共享功能。

5.1.2 认识 Excel 2016 操作界面

1. Excel 2016 的启动和退出

（1）启动

常用的 3 种 Excel 2016 启动方式：

① 在 Windows 的桌面上双击快捷图标，即可启动 Excel 2016。

② 选择"开始"菜单→单击"Excel"图标，启动 Excel 软件。

③ 选择"开始"→"运行"命令，即可弹出"运行"对话框。在"打开"文本框中输入"Excel. exe"，单击"确定"按钮，即可启动 Excel 2016 应用程序。

（2）退出

退出 Excel 2016 通常有 4 种方法：

① 单击窗口右侧的"关闭"按钮。

② 双击"快速访问工具栏"左侧 Excel 图标控制菜单下的"关闭"按钮。

③ 单击"快速访问工具栏"左侧 Excel 图标的控制菜单按钮，在出现的菜单中单击"关闭"命令。

④ 按 Alt+F4 快捷键。

2. Excel 2016 的界面介绍

Excel 界面主要由快速访问工具栏、标题栏、功能区、编辑栏、编辑区和状态栏这六大部分组成，如图 5-1 所示。

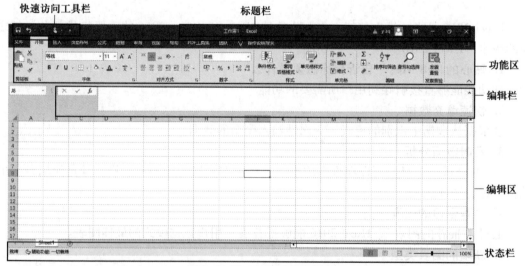

图 5-1　Excel 2016 操作界面

其中，编辑栏由名称框、编辑按钮（fx）及编辑框三部分组成。如图 5-2 所示。

图 5-2 编辑栏

编辑区主要包括：行号、列标、单元格、滚动条、插入工作表按钮、工作表标签等元素。如图 5-3 所示。

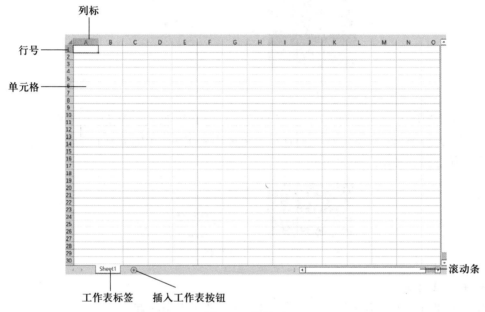

图 5-3 编辑区

5.1.3 工作簿的创建和保存

1. 工作簿

工作簿中包含了一张或多张工作表，工作表则是由排列成行和列的单元格组成的，Excel 2016 的一个工作簿中默认含有一张工作表"Sheet1"，若有需要则可以创建多张工作表。在计算机中工作簿以文件的形式独立存在，Excel 2016 创建的文件扩展名为".xlsx"。

2. 创建工作簿

利用上述提到的启动 Excel 2016 常用的 3 种方式均可新建工作簿。若要快速新建一个工作簿，可以选择在 Windows 的桌面上双击快捷图标，即可启动 Excel 2016，完成工作簿新建。

3. 保存工作簿

在 Excel 中创建好一个工作簿后，需要对文档进行保存。保存工作簿有如下两种常用的方式。

（1）快速保存。直接通过快速访问工具栏中的"保存"按钮或者快捷键"Ctrl+S"进行快速保存，如图 5-4 所示。

（2）保存或另存为。若单击"文件"→"保存"命令，则以现

图 5-4 快速保存

有工作簿名称保存；若单击"文件"→"另存为"命令，则会弹出"另存为"对话框，需要设置文件保存的位置及文件名再单击"保存"按钮进行保存。如图5-5所示。

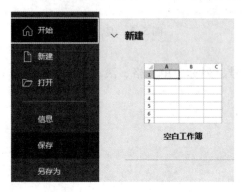

图5-5 保存或另存为

在Excel 2016中还可以将Excel文档直接保存为PDF格式。单击"文件"→"导出为PDF"命令，会弹出"转换范围"对话框，需要设置Excel中需要转换的工作表，再单击开始导出按钮进行转换，如图5-6所示。

图5-6 导出为PDF

4. 打开工作簿

如果需要打开现有Excel文档，可以通过如下两种常用的方法。

（1）直接双击文件，可以快速打开Excel文档。

（2）启动Microsoft Excel 2016，单击"文件"→"打开"，找到需要打开的Excel文档，再单击打开按钮。

5.2 Excel 2016制表基础

本节以中国现代科技发展成果简表制作这一任务为导向，详细讲解Excel 2016中数据输入、工作表的管理和编辑、编辑数据、整理修饰表格及打印工作表等内容。

5.2.1 任务导入：中国现代科技发展成果简表的制作

中国现代科技发展取得了世界瞩目的成果，请根据以下要求完成"中国现代科技发展成果简表.xlsx"电子表格的制作。

（1）新建"中国现代科技发展成果简表.xlsx"，以后所有操作均基于此表。

（2）将Sheet1重命名为"科技成果（部分）"，设置标签颜色为红色；将Sheet2重命

案例素材5-1：
中国现代科技
发展成果简表
的制作.rar

名为"航天技术成就（专栏）"，设置标签颜色为绿色；将 Sheet3 隐藏。

（3）根据"中国科技成就.txt"文档内容，分别在"科技成果""航天技术成就（专栏）"中输入相应信息。

（4）调整"科技成果"工作表数据区域的列宽、行高，合并第 1 行单元格；设置表格区域各单元格内容水平垂直均居中；更改标题"中国现代科技发展成果简表"的字体为"楷体"，字号为"25"。

思政阅读5-1：
中国原子弹
之父邓稼先

（5）设置边框和底纹，为"科技成果"所有数据区域设置绿色边框，浅绿色 25% 灰色图案填充。为"航天技术成就（专栏）"工作表数据区域套用"表样式中等深浅 6"表格格式。

（6）打印"科技成果.xlsx"工作表。

5.2.2　数据输入

1. 单元格的选定

（1）选择单个单元格

单击鼠标，选择需要选定的单元格即可选定。

（2）选择指定散点分布单元格

先单击选择第一个单元格，再按住 Ctrl 键用鼠标左键单击选择其他需要选定的单元格。

（3）选择整行或整列

单击行或列所在的行号和列名，即可选定整行或整列数据。

（4）选择连续单元格区域

选择连续单元格区域有两种常用方式：一种是利用鼠标完成，即将鼠标指针定位在要选择的数据区域的第一个单元格，利用鼠标左键拖动到结束单元格即可；另一种是利用 Shift 键完成，即选定要选择的数据区域的第一个单元格，按住 Shift 键不放，选定数据区域的最后一个单元格，松开 Shift 键，就选定了连续的单元格区域。

（5）选择不连续单元格区域

选择不连续单元格区域，通常会使用快捷键 Ctrl 键。选定第一个单元格区域后，按住 Ctrl 键再用鼠标左键选择其他需要选定的单元格区域，完成后松开 Ctrl 键。

2. 数据输入方法

在 Excel 单元格中输入内容，常见如下两种方法。

（1）单击单元格，在编辑栏中输入数据。输入完成后使用鼠标单击"输入"按钮✔或按 Enter 键完成输入，或者单击"取消"按钮✖取消操作。

（2）双击单元格，在单元格中直接输入数据。选择指定单元格，双击鼠标左键，出现闪烁光标，即可进行数据输入，如图 5-7 所示。

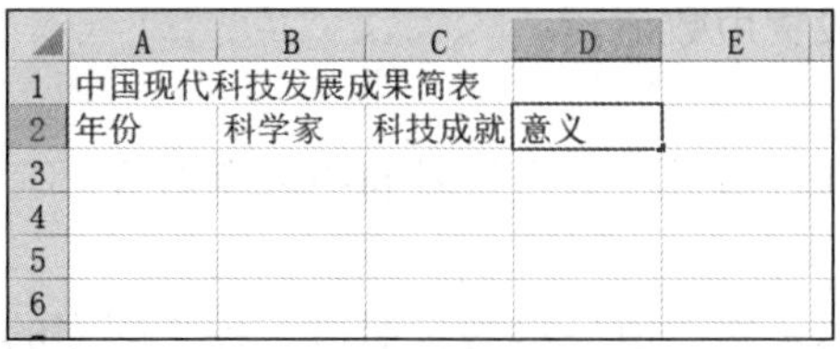

图 5-7　数据输入

3. 数据类型

选中单元格后右击，在快捷菜单中选择"设置单元格格式"，然后出现如图5-8所示的设置单元格格式对话框，在其中的"数字"选项卡下可设置选择内容的数据类型。Excel 2016的数据类型有：常规、数值、货币、会计专用、日期、时间、百分比、分数、科学记数、文本、特殊和自定义几种类型。

图5-8 "设置单元格格式"对话框

（1）常规

常规单元格格式不包含任何特定的数字格式。在不对单元格进行设置的情况下，输入的数据类型默认为常规。

（2）数值

数值格式用于一般数字的表示，如3、23、123等十进制数。货币和会计格式则提供货币计算的专用格式。

（3）货币

货币格式用于表示一般货币数值。

（4）会计专用

会计专用格式可对一列数值进行货币符号和小数点对齐。

（5）日期

日期格式将日期和时间系列数值显示为日期值。各个国家的日期格式可以在图5-9的"区域设置"中选择。中国纪元法以"年/月/日"或"某年某月某日"的格式显示，例如

2021 年 7 月 1 日是建党 100 周年，这个日期可以写成："2021/07/01"或"2021 年 7 月 1
日"，以星号（＊）开头的时间格式受"控制面板"中指定的区域日期和时间设置的更改
的影响。不带星号的格式不受"控制面板"设置的影响。

图 5-9　区域设置

（6）时间

同属于日期和时间系列，时间格式将日期和时间系列数值显示为时间值。

（7）百分比

百分比格式将单元格中的数值乘以 100，并以百分数的形式显示。此时，单元格的数
字应该是整数位为 0 的小数，如 0.12。

（8）分数

分数格式有：分母为一位数（1/4）、分母为两位数（21/25）、分母为三位数（312/
943）、以 2 为分母（1/2）、以 4 为分母（2/4）、以 8 为分母（4/8）、以 16 为分母（8/
16）、以 10 为分母（3/10）、百分之几（30/100）。

（9）科学记数

用"E"表示 10 的次幂，如 123.0 是 $1.23×10^2$，在 Excel 2016 中可以表示成 1.23E+
02，如数字是 0.00123，则科学记数表示为 1.23E−03。如果需要设置多位小数位，可以在
该选项的选择框中增加小数位。

（10）文本

在文本单元格格式中，数字作为文本处理。单元格显示的内容与输入的内容完全

一致。

（11）特殊

特殊格式可用于跟踪数据列表及数据库的值。

（12）自定义

以现有格式为基础，生成自定义的数字格式。例如：单元格内容为 2022 年 2 月 4 日，若要显示周，则可以更改单元格格式为自定义。自定义内容为 yyyy "年" mm "月" d "日" aaaa，单元格内容显示为 2022 年 2 月 4 日星期五。

注意：双引号需要在英文输入法状态下输入。

4. 填充柄的使用

选定一个单元格或单元格区域，此区域右下角会有一个黑点，光标移动上去变成黑色十字，这个十字符号称为填充柄。填充柄可以从纵向和横向两个方向进行数据填充。

填充柄有四个功能：复制单元格、填充序列、仅填充格式、不带格式填充。

（1）复制单元格

按住鼠标左键拖动填充柄，默认情况下是复制单元格，如图 5-10 所示。

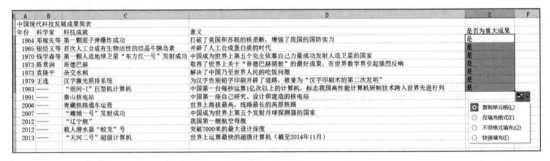

图 5-10　复制单元格功能

（2）填充序列

填充序列可以按照两个相邻单元格的差值依次进行填充，如图 5-11 所示。

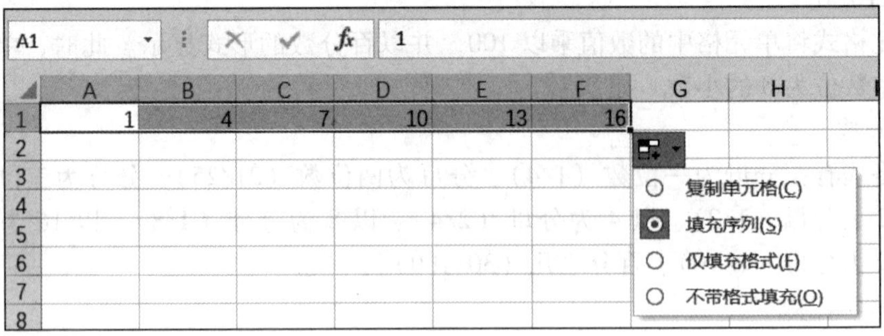

思政阅读 5-2：首次月球探测工程

图 5-11　填充序列功能

（3）仅填充格式

仅填充格式，可以实现不带内容仅复制单元格格式。例如 A1 单元格中存放数字 1 设置了黑色边框和灰色底纹，采用仅填充格式功能，其效果如图 5-12 所示。

图 5-12　仅填充格式

（4）不带格式填充

不带格式填充功能，仅实现复制单元格内容或实现序列填充，而不带格式，如图 5-13 所示。

图 5-13　不带格式填充功能

5. 设置数据有效性

数据有效性可以依靠系统检查防止在单元格中输入无效数据，确保输入数据的正确性，从而提高工作效率。单击"数据"→"数据验证"进行设置，如图 5-14 所示。

图 5-14　设置数据有效性

例如某大学辅导员张老师需要制作一张表来统计班级学生的基本信息，为增加数据的有效性，他利用数据有效性设置性别字段只能填写男或女，政治面貌只能在列表中进行选择，设置如图 5-15 所示。

(a) 设置"性别"

(b) 设置"政治面貌"

图 5-15　利用数据有效性设置规则

设置结果如图 5-16 所示。

	A	B	C	D
1	姓名	性别	政治面貌	
2	张三	男	团员	▾
3	李四	女	中共党员	
4	王一	男	群众	
5				
6				

图 5-16　设置结果

6. 清除输入内容

（1）Backspace 键

选中需要删除内容的单元格，按 Backspace 键清除内容。如需要修改单元格中的部分
内容，则可以将光标定位在单元格中，按 Backspace 键逐个删除错误内容，再重新输入。

（2）Delete 键

选中需要删除内容的单元格或单元格区域，按 Delete 键清除内容。

（3）"清除内容"

选中需要清除内容的单元格或单元格区域，右击，在弹出的快捷菜单中选择"清除内
容"即可。

5.2.3　工作表的管理和编辑

Excel 工作表的管理和编辑指对工作表进行插入、删除、工作表重命名、设置工作表
标签颜色、移动或复制工作表及显示或隐藏工作表等操作，可通过工作表标签的快捷菜单
进行相应操作。

1. 插入工作表

在现有工作表的末尾单击新建工作表按钮 ⊕ 插入新的工作表或者按组合键 Shift+
F11 快速插入工作表，如图 5-17（a）所示。

还可以在"开始"选项卡下选择"单元格"组，单击"插入"按钮上的下三角形按
钮，在弹出的列表中选择"插入工作表"，完成新工作表的插入，如图 5-17（b）所示。

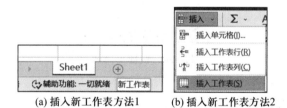

(a) 插入新工作表方法1　　(b) 插入新工作表方法2

图 5-17　插入新工作表

2. 删除工作表

选中要删除的工作表标签，右击，在弹出的菜单中选择"删除"按钮，即可完成工作
表的删除，如图 5-18 所示。

图 5-18　删除工作表

3. 工作表重命名

（1）工作表标签重命名

选中要重命名的工作表标签，右击，在弹出的菜单中选择"重命名"按钮，在工作表标签上直接重命名，如图 5-19 所示。

图 5-19 在工作表标签上直接重命名

（2）快捷重命名

选中要重命名的工作表标签，双击后直接输入新名称，按 Enter 键完成重命名，如图 5-20 所示。

图 5-20 快捷重命名

4. 设置工作表标签颜色

选中要重命名的工作表标签，右击，在弹出的菜单中选择"工作表标签颜色"按钮，在出现的颜色中选择所需的颜色即可，如图 5-21 所示。

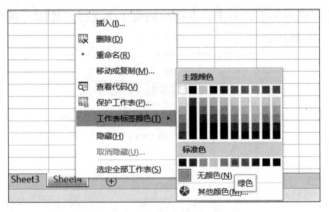

图 5-21 设置工作表标签颜色

5. 移动或复制工作表

（1）移动工作表

选择要移动的工作表标签，按住鼠标左键不放，出现黑色向下三角形指针，拖曳鼠标指针到工作表新位置即可完成工作表的移动，如图 5-22 所示。

图 5-22　移动工作表

（2）复制工作表

选择工作表后，拖动鼠标的同时按住 Ctrl 键，即可复制工作表。此外，可以使用快捷菜单复制工作表，选中要重命名的工作表标签，右击，在弹出的菜单中选择"移动或复制"按钮，在弹出的"移动或复制工作表"对话框中勾选"建立副本"，单击"确定"按钮即可完成工作表的复制。使用该方法实现工作表的复制，还可以为复制的工作表设置存放的工作簿及规定工作表在工作簿中的位置，如图 5-23 所示。

6. 显示或隐藏工作表

（1）隐藏工作表

选中要隐藏的工作表标签，右击，在出现的菜单中选择"隐藏"按钮即可，如图 5-24 所示。

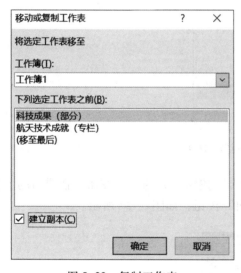

图 5-23　复制工作表

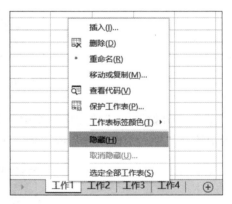

图 5-24　隐藏工作表

（2）取消隐藏

选中取消隐藏的工作表标签，右击，在弹出的菜单中选择"取消隐藏"按钮即可，如图 5-25 所示。

图 5-25 取消隐藏工作表

5.2.4 编辑数据

1. 插入/删除行和列

常用的插入行和列的方法有如下两种。

（1）插入行和列

① 选择要插入的行号或者列号，右击，在弹出的快捷菜单中选择"插入"按钮，如图 5-26 所示。

图 5-26 插入行和列方法 1

② 在"开始"→"单元格"组中单击"插入"按钮下方的下拉按钮，在弹出的下拉列表中选择"插入工作表行"或"插入工作表列"按钮，如图 5-27 所示。

图 5-27 插入行或列方法 2

（2）删除行和列

常用的删除行和列的方法有如下两种。

① 选择要插入的行号或者列号，右击，在弹出的快捷菜单中选择"删除"按钮，如图 5-28 所示。

图 5-28　删除行和列

② 在"开始"→"单元格"组中单击"删除"按钮下方的下拉按钮，在弹出的下拉列表中选择"删除工作表行"或"删除工作表列"按钮，如图 5-29 所示。

图 5-29　删除行或列

2. 插入/删除单元格

右击，在弹出的快捷菜单中选择"插入"按钮，在弹出的插入框中选中对应的选项即可；或者选择要插入单元格或单元格区域的位置，在"开始"→"单元格"组中单击"插入"按钮下方的下拉按钮，在弹出的下拉列表中选择"插入单元格"选项。

3. 复制和移动单元格

（1）用鼠标移动或复制

选择要移动或复制的单元格或单元格区域，出现双向十字箭头，按住鼠标左键不放并拖动，移动到指定位置后释放鼠标即可完成移动操作；若要实现复制，则按住 Ctrl 键的同时拖动即可实现复制操作。

（2）用剪贴板移动或复制

在"开始"→"剪贴板"组中选择"剪切"或"复制"按钮，在目标单元格单击"粘贴"按钮完成移动或复制操作。

4. 选择性粘贴

在"开始"→"剪贴板"组中选择"粘贴"按钮下方的下拉按钮，在弹出的下拉列表中选择对应的粘贴选项，如图5-30所示。

图5-30 选择性粘贴

5.2.5 整理修饰表格

1. 格式化单元格

（1）字体设置

在"开始"→"字体"组中进行相应设置即可，如图5-31所示。

图5-31 字体设置

（2）对齐方式设置

在"开始"→"对齐方式"组中进行相应设置即可，如图5-32所示。

图5-32 对齐方式设置

此外，格式化单元格还可以右击，在弹出的快捷菜单中选择"设置单元格格式"命令进行"字体"或"对齐"进行字体及对齐方式的设置，如图5-33所示。

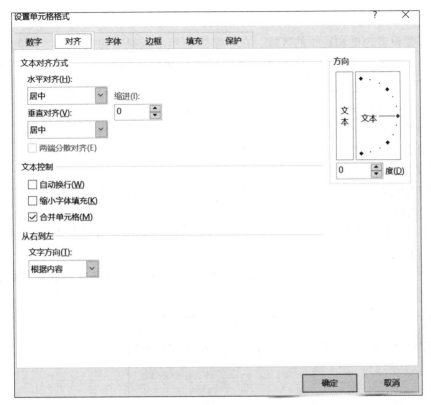

图 5-33 设置单元格格式

2. 调整行高和列宽

（1）用鼠标拖曳框线

将鼠标指针指向任意一行或一列的下框或右框线上，拖曳出现的双向十字箭头，直到调整到合适的宽度和高度为止。此方法适用于对单元格高度和宽度不是十分精确的情况。

（2）"单元格"组中的"格式"下拉列表设置

在"开始"→"格式"→"单元格"下拉列表中选择"行高"或"列宽"按钮，在弹出的对话框中输入需要的行高值和列宽值。此方法可以精确地调整行高和列宽，如图 5-34 所示。

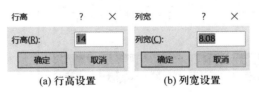

(a) 行高设置　　(b) 列宽设置

图 5-34 调整行高和列宽

3. 设置边框和底纹

默认情况下，Excel 工作表没有边框和底纹，为表格添加边框和底纹，既可以美化工作表，也能使工作表内容更加清晰。

通常设置边框和底纹有如下两种方法。

（1）在"字体"→"边框"或"填充颜色"中设置

选中需要设置边框和底纹的区域，在"字体"组中选择"边框" ▦▾下拉列表设置或绘制边框线；若要设置底纹，则选中需要设置边框和底纹的区域，在"字体"组中选择"填充颜色"下拉列表设置底纹。

（2）设置单元格格式

选中需要设置边框和底纹的区域，右击，选择"设置单元格格式"，选取"边框"或"底纹"选项卡进行设置。

4. 自动套用格式

Excel 2016 提供了很多定义好的表格格式，用户可以直接使用，既可以美化工作表，又可以节约时间。

选中要套用格式的区域，在"样式"组中单击"套用表格格式"按钮，选择适合的表格样式，如图 5-35 所示。

除此之外，Excel 2016"套用表格格式"里还提供了新建表格样式和新建数据透视表样式功能。

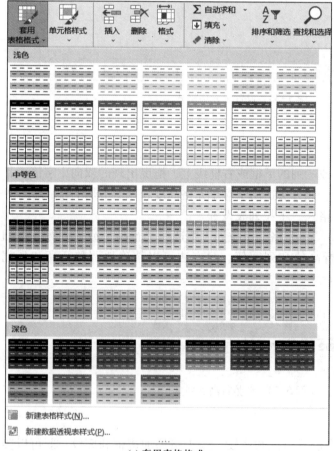

(a) 套用表格格式　　　　　　(b) 选中要套用格式的区域

图 5-35　套用表格格式

5. 条件格式

条件格式的功能如下：

（1）突出显示单元格规则

突出显示单元格规则包括：大于、小于、介于、等于、文本包含、发生日期、重复值等设置。

（2）最前/最后规则

最前/最后规则包括：前 10 项、前 10%、最后 10 项、最后 10%、高于平均值、低于平均值设置。

（3）数据条

数据条包括：渐变填充、实心填充设置。

（4）色阶

为单元格区域添加颜色渐变，颜色指明每个单元格的值在该区域内的位置。

（5）图标集

图标集包括：方向、形状、标记和等级设置。

5.2.6 打印工作表

文档制作完成后，如果需要存档纸质材料，则需将文档打印出来。打印的方法是在"文件"选项卡中选择"打印"命令，设置打印的各项参数，如打印份数、打印机、打印范围、单/双面打印、纸张方向和纸张类型等，即可进行工作表打印。且在右侧窗口中可以实时预览文档打印效果。

5.2.7 中国现代科技发展成果简表的制作示例

利用 Excel 2016 中数据输入、工作表的管理和编辑、编辑数据、整理修饰表格及打印工作表等内容，完成中国现代科技发展成果简表的制作。

微视频 5-1：中国现代科技发展成果简表的制作.mp4

步骤 1：启动 Excel 2016 后，新建空白工作簿，默认名称为"工作簿1"；单击"文件"→"另存为"，在弹出的"另存为"对话框中将文件名设置为"中国现代科技发展成果简表"，选择文件的存放位置，再单击"保存"按钮进行保存。

步骤 2：双击"Sheet1"输入"科技成果（部分）"，输入完成后按 Enter 键；选中"科技成果（部分）"工作表，右击，在弹出的快捷菜单中选择"工作表标签颜色"命令，选择标准色红色；双击"Sheet2"输入"航天技术成就（专栏）"，输入完成后按 Enter 键；选中"航天技术成就（专栏）"工作表，右击，在弹出的快捷菜单中选择"工作表标签颜色"命令，选择标准色绿色；选中 Sheet3 工作表，右击，在弹出的快捷菜单中选择"隐藏"命令。

步骤 3：在"科技成果（部分）""航天技术成就（专栏）"中输入相应信息。

步骤 4：选中"科技成果（部分）"第 1 行数据区域，单击"开始"→"对齐方式"组，选择"合并后居中"按钮；在"科技成果（部分）"工作表数据区域中，将光标移动到两列列名之间，根据实际内容拖动鼠标调整列宽；在"科技成果（部分）"工作表数据区域中，将光标移动到两行行号之间，根据实际内容拖动鼠标指针调整行高；选中整个工作表数据区域，单击"开始"→"单元格"组中的"格式"下拉按钮，在下拉列表中选择"设置单元格格式"，弹出"设置单元格格式"对话框，切换到"对齐"选项卡，将"水平对齐"设置为"居中"，将"垂直对齐"设置为"居中"，单击"确定"；选中表格标题"中国现代科技发展成果简表"文本，单击"开始"→"字体"，设置字体为"楷体"，字号为"24"。

步骤 5：选中"科技成果（部分）"数据区域，单击"开始"→"字体"组，选择"边框"，打开"设置单元格格式"对话框，在"边框"选项卡下选择"线条样式"为"实线型"，"颜色"为标准色绿色，在"预置"中选择"外边框"和"内部"；在"设置单元格格式"对话框中选择"填充"选项卡，选择"图案颜色"为"浅绿色"，图案样式为"25% 灰色"，单击"确定"按钮；选中"航天技术成就（专栏）"工作表除大标题外的所有数据区域，单击"开始"→"样式"组中的"套用表格格式"下拉按钮，在下拉列表中选择"表样式中等深浅 6"，在弹出的"套用表格格式"对话框中，勾选"表包含标题"复选框，单击"确定"按钮。

步骤 6：单击"文件"→"打印"命令，完成工作表打印。

5.3　公式与函数

Excel 中的公式与函数为数据处理与分析提供了强大的支持，将许多复杂的数据处理工作变得迅捷而简单。

5.3.1　任务导入：员工数据整理和分析

案例素材 5-2：员工数据整理和分析 . rar

人事部门小李通过 Excel 制作了员工档案及薪资情况表，根据下列要求帮助小李对数据进行整理和分析。

（1）在工作表"员工档案"中，利用公式及函数输入每个员工的性别"男"或"女"。注意：身份证号的倒数第 2 位用于判断性别，奇数为男性，偶数为女性。

（2）在工作表"员工档案"中，利用公式及函数输入每个员工的出生日期"××××年××月××日"。注意：身份证号的第 7~14 位代表出生年月日。

（3）在工作表"员工档案"中，利用公式及函数输入每个员工的年龄，且年龄需要按周岁计算，满 1 年才计 1 岁。

（4）在"2022 年 9 月工资表"中利用公式及函数输入员工姓名。

（5）在"2022 年 9 月工资表"中参考"工资薪金所得税率 . xlsx"，利用 IF 函数计算"应交个人所得税"列。（提示：应交个人所得税 = 应纳税所得额×对应税率−对应速算扣除数）。

（6）在"2022 年 9 月工资表"中利用公式计算"实发工资"列，公式为：实发工资 = 应付工资合计−扣除社保−应交个人所得税。

（7）在"统计报告"中填写应付工资总额和实发工资总额。

（8）保存文档。

5.3.2 公式

在 Excel 中，公式是实现数据处理与分析的重要工具。

1. Excel 公式简介

（1）公式的组成

Excel 中的公式以等号"="开头，后面是用于计算的表达式。通常表达式由各种运算符号将常量、值和单元格地址引用、函数等组合而成。

（2）运算符与优先级

Excel 构造公式时主要包含以下几种运算符号，当多个运算符出现在同一个公式中时，Excel 对运算符的优先级做出严格的规定，如表 5-1 所示。

表 5-1 **Excel 支持的运算符及优先级**

优 先 级	类 别	运 算 符
高	算数运算	加+、减−、乘＊、除/、指数（次幂）^
	比较运算	大于>、大于或等于>=、小于<、小于或等于<=、等于=、不等于<>
	引用运算	冒号:、逗号,、空格
低	文本运算	字符串连接 &

注意：Excel 中的函数及公式中所有的运算符号均须在英文状态下输入。

（3）单元格引用

在 Excel 中常常用单元格引用代替单元格中的数值。在公式中可以引用当前工作簿或其他工作簿中的单元格区域的数据。单元格引用主要有相对引用、绝对引用和混合引用三种方式。

● 相对引用

相对引用是指当前公式所在单元格的相对位置。使用相对引用，当公式所在位置发生变化时，引用地址也随之变化，如图 5-36 所示。

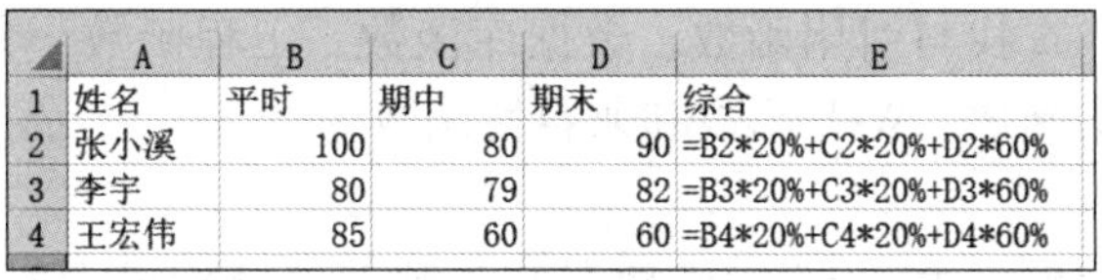

	A	B	C	D	E
1	姓名	平时	期中	期末	综合
2	张小溪	100	80	90	=B2*20%+C2*20%+D2*60%
3	李宇	80	79	82	=B3*20%+C3*20%+D3*60%
4	王宏伟	85	60	60	=B4*20%+C4*20%+D4*60%

图 5-36 相对引用

● 绝对引用

绝对引用是指引用工作表中固定的单元格。如果在行号和列号前加上 $ 符号，则代表绝对引用的单元格。如图 5-37 所示的 $C$1、$C$2 和 $C$3 就是绝对引用的单元格。

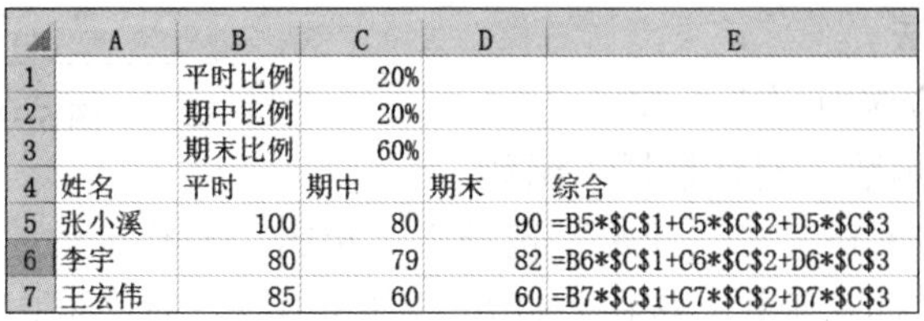

	A	B	C	D	E
1		平时比例	20%		
2		期中比例	20%		
3		期末比例	60%		
4	姓名	平时	期中	期末	综合
5	张小溪	100	80	90	=B5*$C$1+C5*$C$2+D5*$C$3
6	李宇	80	79	82	=B6*$C$1+C6*$C$2+D6*$C$3
7	王宏伟	85	60	60	=B7*$C$1+C7*$C$2+D7*$C$3

图 5-37 绝对引用

● 混合引用

混合引用是指引用的单元格地址中，行和列一个为绝对引用，另一个是相对引用。例如单元格 $A1 或 A$1。在 Excel 公式中相对引用部分会随着位置变化而发生变化，绝对引用部分则不会产生变化。

2. 公式的创建

在 Excel 中输入公式，首先需要选中要输入公式的单元格，再在该单元格中以 "＝" 开始输入用于计算的表达式，或者选中单元格后，在编辑栏中输入。

3. 公式的复制

当用户需要在多个单元格中使用同一个计算公式时，可以通过复制公式快速完成。首先选中需要复制的单元格，右击，再在弹出的快捷菜单中选择 "复制" 或者选中单元格使用组合键 Ctrl+C 进行单元格内容的复制，最后在目标单元格处右击，在弹出的快捷菜单 中出现 "粘贴选项"，选择公式按钮即可完成公式粘贴，如图 5-38 所示。

4. 公式的编辑

如果需要修改单元格中的公式，可以选中单元格，双击进入单元格编辑状态，在单元格中直接修改。或者选中单元格，在编辑框中进行编辑操作。注意，修改完成后单击 ✓ 或者按 Enter 键退出编辑状态，完成公式的编辑和修改。

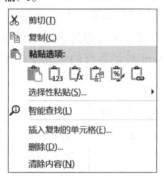

图 5-38 　粘贴选项

5. 公式的删除

选择单元格，双击进入单元格的编辑状态，按 Backspace 删除公式，或者选中单元格后，右击，在弹出的快捷菜单中选择 "清除内容"，删除单元格中的公式及内容。

5.3.3 　函数

在 Excel 2016 中，内置了多种类型的函数，包括财务函数、日期与时间函数、数学与三角函数、统计函数、查找与引用函数、数据库函数、工程函数、文本函数、逻辑函数、信息函数、多维数据集函数、Web 函数和兼容性函数等。

1. 函数的结构

函数的结构比较简单，由 "＝"、函数名和参数三部分构成，即函数的结构为：＝函数名(参数 1, 参数 2, 参数 3, …)。其中，函数名是指函数的名称，函数名是唯一的；参数是在函数中用于计算的值，参数类型有很多种，除常用的数字、文本、逻辑值、引用等类型外，还可以是其他公式或函数。参数的数量与对应函数有关，特别需要注意的是：参数必须要用括号括起来，每个参数用逗号隔开，如图 5-39 所示。

2. 插入函数的方法

插入函数常用的方法有以下 4 种。

`=COUNTIFS(D2:D4,">=85",E2:E4,">70")`

图 5-39 　函数的结构

（1）使用 "插入函数" 对话框插入函数

选定输入函数的单元格，在 "开始" 选项卡下单击编辑栏上的 图标或在 "公式" 选项卡的工具栏上单击 "插入函数" 按钮，打开 "插入函数" 对话框，在 "选择函数" 中选择需要的函数，单击 "确定" 按钮，即可打开 "函数参数" 对话框，如图 5-40 所示。

图 5-40　"插入函数"对话框

（2）使用"函数库"插入函数

选定输入函数的单元格，在"公式"选项卡下的"函数库"组中，根据函数分类：最近使用的函数、财务、逻辑、文本、日期和时间、查找与引用、数学和三角函数、其他函数（统计、工程、多维数据集、信息、兼容性和 Web）等，选择所需的函数，即可快速打开"函数参数"对话框，如图 5-41 所示。

图 5-41　使用"函数库"插入函数

（3）直接输入函数

在单元格或单元格对应的编辑栏中直接输入函数，设置其参数。

5.3.4 常用函数

1. 求和函数 SUM( )

功能：对参数值进行求和，SUM( )函数的参数可以是区域、单元格地址引用、其他公式或函数等。

语法格式：=SUM(number1,[number2],…)。

其中，number1 是要相加的第一个数字，该数字可以是 1 之类的数字，也可以是 A1 之类的单元格应用或者是 A1:A10 这样的单元格范围。number1 则是要相加的第二个数字。可以按照这种方式最多指定 255 个数字。

例如：=SUM(D2,F2)，该函数一共有两个参数，表示对 D2 和 F2 这两个单元格中的数值进行求和。=SUM(D2:F2)，该函数有 1 个参数，表示对 D2:F2 区域内的 D2、E2、F2 单元格求和，结果如图 5-42 所示。

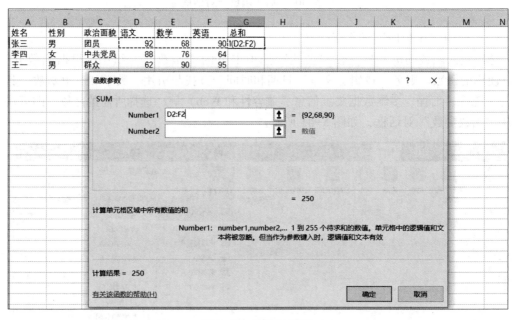

图 5-42　SUM( )函数

2. 求平均值函数 AVERAGE( )

功能：返回参数的算术平均值，参数可以是数值或包含数值的名称、数组或引用。

语法格式：=AVERAGE(number1,[number2],…)。

其中，number1 是必需的。指要计算平均值的第一个数字、单元格引用或单元格区域。Number2 是可选的，指要计算平均值的其他数字、单元格引用或单元格区域，最多可包含 255 个。

例如：=AVERAGE(D2,F2)，表示计算 D2、F2 单元格的算术平均值。=AVERAGE(D2:F2)，表示计算 D2:F2 区域内的 D2、E2、F2 单元格的算术平均值，结果如图 5-43 所示。

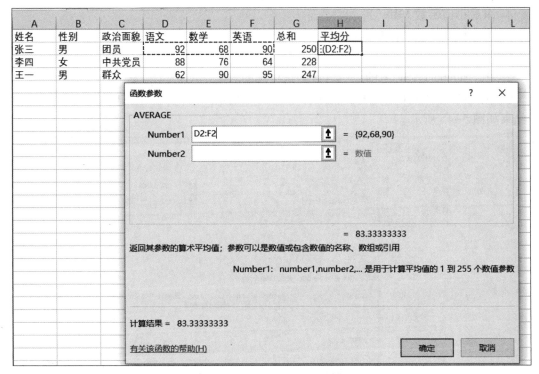

图 5-43 AVERAGE( )函数

3. 求最大值函数 MAX( )

功能：返回一组数中的最大值。

语法格式：=MAX(number1,number2,number3,…)。

其中，Number1 是必需的，后续数字是可选的。

例如：=MAX(D2:D4)，表示计算 D2:D4 区域内的 D2、D3、D4 单元格的最大值，计算结果如图 5-44 所示。

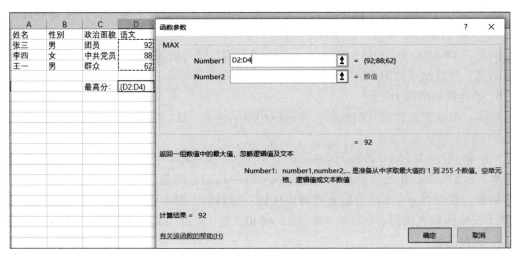

图 5-44 MAX( )函数

4. 求最小值函数 MIN( )

功能：返回一组数中的最小值。

语法格式：=MIN(number1,number2,number3,…)。

其中，Number1 是必需的，后续数字是可选的。

例如：=MIN(C2:F2)，表示计算 D2:D4 区域内的 D2、D3、D4 单元格的最小值，计算结果如图 5-45 所示。

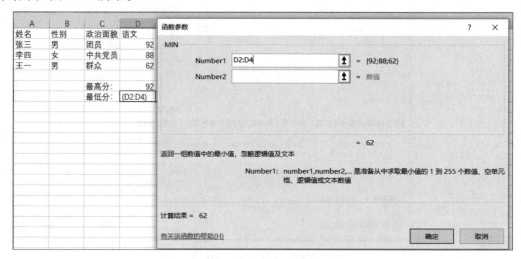

图 5-45　MIN( )函数

5. 排名函数 RANK( )

功能：返回指定数值在一列数据区域中的数字排位。数字的排位是相对于列表中其他值的大小。

语法格式：=RANK(number,ref,[order])。

其中，number 是必需的，是要找到排名的数字。ref 也是必需的，是一组数或数据区域的地址引用，一般该引用必须为绝对引用，并且 ref 中的非数字值会被忽略。order 是一个可选参数，用于指定数字排位方式，当 order 的值为 0 或忽略不填时，代表按照降序排列，当 order 的值为非 0 时，按照升序排列。

例如：=RANK(H2,$H$2:$H$4)，表示返回 H2 单元格的值在 H2:H4 区域内的降序排序结果，计算结果如图 5-46 所示。

6. 条件判断函数 IF( )

功能：根据逻辑值做真假判断，并返回相应的结果。IF( )函数可以嵌套使用，最多嵌7层。

语法格式：=IF(logical-test,value-if-true,value-if-false)。若 logical-test 的逻辑判断值为真，返回 value-if-true 的值，否则返回 value-if-false 的值。

例如：假设总分在 240 分以上者可以评优，要判断上图中张三同学的评选结果，可以在 J2 单元格内输入函数表达式：=IF(G2>=240,"是","否")，结果如图 5-47 所示。

7. 计数函数

(1) COUNT( )

功能：统计单元格区域中包含数字的单元格个数。

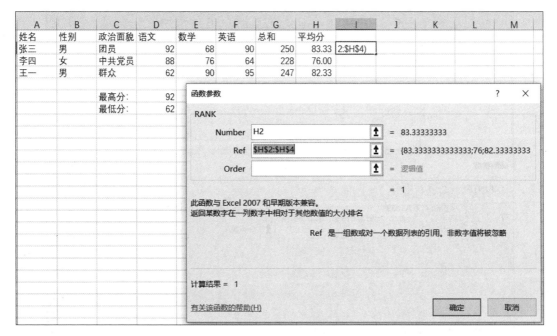

图 5-46 RANK( )函数

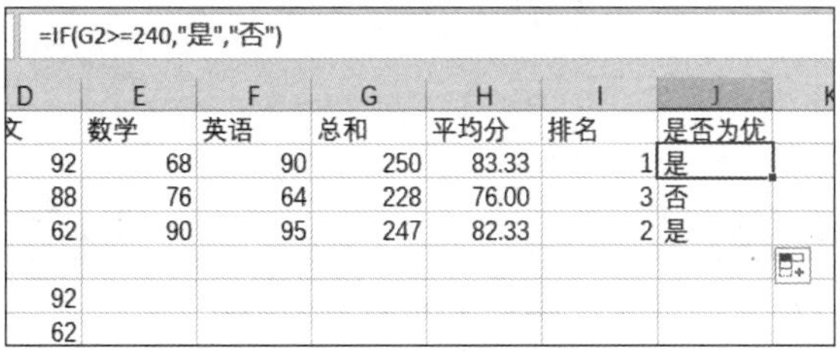

图 5-47 IF( )函数

语法格式：=COUNT(value1, value2, value3, …)。

（2）COUNTA( )

功能：统计单元格区域中非空白单元格的个数。

语法格式：=COUNTA(value1, value2, value3, …)。

例如：=COUNTA(A1:G9)，表示计算 A1:G9 单元格区域内，包含数字的单元格个数，=COUNTA(A1:G9)，表示计算 A1:G9 单元格区域内非空白单元格的个数，结果如图 5-48 所示。

8. 条件计算函数

（1）COUNTIF( )

功能：在指定区域内统计满足单个条件的单元格个数。

语法格式：=COUNTIF（range, criteria）。range 表示指定的单元格区域，criteria 表示条件，可以是数字、文本、表达式等类型。

例如：=COUNTIF(B2:B4, "男")，表示统计 B2:B4 单元格区域内，性别为"男"的人数，结果如图 5-49 所示。

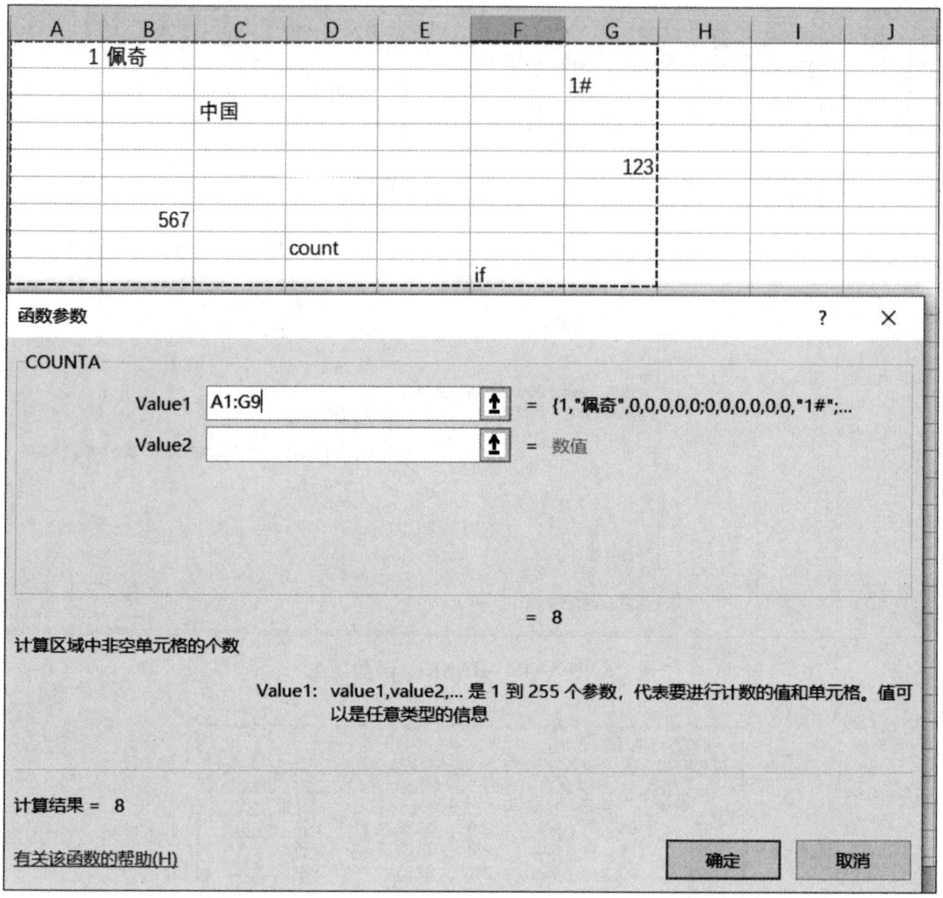

	A	B	C	D	E	F	G	H	I	J
	1	佩奇								
							1#			
			中国							
							123			
		567								
				count						
						if				

函数参数 ? ✕

COUNTA

Value1   A1:G9 ⬆ = {1,"佩奇",0,0,0,0,0;0,0,0,0,0,0;"1#";...

Value2   ⬆ = 数值

= 8

计算区域中非空单元格的个数

Value1: value1,value2,... 是 1 到 255 个参数,代表要进行计数的值和单元格。值可以是任意类型的信息

计算结果 = 8

有关该函数的帮助(H)   确定   取消

图 5-48　COUNTA( )函数

	A	B	C	D	E	F	G	H	I	J
姓名	性别	政治面貌	语文	数学	英语	总和	平均分	排名	是否为优
张三	男	团员	92	68	90	250	83.33	1	是
李四	女	中共党员	88	76	64	228	76.00	3	否
王一	男	群众	62	90	95	247	82.33	2	是
		最高分:	92						
		最低分:	62						
男生人数:	2								
女生人数:	1								

图 5-49　COUNTIF( )函数

（2）SUMIF( )

功能：对单元格区域内符合条件的单元格进行求和。

语法格式：=SUMIF(range,criteria,sum_range)。range 表示条件区域，criteria 表示条件，可以是数字、文本、表达式等类型，sum_range 表示实际求和的单元格区域。

例如：=SUMIF(B2:B4,"女",D2:D4)，表示计算女生的语文总分，=SUMIF(B2:B4,"男",E2:E4)，表示计算男生的数学总分，结果如图 5-50 所示。

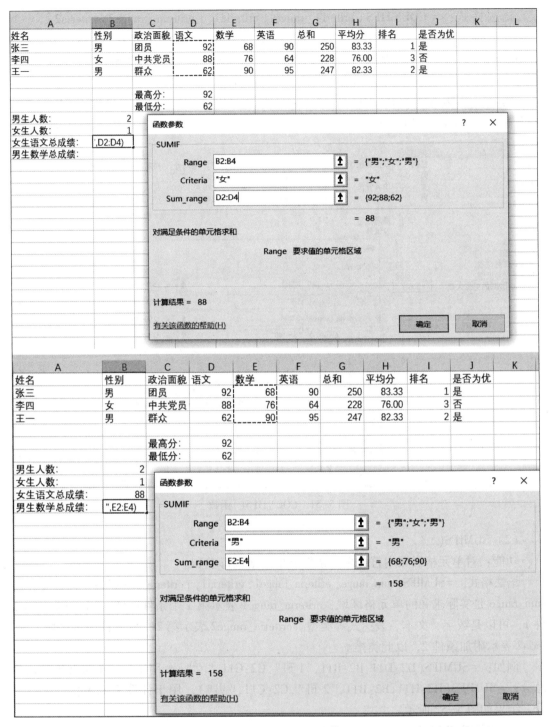

图 5-50 SUMIF( )函数

9. 多条件计算函数

（1）COUNTIFS( )

功能：在指定的单元格区域内，统计同时符合多个条件的单元格个数。

语法格式：= COUNTIFS (criteria_range1, criteria1, [criteria_range2, criteria2], ⋯)。criteria_range1 表示第 1 个条件区域，criteria1 表示条件 1，可以是数字、文本、表达式等类型。criteria_range2 表示第 2 个附加的条件区域，criteria2 表示附加条件 2，以此类推。在 excel 2016 中，最多可包含 127 个附加区域与条件。

例如：=COUNTIFS(B2:B11,"男", G2:G4,">350")，用于统计总分大于 248 分的男生人数，结果如图 5-51 所示。

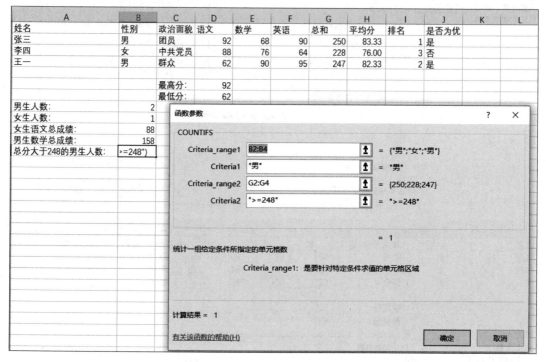

图 5-51 COUNTIFS( )函数

（2）SUMIFS( )

功能：对单元格区域内符合多个条件的单元格进行求和。

语法格式：=SUMIFS(sum_range, criteria_range1, criteria1, [criteria_range2, criteria2], ⋯)。sum_range 是实际求和的单元格区域，criteria_range1 表示第 1 个条件区域，criteria1 表示条件 1，可以是数字、文本、表达式等类型。criteria_range2 表示第 2 个附加的条件区域，criteria2 表示附加条件 2，以此类推。

例如：=SUMIFS(D2:D11,B2:B11,"1 班",C2:C11,"女")，用于计算 1 班女生的语文总分；=SUMIFS(H2:H11,B2:B11,"2 班",C2:C11,"男")，用于计算 2 班男生的化学总分，结果如图 5-52 所示。

10. 截取字符串函数

（1）LEFT( )

功能：从文本字符串的第一个字符开始返回指定个数的字符。

语法格式=LEFT(text, [num_chars])。text 是要截取的字符串，[num_chars]表示指定要由 LEFT 提取的字符的数量。

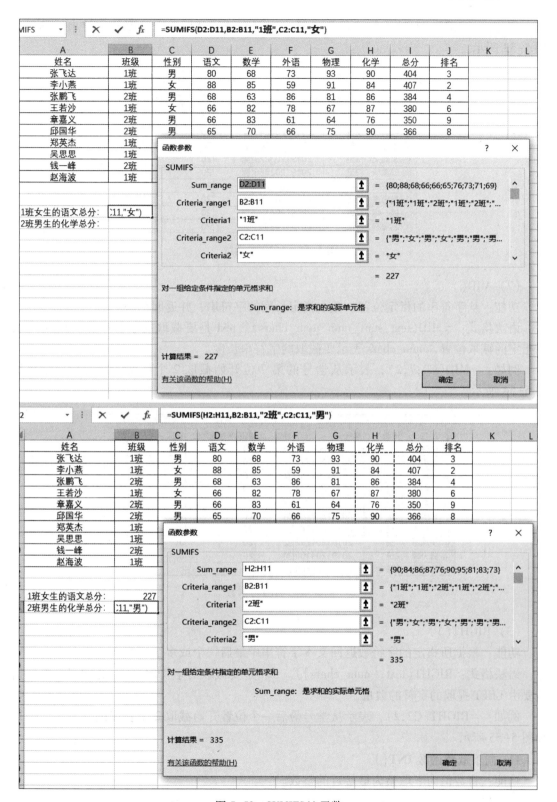

图 5-52 SUMIFS( )函数

例如：＝LEFT（C2,2），表示从学号第一个字符开始截取 2 个长度的字符串，结果如图 5-53 所示。

	A	B	C	D	E
1	姓名	班级	学号	性别	截取学号前两位
2	张飞达	1班	20191204431	男	=LEFT(C2,2)
3	李小燕	1班	20191201536	女	20
4	张鹏飞	2班	20191201245	女	20
5	王若沙	1班	20191203003	男	20
6	章嘉义	2班	20191203223	男	20
7	邱国华	2班	20191202866	男	20
8	郑英杰	1班	20191203240	女	20
9	吴思思	1班	20191201292	女	20
10	钱一峰	2班	20191204100	男	20
11	赵海波	1班	20191202384	男	20

图 5-53　LEFT（）函数

（2）MID（）

功能：从字符串的指定位置，截取指定长度的字符串，并返回结果。

语法格式：＝MID（text,start_num,num_chars）。text 是要截取的字符串，start_num 表示指定的截取位置，num_chars 表示要截取的字符串长度。

例如：＝MID（C2,7,2），表示从学号的第 7 位开始截取 2 个长度的字符串，结果如图 5-54 所示。

	A	B	C	D	E	F
1	姓名	班级	学号	性别	截取学号前两位	截取学号7、8两位
2	张飞达	1班	20191204431	男	20	=MID(C2,7,2)
3	李小燕	1班	20191201536	女	20	01
4	张鹏飞	2班	20191201245	女	20	01
5	王若沙	1班	20191203003	男	20	03
6	章嘉义	2班	20191203223	男	20	03
7	邱国华	2班	20191202866	男	20	02
8	郑英杰	1班	20191203240	女	20	03
9	吴思思	1班	20191201292	女	20	01
10	钱一峰	2班	20191204100	男	20	04
11	赵海波	1班	20191202384	男	20	02

图 5-54　MID（）函数

（3）RIGHT（）

功能：根据所指定的字符数返回文本字符串中最后一个或多个字符。

语法格式：RIGHT（text,［num_chars］）。text 是要截取的字符串，［num_chars］表示指定要由 LEFT 提取的字符的数量。

例如：＝RIGHT（C2,2），表示从学号最后一个位置开始截取 2 个长度的字符串，结果如图 5-55 所示。

11. 向下取整函数 INT（）

功能：将数值向下取整为最接近的整数。

语法格式：＝INT（number），number 表示要向下取整的数值。

例如：＝INT（D2），表示将 D2 单元格中的值向下取整，结果如图 5-56 所示。

	A	B	C	D	E	F	G
1	姓名	班级	学号	性别	截取学号前两位	截取学号7、8两位	截取学号后两位
2	张飞达	1班	20191204431	男	20	04	=RIGHT(C2,2)
3	李小燕	1班	20191201536	女	20	01	36
4	张鹏飞	2班	20191201245	女	20	01	45
5	王若沙	1班	20191203003	男	20	03	03
6	章嘉义	2班	20191203223	男	20	03	23
7	邱国华	2班	20191202866	男	20	02	66
8	郑英杰	1班	20191203240	男	20	03	40
9	吴思思	1班	20191201292	女	20	01	92
10	钱一峰	2班	20191204100	男	20	04	00
11	赵海波	1班	20191202384	男	20	02	84

图 5-55　RIGHT( )函数

			fx	=INT(D2)	
	A	B	C	D	E
	姓名	班级	性别	总分	向下取整
	张飞达	1班	男	383.3	383
	李小燕	1班	女	393.5	393
	张鹏飞	2班	男	384.3	384
	王若沙	1班	女	380.6	380
	章嘉义	2班	男	350.9	350
	邱国华	2班	男	366.6	366
	郑英杰	1班	男	410.2	410
	吴思思	1班	女	337.6	337
	钱一峰	2班	男	377.9	377
	赵海波	1班	男	384.8	384

图 5-56　INT( )函数

12. 查询函数

（1）LOOKUP( )

功能：是查询单一行或者单一列中的值并返回对应选定区域相同格式另一行或者列中同一位置的值。

语法格式：=LOOKUP(lookup_value,lookup_vector,result_vector)。lookup_value 表示要查找的值，它可以是文本、数字、逻辑值或引用等类型。lookup_vector 是包含单行或单列的单元格区域。result_vector 是包含单行或单列的单元格区域。

例如：学号的第 7、8 位表示学生所在的班级，如：01 表示 1 班，02 表示 2 班，03 表示 3 班，04 表示 4 班，若要求出张飞达同学所在的班级，可以在 E2 单元格中，插入函数表达式。

=LOOKUP(MID(B2,7,2),{"01","02","03","04"},{"1 班","2 班","3 班","4 班"})，结果如图 5-57 所示。

	A	B	C	D	E
	姓名	学号	性别	总分	班级
	张飞达	20191204431	男	383.3	4班
	李小燕	20191201536	女	393.5	1班
	张鹏飞	20191201245	男	384.3	1班
	王若沙	20191203003	女	380.6	3班
	章嘉义	20191203223	男	350.9	3班
	邱国华	20191202866	男	366.6	2班
	郑英杰	20191203240	男	410.2	3班
	吴思思	20191201292	女	337.6	1班
	钱一峰	20191204100	男	377.9	4班
	赵海波	20191202384	男	384.8	2班

图 5-57　lookup( )函数

（2）VLOOKUP（ ）

功能：在表区域或数组首列中查找满足条件的值，并返回表区域或数组中当前行中指定列处的值。

语法格式：= VLOOKUP（lookup_value, table_array, col_index_num, range_lookup）。

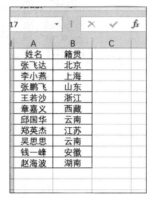

lookup_value 是要查找的值，table_array 表示待查找数据所在的表区域，col_index_num 是满足条件在表区域中的列序号，range_lookup 表示查找时使用的匹配方式，有精确匹配和大致匹配两种方式。若 range_lookup 的值为 true 或忽略是精确匹配，range_lookup 的值为 false 是大致匹配。

例如：在"籍贯"工作表中，存放了各个同学的籍贯信息，如图 5-58 所示。要求利用 VLOOKUP（ ）函数获取张飞达等同学的籍贯，并将其填写在"成绩"工作表的籍贯列中，如图 5-59 所示。可在 D2 单元格中插入函数表达式：= VLOOKUP（A2, 籍贯！$A$2：$B$11, 2, FALSE），结果如图 5-60 所示。

图 5-58 籍贯

A	B	C	D	E	F
姓名	学号	性别	籍贯	总分	班级
张飞达	20191204431	男		383.3	4班
李小燕	20191201536	女		393.5	1班
张鹏飞	20191201245	男		384.3	1班
王若沙	20191203003	女		380.6	3班
章嘉义	20191203223	男		350.9	3班
邱国华	20191202866	男		366.6	2班
郑英杰	20191203240	男		410.2	3班
吴思思	20191201292	女		337.6	1班
钱一峰	20191204100	男		377.9	4班
赵海波	20191202384	男		384.8	2班

图 5-59 成绩

A	B	C	D	E	F
姓名	学号	性别	籍贯	总分	班级
张飞达	20191204431	男	北京	383.3	4班
李小燕	20191201536	女	上海	393.5	1班
张鹏飞	20191201245	男	山东	384.3	1班
王若沙	20191203003	女	浙江	380.6	3班
章嘉义	20191203223	男	西藏	350.9	3班
邱国华	20191202866	男	云南	366.6	2班
郑英杰	20191203240	男	江苏	410.2	3班
吴思思	20191201292	女	云南	337.6	1班
钱一峰	20191204100	男	安徽	377.9	4班
赵海波	20191202384	男	湖南	384.8	2班

图 5-60 VLOOKUP（ ）函数

13. 取余函数 MOD（ ）

功能：返回两数相除的余数。

语法格式：MOD（number, divisor）。其中，number 为被除数，divisor 是除数。

例如：= MOD（A2, 2），是指计算 A2 单元格中数字除以 2 得到的余数是 1，如图 5-61 所示。

	A	B	C	D	E	F	G	H
1	数字	将数字除以2取出余数						
2	1121	=MOD(A2,2)						
3	536							
4	389							
5	888							
6	1242							
7	2132							
8	435							
9	67588							
10	32							
11	964							

函数参数　　　　　　　　　　　　　　　？　×

MOD

Number　A2　　　　　　　　　　　↑　= 1121

Divisor　2　　　　　　　　　　　　↑　= 2

= 1

返回两数相除的余数

Divisor　除数

计算结果 = 1

有关该函数的帮助(H)　　　　　　　　确定　　取消

图 5-61　MOD( )函数

5.3.5　员工数据整理和分析示例

微视频 5-2：
员工数据整理
和分析.mp4

利用 Excel 2016 内置的公式及函数完成员工档案表的制作。解题方式并不唯一，本文中选取的方法涉及的函数有 MID( )、MOD( )、IF( )、TODAY( )、INT( )、VLOOKUP( )、SUM( )。具体操作步骤如下：

步骤 1：选择"员工档案"表，在 E3 单元格输入函数：= IF(MOD (MID(D3,17,1),2)= 1,"男","女")计算出性别，利用填充柄完成"性别"列的自动填充。

步骤 2：选择"员工档案"表，在 F2 单元格输入函数：= MID(D2,7,4)&"年"&MID (D3,11,2)&"月"&MID(D3,13,2)&"日"计算出生日期，利用填充柄完成"出生日期"列的自动填充。

步骤 3：选择"员工档案"表，在 H1 单元格输入函数：= INT((TODAY( )−F3)/365)计算出年龄，利用填充柄完成"年龄"列的自动填充。

步骤 4：选择"2022 年 9 月工资"表，在 B2 单元格输入函数：= VLOOKUP(A2,员工档案!\$A\$2:\$B\$16,2,FALSE)查找出员工姓名，利用填充柄完成"姓名"列的自动填充。

步骤 5：选择"2022 年 9 月工资"表，在 J2 单元格输入函数：

= IF(I2<= 1500,I2 * 3%−0,IF(I2<= 4500,I2 * 10%−105,IF(I2<= 9000,I2 * 20%−555, IF(I2<= 35000,I2 * 25%−1005,IF(I2< = 55000,I2 * 30%−2755,IF(I2<= 80000,I2 * 35%− 5505,I2 * 45%−13505))))))计算出应交个人所得税，利用填充柄完成"个人所得税"列的自动填充。

步骤 6：选择"2022 年 9 月工资"表，在 K2 单元格输入公式：=G2−H2−J2 计算出实发工资，利用填充柄完成"实发工资"列的自动填充。

步骤 7：选择"统计报告"表，在 B2 单元格输入函数：= SUM('2022 年 9 月工资'! G2:G15)计算出应付工资总额，在 B3 单元格输入函数：= SUM('2022 年 9 月工资'!K2: K15)计算出实付工资总额。

步骤8: 单击"文件"选项卡下的"保存"按钮即可。

5.4 数据图表

图表可以将数据间的关系直观呈现出来,让数据分析与预测等工作变得更为简便、迅捷,是 Excel 2016 中较为常用的功能之一。并且,Excel 2016 新增了图表功能,用户可以根据需求创建图表。Excel 2016 增加了 Power Map 的插件,可以以三维地图的形式编辑和播放数据演示。也可以使用三维地图,绘制地理和临时数据的三维地球或自定义映射,显示一段时间,并创建可以与其他人共享的直播漫游。

5.4.1 任务导入:成绩分析图的绘制

芳芳对 Excel 强大的数据处理功能产生了浓厚的兴趣,现在她尝试对部分同学的成绩进行数据分析。请按照如下要求帮助芳芳完成统计和分析工作。

案例素材 5-3:
成绩分析图
的绘制 . rar

(1)为"成绩表"的数据区域任意套用一种表格样式,并将工作表标签颜色改为红色。

(2)学号第 7、8 位代表学生所在的班级,例如:"20121201234"代表 12 级一班。请通过函数提取每个学生所在的班级并按下列对应关系填写在"班级"列中:

"学号"的 7、8 位	对应班级
01	1 班
02	2 班
03	3 班
04	4 班
05	5 班

(3)根据学号,请在"成绩表"工作表的"性别"列中,使用 VLOOKUP()函数完成性别的自动填充。"性别"和"学号"的对应关系在"学号对照"工作表中。

(4)利用函数求成绩的平均分和总分,并保留两位小数,根据总分进行排名。

(5)用函数统计每个学生的等级,平均分 90~100 为"优",80~89 为"良",60~79 为"中",0~59 为"差"。

(6)利用函数判断每个学生是否能成为三好生,三好生的条件:语文成绩大于 80 分,数学成绩大于 75 分,英语成绩大于 70 分。

(7)根据总分和平均分,创建一个堆积柱形图,对每个同学的成绩进行比较。

(8)添加图表标题为"成绩图",图例显示在图表下方。修改纵坐标的坐标选项:最小值为 0,最大值为 100,主要刻度为 20。

5.4.2 图表的结构

图表按区域可以将其划分为图表区和绘图区两个部分,在不同的区域上又包含了许多元素,这些元素可以根据需要选择性添加或取消,如图 5-62 所示。

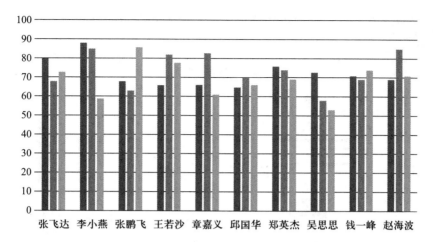

图 5-62 图表结构

1. 图表区

图表区是图表的背景区域，可以通过图表区对图表实现移动或缩放等操作。在图表区上，默认显示图例。单击图表，在"图表设计"的"图表布局"选项卡下，选择"添加图表元素"组中的"图表标题"按钮，可以添加图表标题。

2. 绘图区

绘图区属于图形显示与编辑区域。在该区域上，可以对坐标轴、坐标标题、数据标签、网格线、背景颜色等元素进行添加、设置。

5.4.3 图表的基本操作

1. 插入图表

（1）选择数据源，单击"插入"选项卡，在"图表"组中选择"所有图表"，根据需要选择图表类型，即可创建图表。

值得关注的是，在 Excel 2016 中新增了"推荐的图表"功能，Excel 会根据具体数据给用户推荐相应的图表供用户选择，如图 5-63 所示。

（2）选择数据源，按 Alt+F1 组合键，可以快速创建二维簇状柱形图。若要更改图表类型，可以先单击图表，在"图表设计"选项卡下选择"类型"组中的"更改图表类型"按钮，启动"更改图表类型"对话框，选择所需的图表类型即可。

2. 编辑图表

单击图表后，可以通过"图表设计"和"格式"选项卡中的各功能选项进行图表编辑。

（1）"图表设计"选项卡

"图表设计"选项卡如图 5-64 所示。

"图表布局"：包括"添加图表元素"和"快速布局"两项功能，其中用户可以根据需要修改图表的布局，例如添加图表标题或删除图例等，用户可以直接应用布局格式，如图 5-65 所示。

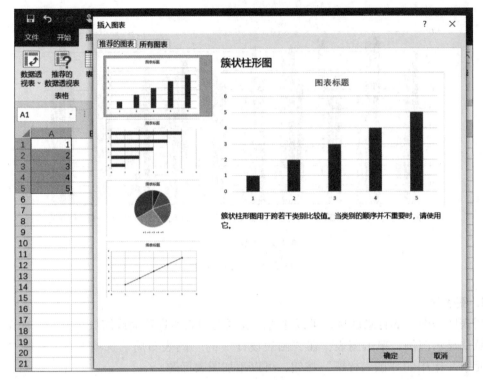

图 5-63 推荐的图表

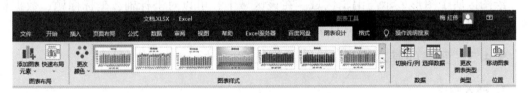

图 5-64 "图表设计"选项卡

如图 5-66、图 5-67 和图 5-68 所示,可以利用"图表布局"完成图表标题的添加。

图 5-65 图表布局选项卡　　　图 5-66 选择图表元素

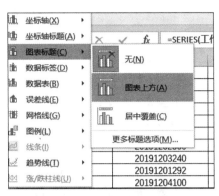

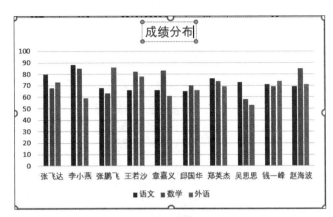

图 5-67 设置所选元素格式　　　　　　　　图 5-68 设置图表标题

单击"快速布局"下拉列表，如图 5-69 所示。当选中某样式之后，图表区会自动根据选择的布局方式进行编排，图 5-70 为快速布局结果显示。

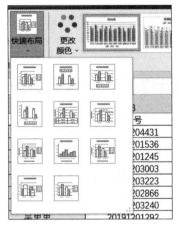

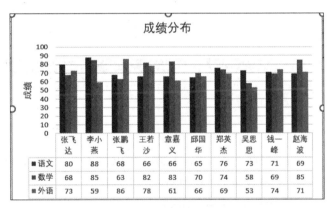

图 5-69 快速布局功能　　　　　　　　　图 5-70 快速布局结果显示

"类型"组：用户可以根据需要单击"更改图表类型"按钮更改图表类型。

"数据"组：①"切换行/列"，该功能可以快速切换数据系列；②"选择数据"，通过"选择数据源"对话框，可以对图例项（系列）和水平轴标签进行添加、删除、编辑等操作。

"图表样式"组：Excel 2016 为用户提供了多种图表样式，不同类型的图表可以应用的图表样式不同，例如柱形图有 16 种图表样式可以应用，条形图有 13 种图表样式表可以应用。用户还可以利用其下的"更改颜色"功能，修改图表的颜色。

"位置"组：可以将图表移动至新工作表或其他对象中。

"更改颜色"组：用户可以根据需要修改图表的颜色，"更改颜色"功能如图 5-71 所示。

（2）"格式"选项卡

"格式"选项卡如图 5-72 所示。

"当前所选内容"组：包含"设置所选内容格式"和"重设以匹配样式"两个选项。

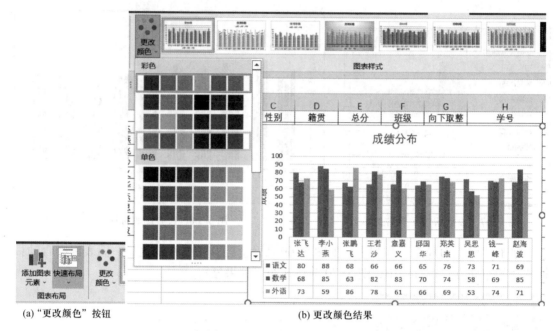

(a)"更改颜色"按钮   (b)更改颜色结果

图 5-71　"更改颜色"功能

图 5-72　"格式"选项卡

"插入形状"组：Excel 2016 中内置了"线条""矩形""基本形状""箭头总汇""公式形状""流程图""星与旗帜""标注"和"最近使用的形状"等类的形状。用户可以根据需要在 Excel 中添加形状。

"形状样式"组：Excel 2016 中有"主题样式"和"预设"等多种图形形状样式，通过选择相应的形状样式，可以在图表区快速添加边框、底纹和效果。除此之外，也可以通过单击"形状填充""形状轮廓"或"形状效果"等按钮设置所需的形状样式。

"艺术字样式"组：Excel 2016 中默认的艺术字样式丰富，通过选择所需的艺术字样式，可以快速为图表上的文本添加填充、轮廓和效果。除此之外，也可以通过单击"文本填充""文本轮廓"或"文本效果"等按钮设置所需的文本样式。

"排列"组：可以对图表进行移层、隐藏、组合、旋转等操作。

"大小"组：可以设置图表的大小。

5.4.4　迷你图的应用

迷你图是一种易于创建的微型图表，它比一般图表更能简洁、清晰地反应相邻数据间的增长趋势。

创建迷你图的方法：

（1）在"插入"选项卡下的"迷你图组"中，选择所需要的迷你图类型，打开"创建迷你图"对话框，如图 5-73 所示。

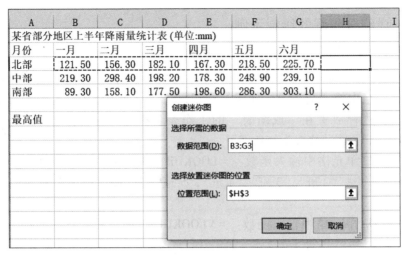

图 5-73 "创建迷你图"对话框

（2）在"创建迷你图"对话框的"数据范围"文本框内，设置数据源区域，在"位置范围"文本框中，可以设置放置迷你图的位置，结果如图 5-74 所示。

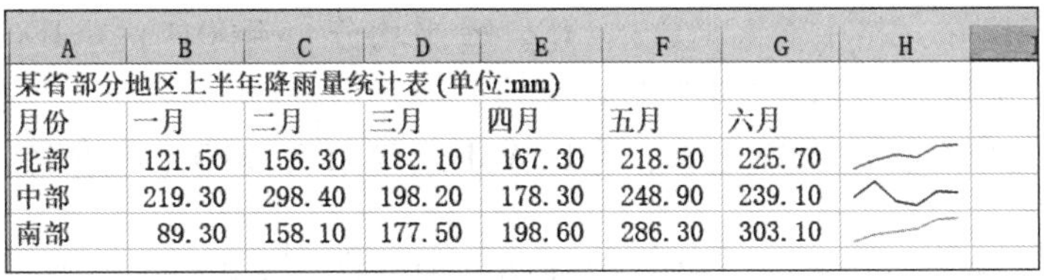

	A	B	C	D	E	F	G	H	I
	某省部分地区上半年降雨量统计表(单位:mm)								
	月份	一月	二月	三月	四月	五月	六月		
	北部	121.50	156.30	182.10	167.30	218.50	225.70		
	中部	219.30	298.40	198.20	178.30	248.90	239.10		
	南部	89.30	158.10	177.50	198.60	286.30	303.10		

图 5-74 迷你图效果

（3）单击迷你图，在"迷你图"选项卡下，可以设置迷你图的样式、颜色、坐标、收尾点等，如图 5-75 所示。

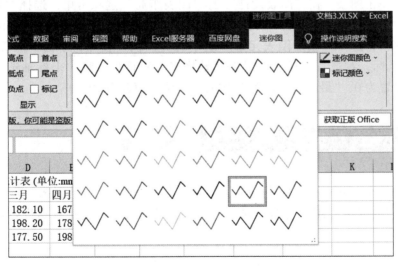

图 5-75 "迷你图"选项卡

5.4.5　成绩分析图的绘制示例

微视频 5-3：
成绩分析图
的绘制 . mp4

利用 Excel 图表可以完成成绩分析图的绘制，具体步骤如下。

步骤 1：选中"成绩表"中的单元格区域 A1：N24，单击"开始"选项卡下"样式"组中的"套用表格样式"按钮，在样式列表框中任意选择一种样式；将光标放置在"成绩表"的工作表名称上，右击，选择"工作表标签颜色"，将其修改为红色即可。

步骤 2：在 C2 单元格中输入函数：=LOOKUP（MID（A2,7,2），{"01","02","03","04","05"}，{"1 班","2 班","3 班","4 班","5 班"}），按"Enter"键完成"班级"列的自动填充。

步骤 3：在 D2 单元格中输入函数：=VLOOKUP（[@学号]，学号对照表！$A$1：$B$25,2,FALSE）。

步骤 4：在 J2 单元格中输入函数：=AVERAGE(表 1[@[语文]：[英语]])；在 K2 单元格中输入函数：=SUM(表 1[@[语文]：[英语]])；选中数据区域 J2：K24，右击"设置单元格格式"，打开"设置单元格格式"对话框，在"数字"选项卡下的"分类"列表框中选择"数值"，将"小数位数"改为 2；在 L2 单元格中输入函数：=RANK（[@总分]，[总分]）。

步骤 5：在 M2 单元格中输入函数：=IF（[@平均分]>=90,"优",IF（[@平均分]>=80,"良",IF（[@平均分]>=60,"中","差"）））。

步骤 6：在 N2 单元格中输入函数：=IF（AND（[@语文]>80,[@数学]>75,[@英语]>70),"是","否"）。

步骤 7：选中姓名、平均分、总分三列的数据区域，单击"插入"选项卡，在"图表"组中选中"柱形图"按钮，在"二维柱形图"下选择"堆积柱形图"。

图例显示在图表下方。修改纵坐标的坐标选项：最小值为 0，最大值为 100，主要刻度为 20。

步骤 8：单击图表，在"图表设计"的"图表布局"选项卡中，选择"添加图表元素"组中的"图表标题"按钮，单击"图表上方"。在图表上，选中"图表标题"将其修改为"成绩图"；选择"添加图表元素"组中的"图例"按钮，单击"底部"；单击图表，选择纵坐标，右击，打开"设置坐标轴格式"对话框。将"坐标轴选项"的边界"最小值"设置为 0，"最大值"设置为 100，"单位"设置为 20。

5.5　Excel 数据分析及处理

在 Excel 工作表中输入基本数据后，可以通过数据排序、数据筛选、数据分类汇总、数据透视表和数据透视图、数据分列、合并计算等方式，对这些数据进行深入分析与处理。

5.5.1　任务导入：成绩分析

案例素材 5-4：
成绩分析 . rar

"大学计算机基础"教师王老师需要对他所教授班级的期中、期末成绩进行统计分析，请根据"学生成绩单.xlsx"帮助他完成以下工作。

（1）对"期中"工作表里面的"总分"进行降序排序。

（2）复制工作表"期中"，将副本放置到原表之后，重新命名为"期中分类汇总"。通过分类汇总功能求出每个班各科的平均成绩，并将每组结果分页显示。

（3）复制工作表"期末"，将副本放置到原表之后，重新命名为"期末数据筛选"。通过筛选功能显示出总分大于等于 650 的学生信息。

（4）为"期末"工作表创建一个数据透视表，放在一个名为"数据透视分析"的新工作表中，设置筛选字段为"班级"，值字段为各科成绩求平均值。

（5）为数据透视表数据创建一个类型为"簇状柱形图"的数据透视图。

5.5.2 数据排序

1. 快速排序

Excel 2016 在"数据"→"排序和筛选"组中提供了两个与排序相关的按钮，快速排序和自定义排序。其中，快速排序包括"升序"和"降序"按钮。快速排序如图 5-76 所示。

"升序"按钮：按字母表顺序 A~Z、数据大小从小到大、日期从前往后排序。

"降序"按钮：按字母表顺序 Z~A、数据大小从大到小、日期从后往前排序。

2. 自定义排序

如果要进行复杂排序，那么可以使用自定义排序完成。

例如产品销售情况要求按照分公司升序，再按产品名称降序。则可以单击数据清单中任意一个单元格，打开"数据"选项卡下的"排序"对话框，将分公司作为第一

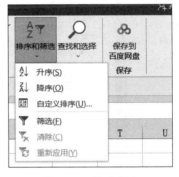

图 5-76 快速排序

个条件设置成主要关键字，再添加条件将产品名称设置成次要关键字，单击"确定"按钮即可，如图 5-77 所示。

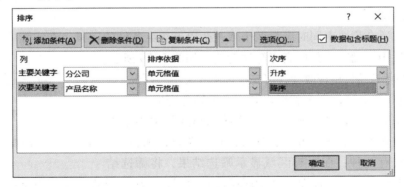

图 5-77 自定义排序示例

5.5.3 数据筛选

数据筛选可以在数据区域中提炼出满足条件的数据，其余不满足条件的数据被暂时隐

藏起来，一旦筛选被取消，数据还原。

1. 自动筛选

选中 Excel 表格中任意一个单元格，单击"数据"→"筛选"按钮，在每一个数据列右侧会出现"自动筛选"按钮，用鼠标单击筛选按钮，在打开的下拉列表中显示了该列的所有信息，按照需要选择一个值，就会显示满足条件的数据，其余数据被隐藏起来。例如产品销售列表只查看空调的销售情况，那么可以通过自动筛选实现。该例结果如图 5-78 所示。

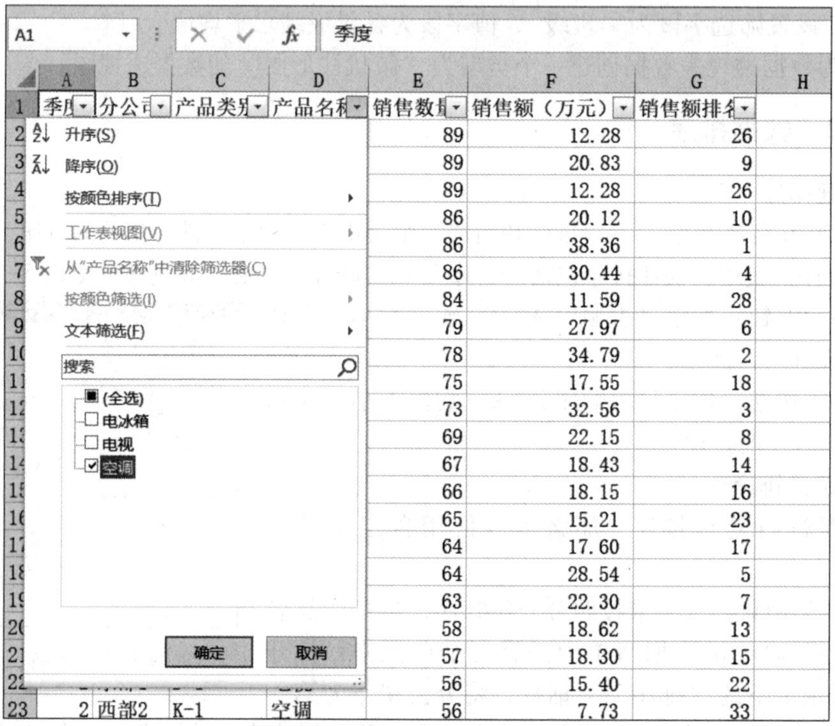

图 5-78　自动筛选结果只显示"空调"信息

2. 高级筛选

高级筛选适合筛选出同时满足两个或两个以上约束条件的记录。在实际应用中，如果自动筛选不适用，则需要采用高级筛选功能，如图 5-79 所示。

例如本例筛选条件稍作改变，需要筛选出分公司"西部 2"，销售额大于 60 的信息，那么就可以利用高级筛选完成。

选择数据区域，在"数据"→"排序和筛选"组中单击高级按钮，在弹出框中进行方式、列表区域、条件区域设置。

图 5-79　"高级"筛选命令

可选择的方式有两种：在原有区域显示筛选结果、将筛选结果复制到其他位置；选择需要筛选的区域设置为列表区域，设置条件作为条件区域；根据实际情况选择性勾选"选择不重复的记录"复选框。本例设置过程如图 5-80 所示。

在通常情况下，条件区域的条件需要根据实际情况进行设置。如果将筛选条件输入同一行中，筛选系统会自动查找同时满足所有指定条件的记录并将其筛选出来。如果查找所有字段值都是非空的，则只需要将"＊"制定为文本型的筛选条件，将"<>"制

季度	分公司	产品类别	产品名称	销售数量	销售额（万元）	销售额排名
1	西部2	K-1	空调	89	12.28	26
1	南部3	D-2	电冰箱	89	20.83	9
1	北部2	K-1	空调	89	12.28	26
1	东部3	D-2	电冰箱	86	20.12	10
1	北部1	D-1	电视	86	38.36	1
3	南部2	K-1	空调	86	30.44	4
3	西部2	K-1	空调	84	11.59	28
2	东部2	K-1	空调	79	27.97	6
3	西部1	D-1	电视	78	34.79	2
3	南部3	D-2	电冰箱	75	17.55	18
2	北部1	D-1	电视	73	32.56	3
2	西部2	D-2	电冰箱	69	22.15	8
1	东部1	D-1	电视	67	18.43	14
3	东部1	D-1	电视	66	18.15	16
2	东部3	D-2	电冰箱	65	15.21	23
1	南部1	D-1	电视	64	17.60	17
3	北部1	D-1	电视	64	28.54	5
2	南部2	K-1	空调	63	22.30	7
1	西部3	D-2	电冰箱	58	18.62	13
3	南部3	D-2	电冰箱	57	18.30	15
2	东部1	D-1	电视	56	15.40	22
2	西部2	K-1	空调	56	7.73	33
1	南部2	K-1	空调	54	19.12	11

图 5-80　高级筛选设置过程

定为数据型的筛选条件，并将这些筛选条件输入同一行即可。

　　如果查找时，几个条件中满足一个即可，这种"或"的条件情况，例如筛选条件改为查找销售额大于 60 或者分公司是西部 2 的信息，条件可以如图 5-81 设置。

分公司	销售额
西部2	
	>60

图 5-81　高级筛选"或"条件设置

5.5.4　数据分类汇总

1. 创建分类汇总

　　数据分类汇总可以使单元格区域中的数据更加明确化和条理化。使用分类汇总的数据列表时，每一列数据都有列标题。Excel 使用列标题来决定如何创建数据组及如何计算总和。例如要求"学生成绩单"通过分类汇总功能求出每个班各科的平均成绩，并将每组结果分页显示。首先按照班级字段进行排序，"数据"→"分级显示"组中选择"分类汇总"，在弹出的"分类汇总"对话框中选择分类字段、汇总方式、选定汇总项。设置如图 5-82 所示。

　　根据实际情况选择性勾选"替换当前分类汇总""每组数据分页""汇总结果显示在数据下方"复选框。本例中需要勾选"每组数据分页"复选框，其余不勾选。

2. 取消分类汇总

　　再次打开"分类汇总"对话框，单击"全部删除"按钮即可取消分类汇总结果。

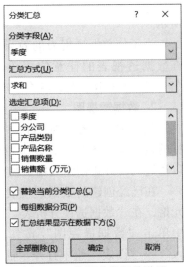

图 5-82　数据分类汇总设置

5.5.5 数据透视图表

1. 数据透视表

数据透视表是一种交互式报表，用户可以根据不同的需要进行动态数据分析。例如为"销售统计"工作表创建一个数据透视表，放在一个名为"数据透视分析"的新工作表中。选择"插入"→"数据透视表"→"表格和区域"，在弹出的"来自表格或区域的数据透视表"对话框中单击"选择表格或区域"，选择要分析的数据，在"选择放置数据透视表的位置"中设置数据透视表的位置，可以放在一个新工作表中，也可以置于现有工作表中，如图 5-83 所示。

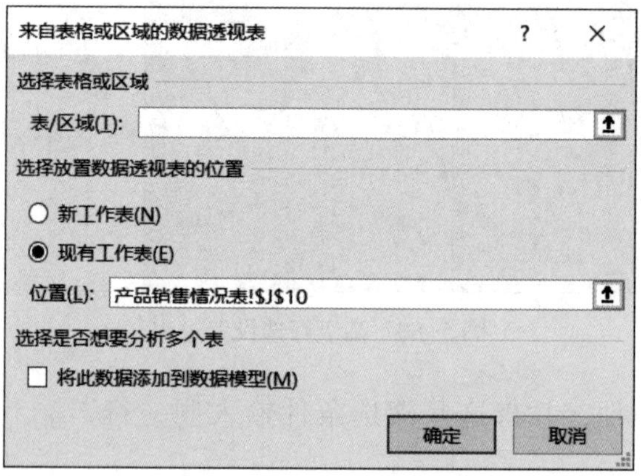

图 5-83 创建数据透视表

创建数据透视表后，在"选择要添加到报表中的字段"中选择要添加到报表的字段，列表框中可以添加或删除字段，在"以下区域间拖动字段"中可以设置筛选字段、列标签、行标签和数值等项，如图 5-84 所示。

为了使数据透视表的效果更美观，可以在数据透视表的任意位置单击单元格，在"设计"选项卡下设置格式。

2. 数据透视图

数据透视图和数据透视表密切相关，数据透视图是以图的形式表示数据透视表，可以通过两种方式创建数据透视图。

在已经创建的数据透视表中选择任意单元格，在"数据透视分析表"→"工具"组中单击"数据透视图"按钮，或者在"插入"→"图表"组中打开"插入图表"对话框，选择图表类型。

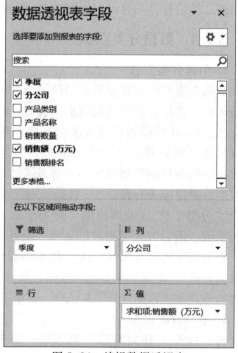

图 5-84 编辑数据透视表

5.5.6　数据分列

Excel 数据分列功能可以对有规律的数据进行分列处理。例如在学生基本信息表里，学号和姓名均存放在 A 列，需将其分为两列，那么可以通过数据分列功能实现，在"数据"→"数据工具"组中单击"分列"按钮，打开文本分列向导设置。

5.5.7　合并计算

合并计算的目的是将多个单独的工作表中的数据合并到一个工作表中进行汇总，被合并的工作表可以与合并后的工作表位于同一个工作簿中，如图 5-85 所示。

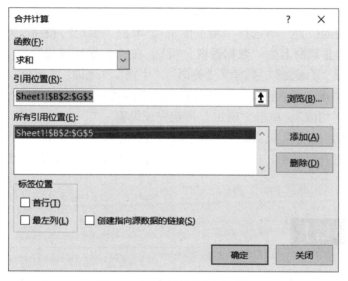

图 5-85　"合并计算"对话框

5.5.8　学生成绩统计分析表的制作示例

利用 Excel 数据分析及处理功能，可以完成学生成绩统计分析表的制作，具体步骤如下。

微视频 5-4：成绩分析.mp4

步骤 1：选中"期中"工作表，单击"数据"→"排序和筛选"组，选择"排序"按钮打开排序对话框，在"主要关键字"中选择"总分"，在"排序依据"中选择"单元格值"，在"次序"中选择"降序"，单击"确定"按钮完成设置。

步骤 2：复制工作表"期中"，粘贴到 Sheet2 工作表中。然后双击副本表名呈可编辑状态，重新命名为"期中分类汇总"。按照题意，首先对班级按升序进行排序，选中 C2：C19，单击数据：选项卡下排序和筛选：单击组中的"升序"按钮，弹出"排序提醒"对话框，单击"扩展选定区域"单选按钮。单击"排序"按钮后即可完成设置。选中"数据"→"分类汇总"组，弹出"分类汇总"对话框，单击"分类字段"组中的下拉按钮，选择"班级"，单击"汇总方式"组中的下拉按钮，选择"平均值"，在"选定汇总项"组中勾选"语文""数学""英语""生物""地理""历史"和"政治"复选框。最后再勾选"每组数据分页"复选框。

步骤 3：复制工作表"期末"，粘贴到 Sheet3 工作表中。然后双击副本表名呈可编辑状态，重新命名为"期末数据筛选"。在"期末数据筛选"工作表数据区域单击任意单元格，鼠标单击"数据"→"排序和筛选"组，选择"筛选"按钮，单击标题"总分"右侧的向下箭头，打开筛选列表，选择"数字筛选"→"大于或等于"，弹出"自定义自动筛选方式"，在大于或等于处输入 650，单击"确定"按钮完成设置。

步骤 4：根据题意，先选中"期末"工作表，单击"数据"→"排序和筛选"组，选择"排序"按钮打开排序对话框，在"主要关键字"中选择"班级"，在"排序依据"中选择"单元格值"，在"次序"中选择"升序"，单击"确定"按钮。再选中"期末"数据区域，在"插入"→"表格"组中选择"数据透视表"，打开"来自表格或区域的数据透视表"对话框，核对"选择表或区域"下需要分析的"表/区域"正确与否，在"选择放置数据透视表的位置"下选择"新工作表"，单击"确定"按钮。双击副本表名，在可编辑状态下将表重新命名为"数据透视分析"。在"数据透视表字段"中选择"班级"作为"筛选"字段，"语文""数学""英语""生物""地理""历史"和"政治"作为"值字段"，单击"求和项：语文"等各科右侧向下的箭头打开"值字段设置"，在"计算类型"中选择"平均值"，单击"确定"按钮完成设置。

步骤 5：单击数据透视表区域，选择"数据透视分析"选项卡，在"工具"组中选择"数据透视图"，打开对话框，选择图表类型为"簇状柱形图"，单击"确定"按钮即可完成设置。

【本章小结】

本章主要讲解了 Excel 的主要功能操作，包括：Excel 2016 制表基础、函数的运用、数据图表以及 Excel 数据分析及处理，并配以实际情景案例讲解分析。读者应掌握本章所介绍的各种数据处理技术，并应用于实际数据问题的分析处理上。

【课后习题】

一、单项选择题

1. Excel 中取消工作表的自动筛选后，会出现（　　）。

A. 工作表的数据消失　　　　　　　　B. 工作表恢复原样

C. 只剩下符合筛选条件的记录　　　　D. 不能取消自动筛选

2. 如要在 Excel 中输入分数 1/3，下列方法正确的是（　　）。

A. 直接输入 1/3　　　　　　　　　　B. 先输入单引号，再输入 1/3

C. 先输入 0，然后空格，再输入 1/3　　D. 先输入双引号，再输入 1/3

3. 已知 Excel 某工作表中的 D1 单元格等于 1，D2 单元格等于 2，D3 单元格等于 3，D4 单元格等于 4，D5 单元格等于 5，D6 单元格等于 6，则 sum(D1:D3,D6)的结果是：（　　）。

A. 10　　　　　　　　B. 6　　　　　　　　C. 12　　　　　　　　D. 21

4. 在 Excel 中跟踪超链接的方法是（　　）。

A. Ctrl+鼠标单击　　　　B. Shift+鼠标单击　　C. 鼠标单击　　　　　　D. 鼠标双击

5. 在 Excel 2016 中打开"单元格格式"的快捷键是（　　）。

A. Ctrl+Shift+E　　　　　B. Ctrl+Shift+F　　　　C. Ctrl+Shift+G　　　　D. Ctrl+Shift+H

二、操作题

打开"作业 . xlsx"文件完成下列操作：

在工作表 sheet1 中完成如下操作：

1. 设置表 B～F 列，宽度为"15"，表 6～14 行，高度为"25"。

2. 为 F8 单元格添加批注，批注内容为"物理最高分"。

在工作表 sheet2 中完成如下操作：

3. 利用"姓名"和"数学"两列创建图表，图表标题为"数学分数图表"，图表类型为"饼图"，插入 Sheet2 中数据区域下方位置。

4. 利用函数计算"总分"行各学科的总和，并把结果存入相应单元格中。

5. 将表格中的数据以"数学"列为关键字，按降序排序。

在工作表 sheet3 中完成如下操作：

6. 设置第 6 行单元格的文字水平对齐方式为"居中"，字体为"华文细黑"，字形为"倾斜"。

案例素材 5-5：Excel 作业 . rar

微视频 5-5：Excel 作业 . mp4

第6章
演示文稿

【本章导读】

　　本章从认识 PowerPoint 2016 的界面开始，介绍演示文稿的基本操作。通过对本章的学习，要求熟练掌握 PowerPoint 2016 的基本操作；掌握各种效果的制作方法；能够使用 PowerPoint 2016 制作出包含文字、图形、图像、声音以及视频剪辑等多媒体元素的演示文稿。

【学习目标】

　　（1）创建演示文稿；
　　（2）编辑和设置演示文稿；
　　（3）设置演示文稿的动画效果；
　　（4）放映演示文稿。

6.1　PowerPoint 2016 简介

　　PowerPoint 2016 是专门用来制作演示文稿的应用软件。PowerPoint 2016 可以制作出集文字、图形以及多媒体对象于一体的演示文稿，并可将演示文稿以动态的形式展现出来。

　　PowerPoint 2016 的启动、退出和文件的保存与 Word 2016，Excel 2016 的启动、退出和文件的保存方式类似，只是 PowerPoint 2016 生成文件的扩展名（后缀名）为 . pptx。

6.1.1　PowerPoint 2016 界面

　　在启动 PowerPoint 2016 后，将会看到如图 6-1 所示的窗口界面。PowerPoint 2016 窗口主要由以下几部分组成。

　　1. 标题栏

　　标题栏主要由标题和窗口控制按钮组成。标题用于显示当前编辑的演示文稿的名称。控制按钮由"最小化""最大化/还原"和"关闭"按钮组成，用于实现窗口的最小化、最大化、还原及关闭。

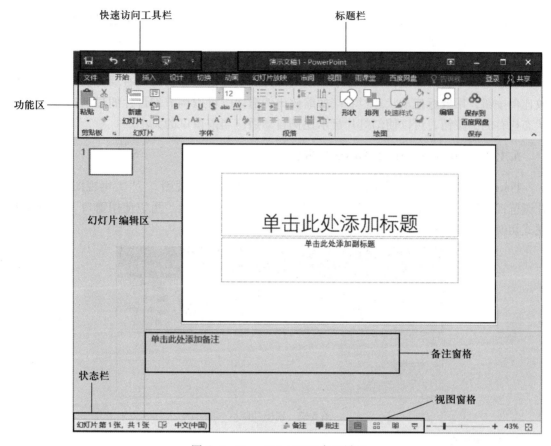

图 6-1 PowerPoint 2016 窗口界面

2. 快速访问工具栏

程序窗口左上角为"快速访问工具栏",用于显示常用的工具。默认情况下,快速访问工具栏中包含了"保存""撤销""恢复"和"从头开始"4 个快捷按钮,用户还可以根据需要进行添加。单击某个按钮即可实现相应的功能。

3. 功能区

PowerPoint 2016 的功能区由多个选项卡组成,每个选项卡中包含了不同的工具按钮。选项卡位于标题栏下方,由"开始""插入"和"设计"等选项卡组成。单击各个选项卡,即可切换到相应的选项卡。

4. 幻灯片编辑区

PowerPoint 2016 窗口中间的白色区域为幻灯片编辑区,该部分是演示文稿的核心部分,主要用于显示和编辑当前显示的幻灯片。

5. 视图窗格

视图窗格中默认显示的是"幻灯片"选项卡,它会在该窗格中以缩略图的形式显示当前演示文稿中的所有幻灯片,以便查看幻灯片的设计效果。在"大纲"选项卡中,将以大纲的形式列出当前演示文稿中的所有幻灯片。

6. 备注窗格

位于幻灯片编辑区的下方,通常用于为幻灯片添加注释说明,比如幻灯片的内容摘要等。将鼠标指针停放在视图窗格或备注窗格与幻灯片编辑区之间的窗格边界线上，拖动鼠标可调整窗格的大小。

7. 状态栏

状态栏位于窗口底端，用于显示当前幻灯片的页面信息。状态栏右端为视图按钮和缩放比例按钮，用鼠标拖动状态栏右端的缩放比例滑块，可以调节幻灯片的显示比例。单击状态栏右侧的按钮，可以使幻灯片显示比例自动适应当前窗口的大小。

6.1.2 PowerPoint 2016 视图方式

PowerPoint 2016 提供了 5 种主要的视图模式，即"普通视图"、"大纲视图"、"幻灯片浏览视图"、"阅读视图"和"备注页视图"，如图 6-2 所示。可以使用窗口下方的视图模式切换按钮进行视图模式之间的切换。

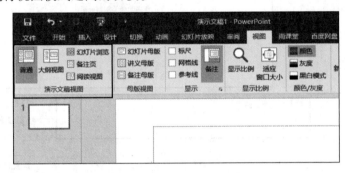

图 6-2　视图功能区

1. 普通视图

普通视图是 PowerPoint 2016 的默认视图模式，共包含"大纲窗格""幻灯片窗格"和"备注窗格"三种形式，如图 6-3 所示。这些窗格让用户可以在同一位置使用演示文稿的各种特征。拖动窗格边框可调整不同窗格的大小。

2. 大纲视图

大纲视图含有"大纲窗格""幻灯片缩图窗格"和"幻灯片备注页窗格"，如图 6-4 所示。在大纲窗格中显示演示文稿的文本内容和组织结构，不显示图形、图像、图表等对象。

在大纲视图下编辑演示文稿，可以调整各幻灯片的前后顺序，在一张幻灯片内可以调整标题的层次级别和前后次序，可以将某幻灯片的文本复制或移动到其他幻灯片中。

3. 幻灯片浏览视图

在幻灯片浏览视图中，可以在屏幕上同时看到演示文稿中的所有幻灯片，这些幻灯片以缩略图方式整齐地显示在同一窗口中，幻灯片浏览视图如图 6-5 所示。

在幻灯片浏览视图中可以看到该幻灯片的背景设计、配色方案或更换模板后文稿发生的整体变化。可以检查各个幻灯片是否前后协调、图标的位置是否合适等。同时在该视图中也可以很容易地在幻灯片之间添加、删除和移动幻灯片的前后顺序以及选择幻灯片之间的动画切换。

4. 备注页视图

备注页视图主要用于为演示文稿中的幻灯片添加备注内容或对备注内容进行编辑修改，在该视图模式下无法对幻灯片的内容进行编辑。

图 6-3 普通视图

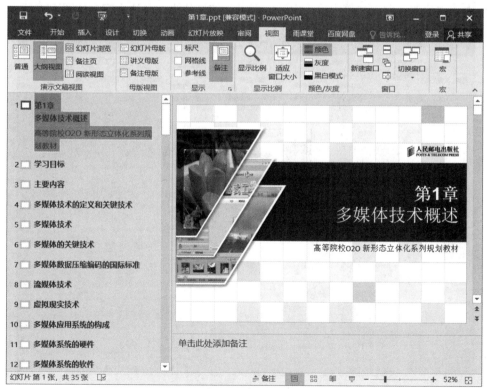

图 6-4 大纲视图

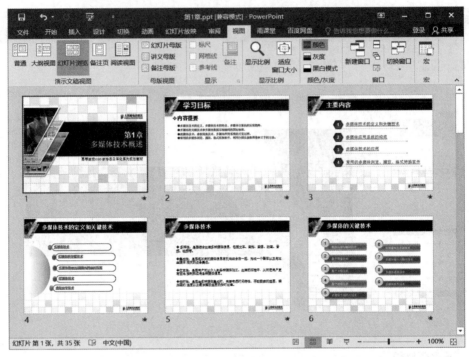

图6-5　浏览视图

切换到备注页视图后，页面上方显示当前幻灯片的内容缩览图，下方显示备注内容占位符。单击该占位符，向占位符中输入内容，即可为幻灯片添加备注内容，如图6-6所示。

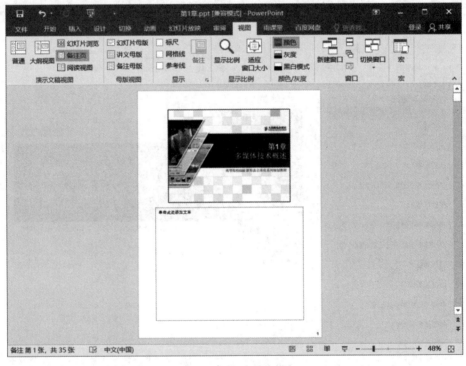

图6-6　备注页视图

5. 阅读视图

在创建演示文稿的任何时候，用户都可以通过单击"幻灯片放映"按钮启动幻灯片放映和预览演示文稿。

阅读视图在幻灯片放映视图中并不是显示单个的静止画面，而是以动态的形式显示演示文稿中的各个幻灯片。阅读视图是演示文稿的最后效果，所以当演示文稿创建一个段落时，可以利用该视图来检查，从而可以对不满意的地方进行及时修改，阅读视图如图 6-7 所示。

图 6-7　阅读视图

6.2　PowerPoint 2016 基本操作

在 PowerPoint 2016 中，创建的幻灯片都保存在演示文稿中。因此，用户首先应该了解和熟悉演示文稿的基本操作，主要包括演示文稿的新建、保存、打开和关闭等。

6.2.1　新建演示文稿

新建演示文稿的方法有以下三种。

（1）启动 PowerPoint 2016，软件会自动新建一个空白演示文稿。

（2）自行新建演示文稿，选择"文件"选项卡中的"新建"命令，单击"空白演示文稿"按钮（或选择其他主题），再单击"创建"按钮，即可得到新建的演示文稿，在中间区域可以选择多种模板类型，如 6-8 所示。

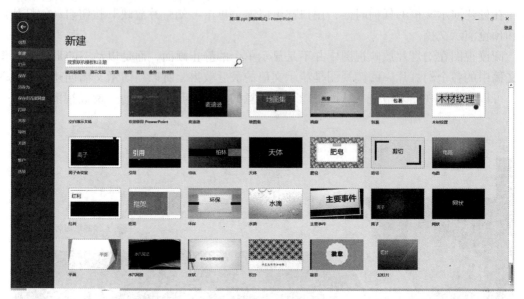

图 6-8 新建演示文稿

（3）打开文件夹或者桌面，空白处右击，在弹出的菜单中选择"新建"命令，然后在其子菜单中选择"Microsoft Office 演示文稿"命令，即可新建一个演示文稿。

6.2.2 选择、插入和删除幻灯片

1. 选择幻灯片

选择单张幻灯片：在左侧"幻灯片/大纲"窗格中，单击需要选择的幻灯片，即可选中该幻灯片。

选择多张幻灯片：按住 Ctrl 键，在左侧"幻灯片/大纲"窗格中单击需要选择的幻灯片，即可选择多张幻灯片。若为多张连续幻灯片，则可选中第一张幻灯片，按住 Shift 键不放，再单击要选择的最后一张幻灯片，即可选择第一张与最后一张之间的所有幻灯片。

选择全部幻灯片：在左侧"幻灯片/大纲"窗格中，按 Ctrl+A，即可选中所有幻灯片。

2. 插入幻灯片

打开需要进行编辑的演示文稿，选择添加位置，如第一张幻灯片，在"开始"选项卡的"幻灯片"选项组中单击"新建幻灯片"下方的下拉按钮，则可在第一张幻灯片后面添加一张指定版式的新幻灯片，如图 6-9 所示。

3. 删除幻灯片

删除幻灯片有以下两种方法。

（1）在左侧"幻灯片/大纲"窗格中，选择需要删除的幻灯片，直接按下 Delete 键，即可将该幻灯片删除。

（2）在左侧"幻灯片/大纲"窗格中选择幻灯片，右击，在弹出的快捷菜单中选择"删除幻灯片"命令，即可删除该幻灯片，如图 6-10 所示。

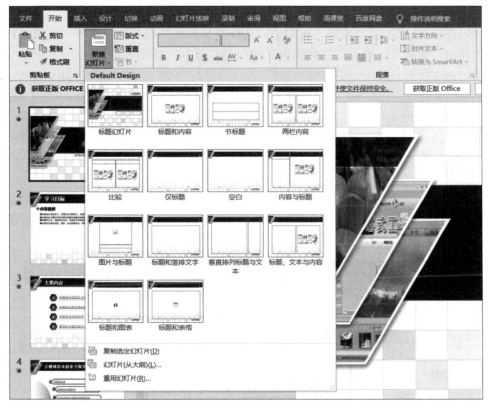

图 6-9　幻灯片版式

图 6-10　删除幻灯片

6.2.3　移动和复制幻灯片

当需要几张内容相同的幻灯片时，可以使用复制、粘贴功能进行操作。当需要改变幻灯片播放顺序时，在"幻灯片"窗格中通过移动操作可以很方便地改变幻灯片的排列顺序。

1. 复制幻灯片

（1）在左侧"幻灯片/大纲"窗格中，选择需要复制的幻灯片，如第一张幻灯片，切换到"开始"选项卡，再单击"剪贴板"组中的"复制"按钮进行复制。

（2）选中目标位置前的幻灯片，如第二张幻灯片，再单击"剪贴板"组中的"粘贴"按钮。第二张幻灯片后面即创建了与第一张幻灯片相同的幻灯片，编号为"3"。

2. 移动幻灯片

在"幻灯片/大纲"窗格中选择需要移动的幻灯片，按住鼠标左键拖动幻灯片到相应位置，释放鼠标左键即可改变幻灯片的位置。

6.2.4 更改幻灯片版式

选中需要更换版式的幻灯片，在"开始"选项卡的"幻灯片"组中单击"版式"按钮，在弹出的下拉列表中选择需要的版式即可，如图6-11所示。

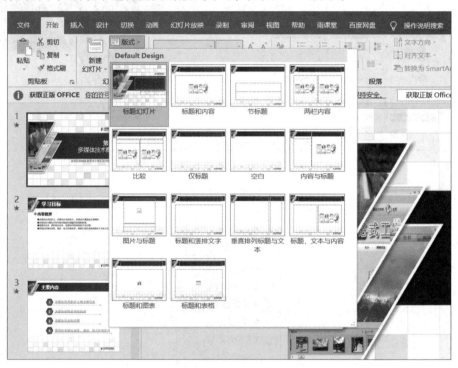

图6-11 更改幻灯片版式

6.2.5 幻灯片放映

在演示文稿制作完成后，就可以观看演示文稿的放映效果了。

1. 设置幻灯片放映

单击"幻灯片放映"选项卡中的"设置幻灯片放映"按钮，显示"设置放映方式"对话框，如图6-12所示。

在"放映类型"选项组中有3个选项。

（1）演讲者放映（全屏幕）。该类型将以全屏幕方式显示演示文稿，这是最常用的演示方式。

案例素材6-1：幻灯片放映.rar

微视频6-1：幻灯片放映.mp4

图 6-12 "设置放映方式"对话框

（2）观众自行浏览（窗口）。该类型将在小型的窗口内播放幻灯片，并提供操作命令，允许移动、编辑、复制和打印幻灯片。

（3）在展台浏览（全屏幕）。该类型可以自动放映演示文稿。

用户可以根据需要在"放映类型""放映幻灯片""放映选项""换片方式"选项组中进行选择，所有设置完成之后，单击"确定"按钮即可。

2. 隐藏或显示放映的幻灯片

在放映演示文稿时，如果不希望播放某张幻灯片，可以将其隐藏起来。单击"幻灯片放映"选项卡"设置"组中的"隐藏幻灯片"按钮，系统会将选中的幻灯片设置为隐藏状态。

如果要重新显示被隐藏的幻灯片，在选中该幻灯片后，再次单击"幻灯片放映"选项卡"设置"组中的"隐藏幻灯片"按钮即可。

3. 放映幻灯片

启动幻灯片放映的方法有很多，常用的有以下 3 种。

（1）选择"幻灯片放映"选项卡中的"从头开始""从当前幻灯片开始"或者"自定义幻灯片放映"按钮，如图 6-13 所示。

图 6-13 幻灯片放映

（2）按"F5"键，将从第一张幻灯片开始放映。

（3）单击窗口右下角的"放映幻灯片"按钮，将从演示文稿的当前幻灯片开始放映，如图 6-14 所示。

4. 排练计时

选择"幻灯片放映"选项卡，单击"设置"选项组中的"排练计时"按钮，如图 6-15 所示。将会自动进入放映排练状态，其左上角将显示  录制时间。

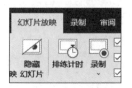

图 6-14 "放映幻灯片"按钮   图 6-15 排练计时

6.2.6 保存演示文稿

演示文稿制作完成之后需要保存起来以备后用。用户可以使用下面的方法保存演示文稿。

1. 通过"文件"选项卡

单击"文件"选项卡，在弹出的列表中选择"保存"或"另存为"命令。

2. 通过快速访问工具栏

直接单击快速访问工具栏中的"保存"按钮。

3. 通过快捷键

按 Ctrl+S 组合键。

如果演示文稿是第一次保存，系统会显示"另存为"对话框，由用户选择保存文件的位置和名称。

6.3 编辑幻灯片

6.3.1 任务导入："图书策划方案"的制作与编辑

为了更好地控制教材编写的内容、质量和流程，小李负责起草了图书策划方案。他将图书策划方案 Word 文档中的内容制作成了可以向教材编委会展示的 PowerPoint 演示文稿。请进一步美化已制作好的演示文稿。

案例素材 6-2：
"图书策划方案"的制作与编辑.rar

（1）将演示文稿中的第一页幻灯片调整为"仅标题"版式，并调整标题到合适的位置。

（2）在标题为"2012 年同类图书销量统计"的幻灯片页中，插入一个 6 行 6 列的表格，列标题分别为"图书名称""出版社""出版日期""作者""定价"和"销量"。

（3）在演示文稿的最后新建一张空白幻灯片，插入艺术字"谢谢"。

（4）在最后一张幻灯片中插入一张任务剪贴画。

（5）将幻灯片分为三节。

（6）为幻灯片编号。

（7）在该演示文稿中创建一个演示方案，该方案包括第 1、3、4、6 页幻灯片，并将该演示方案命名为"放映方案"。

（8）保存演示文稿，并将其命名为"图书策划方案.pptx"。

本任务的完成涉及幻灯片的版式更改、插入表格、添加新幻灯片和插入艺术字、插入剪贴画（联机图片）、幻灯片分节、添加幻灯片编号、设置幻灯片放映方式等演示文稿的编辑操作。

6.3.2　输入和编辑文本

1. 输入文本

在幻灯片中出现如图6-16所示的占位符，单击占位符，即可在其中插入闪烁的光标，而文字也将消失。

在光标处直接输入文字，完成后在占位符外侧单击即可。使用同样的方法在下面的副标题占位符中输入文字，如图6-16和图6-17所示。

图6-16　占位符

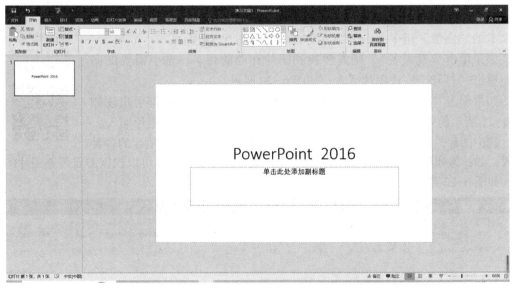

图6-17　输入文本

2. 编辑文本内容

输入文本后将其选中,在"开始"选项卡中,通过"字体"组可对其设置字体、字号等字符格式,如图6-18所示。通过"段落"组可对其设置对齐方式、项目符号、编号和缩进等格式,其方法和Word类似。

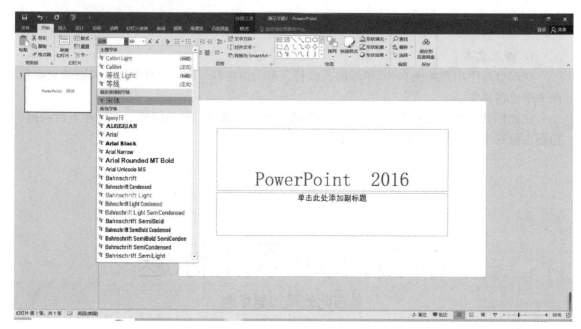

图 6-18　编辑文本

6.3.3　编辑幻灯片中的对象

1. 插入图片

打开需要编辑的演示文稿,选中要插入图片的幻灯片,在"插入"选项卡的"图像"组中单击"图片"按钮,如图6-19所示。

如果单击"此设备",则需要找到图片存储的目录,选中需要的图片,单击"打开"完成图片插入,如图6-20所示。

如果单击"联机图片"按钮并在搜索框中输入"头像",即可出现如图6-21所示的效果。选中需要的头像单击"确认"按钮完成图片插入。

选中图片,在功能区中单击"图片格式"按钮,可以完成图片的各种设置,如:饱和度、亮度、色调的调整、图片大小的裁剪等,也可以根据需要调整图片的位置,如图6-22所示。

案例素材6-3:编辑幻灯片中的对象.rar

微视频6-2:编辑幻灯片中的对象.mp4

图 6-19　"插入"→"图片"选项卡

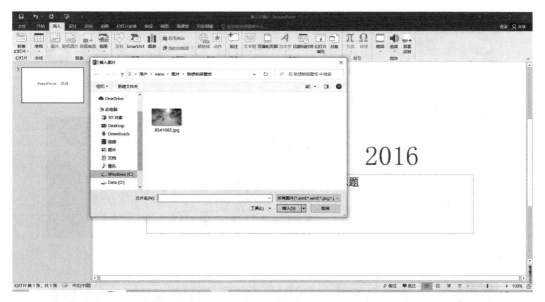

图 6-20 "插入图片"对话框

图 6-21 "联机图片"对话框

2. 插入屏幕截图

打开需要编辑的演示文稿，选中需要插入截图的幻灯片，单击"插入"选项卡组中的"屏幕截图"按钮，如图 6-23 所示。在弹出的对话框中可以看到当前的屏幕截图，也可以选择"屏幕剪辑"，选定截屏范围后自行截图。

3. 插入形状

打开需要编辑的演示文稿，选中要插入形状的幻灯片，选择"插入"选项卡，单击"插图"组中的"形状"按钮，如图 6-24 所示。在弹出的下拉列表中选择需要的形状或按钮，在幻灯片中拖动鼠标左键绘制形状和按钮。

图 6-22　插入图片

图 6-23　"插入"→"屏幕截图"选项卡

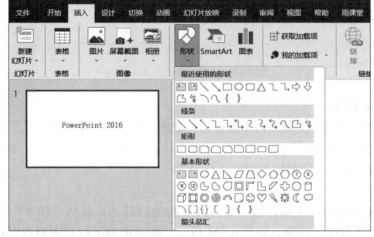

图 6-24　"插入"→"形状"选项卡

4. 插入 SmartArt 图形

在 PowerPoint 中可以插入 SmartArt 图形，其中包括列表图、流程图、循环图、层次结构图、关系图和矩阵图等。

选择"插入"选项卡，单击"插图"选项组中的"SmartArt"按钮，弹出"选择 SmartArt 图形"对话框，如图 6-25 所示。在对话框左侧可以选择 SmartArt 图形的类型，中间选择该类型中的一种布局方式，右侧则会显示该布局的说明信息。

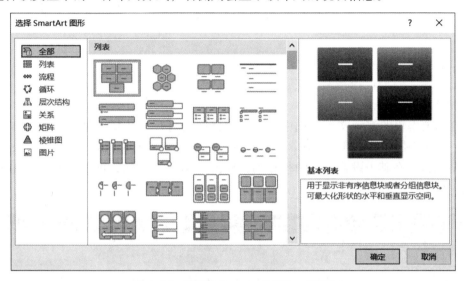

图 6-25 "选择 SmartArt 图形"对话框

5. 插入艺术字

打开需要编辑的演示文稿，选中要插入艺术字的幻灯片，选择"插入"选项卡，单击"文本"选项组中的"艺术字"按钮，在弹出的对话框中选择需要的艺术字样式，如图 6-26 所示。

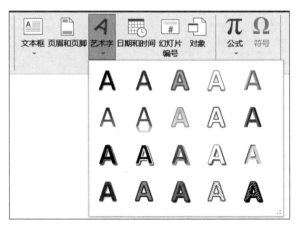

图 6-26 "插入"→"艺术字"对话框

幻灯片中出现一个艺术字文本框，直接在占位符中输入艺术字内容，根据需要调整位置、大小、样式和形状等，如图 6-27 所示。

图 6-27　插入艺术字

6. 插入表格

打开需要编辑的演示文稿，选中要插入表格的幻灯片。选择"插入"选项卡，单击"表格"选项组中的"表格"按钮，在弹出的菜单中选择"插入表格"命令，弹出"插入表格"对话框，在其中设置表格的行和列，单击"确定"按钮，即可在幻灯片中插入一个表格，如图 6-28 所示。

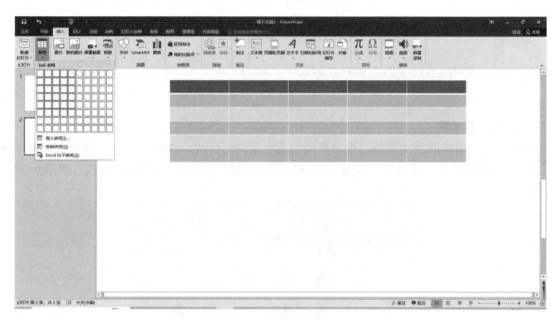

图 6-28　插入表格

可以对表格的大小和位置进行调整，然后在其中输入内容并设置格式。

7. 插入图表

PowerPoint 2016 中提供的图表功能可以将数据和统计结果以各种图表的形式显示出来，使数据更加直观、形象。

打开需要编辑的演示文稿，选中要插入图表的幻灯片。选择"插入"选项卡，单击"图表"按钮，在弹出的菜单中选择需要创建的图表类型，然后单击"确定"即可，如图 6-29 所示。在弹出的 Excel 表格数据区域中输入相对应的数据，如图 6-30 所示。选中插入的图表，在"图表工具"选项中可对图表进行相应设置。

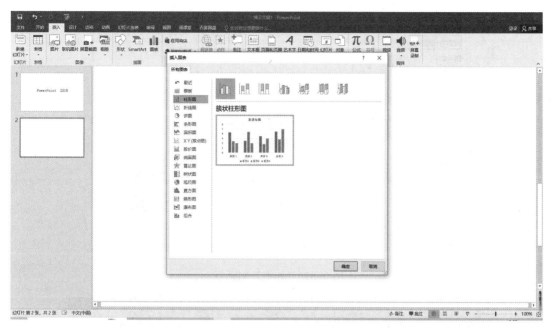

图 6-29 "插入图表"对话框

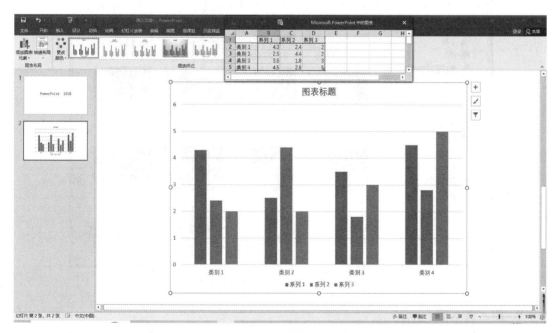

图 6-30 表格数据区域

8. 插入相册

选择"插入"选项卡，在"相册"选项组中单击"新建相册"按钮，弹出如图 6-31 所示的对话框。在对话框中单击"文件/磁盘"按钮，如图 6-32 所示。选择所需的图片，即可将其自动插入幻灯片中。

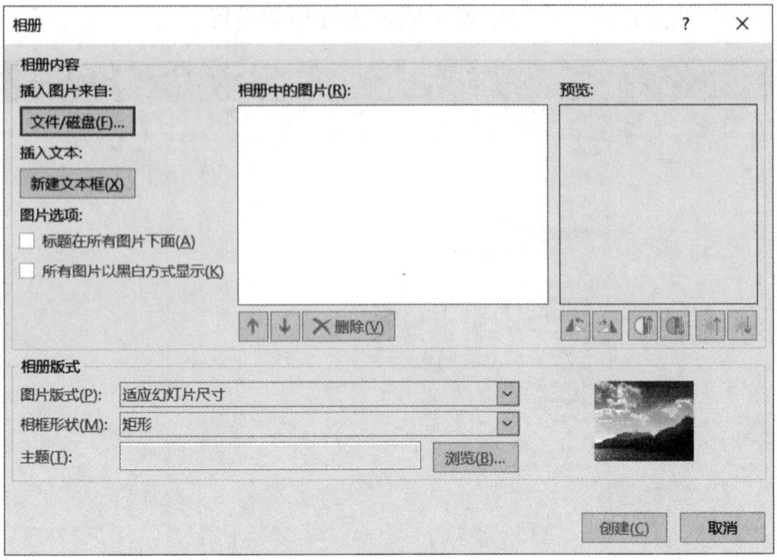

图 6-31 "相册"对话框

图 6-32 "插入新图片"对话框

9. 插入文本框

打开需要编辑的演示文稿,选中需要插入文本框的幻灯片,在"插入"选项卡中单击"文本框"按钮的下拉列表,选择"横排文本框"或者"竖排文本框"选项,如图 6-33 所示。即可在幻灯片中绘制文本框。

10. 插入公式或符号

打开需要编辑的演示文稿,选中要插入公式或符号的幻灯

图 6-33 插入文本框

片，在"插入"选项卡中单击"公式"或"符号"按钮，在弹出的列表框中选择需要的公式或需要输出的符号，如图 6-34 和图 6-35 所示。

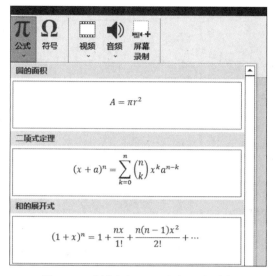

图 6-34 "插入"→"公式"选项卡

图 6-35 插入符号

6.3.4 添加幻灯片编号

打开需要编辑的演示文稿，在"插入"选项卡中单击"幻灯片编号"按钮，在弹出的"页眉和页脚"对话框中，勾选"幻灯片编号"复选框，如图 6-36 所示。单击"全部应用"按钮，在演示文稿"幻灯片/大纲"窗格的最左边就会显示编号，如图 6-37 所示。

如果想要标题幻灯片中不显示编号，则勾选"标题幻灯片中不显示"复选框。

图6-36 "页眉和页脚"对话框

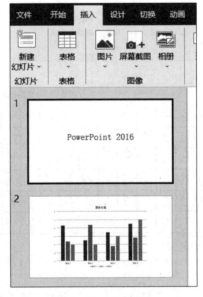

图6-37 插入编号

6.3.5 幻灯片分节

由于PPT演示文稿中有很多张不同类型的幻灯片，为了方便管理，可以对其设置分节管理。

需要选中分节的第一张幻灯片，右击，在弹出的快捷菜单中选择"新增节"命令，如图6-38所示。在弹出的对话框中输入名称可对该节命名，如图6-39所示。重复上述步骤可以设置更多的节。

案例素材6-4：幻灯片分节.rar

微视频6-3：幻灯片分节.mp4

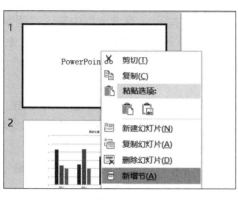

图 6-38 幻灯片分节

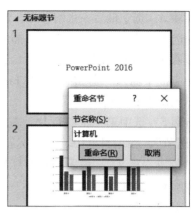

图 6-39 重命名节

6.3.6 添加批注

打开需要编辑的演示文稿，选中需要添加批注的对象，选择"插入"选项卡，单击"批注"按钮，右侧出现批注栏，可输入批注内容，在插入批注的位置出现批注图标，如图 6-40 所示。

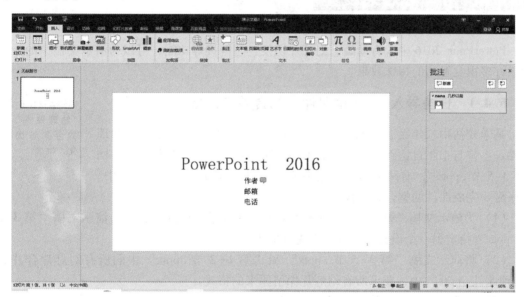

图 6-40 添加批注

6.3.7 "图书策划方案"的制作与编辑示例

"图书策划方案"的制作与编辑步骤如下：

步骤 1：打开演示文稿。选中第一张幻灯片，选择"开始"选项卡→"版式"，单击"仅标题"命令。然后拖动标题框到合适的位置。

步骤 2：选中第 7 张幻灯片，单击占位符中的"插入表格"按钮，在弹出的对话框中输入对应的行数 6 和列数 6，单击"确定"按钮即可。

微视频 6-4：
"图书策划方案"的制作与编辑 . mp4

步骤 3：选中最后一张幻灯片，选择"开始"选项卡→"新建幻灯片"，单击"空白"命令。选中新建的幻灯片，选择"插入"选项卡→"艺术字"，在文本框中输入"谢谢"。

步骤 4：选中最后一张幻灯片，选择"插入"选项卡→"图片"→"联机图片"，在搜索必应框中输入"剪贴画"，按 Enter 键。选择一张合适的人物图，单击"插入"按钮，将剪贴画调整到合适的位置。

步骤 5：选中第一张幻灯片，右击，选择"新增节"，选择"无标题"并右击，选择"重命名节"，在编辑框中输入"标题"。依此类推，第二张幻灯片到第八张幻灯片为第二节，命名为"正文"。最后一张幻灯片为第三节，重命名为"致谢"。

步骤 6：选择"插入"选项卡→"幻灯片编号"，在对话框中勾选"幻灯片编号"复选框，单击"全部应用"按钮。

步骤 7：选择"幻灯片放映"选项卡→"自定义幻灯片放映"→"自定义放映"，在对话框中单击"新建"按钮，在左侧列表中勾选幻灯片 1、3、4、6，单击中间的"添加"按钮。把自定义放映 1 改为"放映方案 1"

步骤 8：保存演示文稿，将其重命名为"图书策划方案.pptx"。

6.4 幻灯片效果设置

PowerPoint 2016 中含有动画、幻灯片切换、超链接等功能，可以为演示文稿中的元素提供许多视觉触动的特殊效果。

6.4.1 任务导入："物理课件"的合并与优化

案例素材 6-5："物理课件"的合并与优化.rar

某学校初中二年级五班的物理老师要求学生两人一组制作一份物理课件。小曾与小张自愿组合，他们制作完成的第一章后三节内容见文档"第 3-5 节.pptx"，前两节内容存放在文本文件"第 1-2 节.pptx"中。小张需要完成课件的整合，并优化课件。

（1）为演示文稿"第 1-2 节.pptx"指定一个合适的设计主题，为演示文稿"第 3-5 节.pptx"指定另一个设计主题，两个主题应不同。

（2）将演示文稿"第 3-5 节.pptx"和"第 1-2 节.pptx"中的所有幻灯片合并到"物理课件.pptx"中，要求所有幻灯片保留原来的格式。

（3）为第 4 张幻灯片的关系图添加适当的动画效果，要求同一级别的内容同时出现，不同级别的内容先后出现。

（4）将第 4 张、第 7 张幻灯片分别链接到第 3 张、第 6 张幻灯片的相关文字上。

（5）为第一张幻灯片添加背景图片。

（6）为幻灯片设置适当的切换方式，以丰富放映效果。

（7）为幻灯片添加背景音乐，并在幻灯片放映时开始播放。

完成本任务需进行幻灯片的主题设计、幻灯片的导入与合并、添加幻灯片对象的动画并设置效果、插入超链接、添加背景图片、添加幻灯片的切换方式并设置放映效果、插入音频并设置效果等相关设置操作。

6.4.2 动画

案例素材6-6：
动画.rar

微视频6-5：
动画.mp4

使用 PowerPoint 2016 提供的动画功能，用户可以为幻灯片中的文字、图片、图形、表格、公式、艺术字以及声音、视频等各种对象设置动画效果，控制它们在幻灯片放映时显示的顺序和方式，以控制播放流程，突出重点并提高演示文稿的趣味性。

1. 添加动画

打开需要编辑的演示文稿，在幻灯片中选择需要设置动画的对象，选择"动画"选项卡，单击"动画"组中的动画效果，在其中可以预览动画样式，如图 6-41 所示。

图 6-41 "动画"选项卡

2. 设置动画效果

（1）当幻灯片中的对象添加某一个动画之后，可以通过"效果选项"下拉列表设置动画的效果，如图 6-42 所示。也可以在"强调"效果里找到动画效果，突出主题，如图 6-43 所示。

（2）在"动画"选项卡的"高级动画"组中，可以利用"添加动画"按钮为同一幻灯片对象添加多个动画效果。当添加了多个动画效果后，该元素的左上方会显示动画的序号标识。

（3）在"高级动画"组中，可以单击"动画窗格"，在演示文稿的右侧出现动画窗格。右击动画窗格中的动画效果，可以设置动画的放映效果，如图 6-44 和图 6-45 所示。

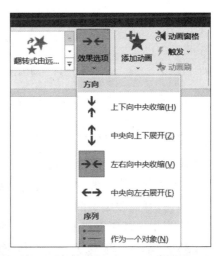

图 6-42 "效果选项"下拉列表

图 6-43 设置动画效果

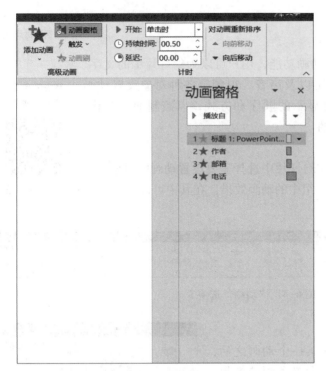

图 6-44　动画窗格　　　　　　图 6-45　"动画窗格"下拉选项

（4）在"计时"组中可以设置动画的开始方式、延迟时间、速度快慢以及动画排序。

6.4.3　设计幻灯片主题

PowerPoint 2016 提供了几十种主题模板，通过应用主题的方式，可以为整个演示文稿或演示文稿中的某几张幻灯片快速设置背景颜色、字体、水印等效果。

（1）打开需要编辑的演示文稿，选择"设计"选项卡"主题"组右侧的列表框，在"内置"栏中选择所需要的主题样式即可，如图 6-46 所示。

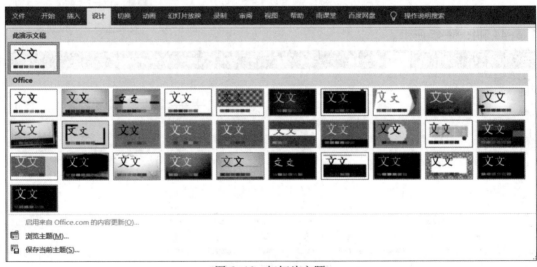

图 6-46　幻灯片主题

（2）单击"变体"组中的列表框，可以对选中的主题进行设置，如图 6-47 所示。

图 6-47 变体功能区

（3）如图 6-48 所示，单击"幻灯片大小"按钮，出现如图 6-49 所示的对话框，可以设置对应参数调整幻灯片大小。

图 6-48 设置幻灯片大小按钮

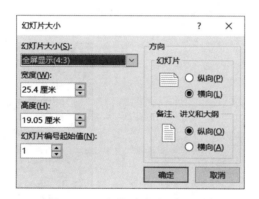

图 6-49 "幻灯片大小"对话框

6.4.4 幻灯片背景

在幻灯片中，如果只用白色作为背景，会显得单调，这时用户可根据演示文稿的具体需要设置幻灯片的背景。可以选择纯色或渐变色，也可以选择纹理或者图案，还可以选择计算机中的图片作为所有幻灯片的背景或者某一张幻灯片的背景，使整个演示文稿丰富起来。设置幻灯片的背景是快速改变幻灯片效果的方法之一。

打开需要编辑的演示文稿，单击"设置背景格式"按钮，在演示文稿的右侧出现幻灯片"设置背景格式"列表框，如图 6-50 所示。

（1）纯色填充：单击"颜色填充"按钮，可以为幻灯片填充颜色，如图 6-51 所示。

（2）渐变填充：渐变色是有两种或者两种以上颜色分布在画布上并均匀过渡。单击"渐变填充"，如图 6-52 所示。通过设置"预设渐变""类型""方向""角度""位置"和"透明度"等达到视觉要求。

案例素材 6-7：幻灯片背景设置 .rar;

微视频 6-6：幻灯片背景设置 .mp4

图 6-50 "设置背景格式"下拉列表

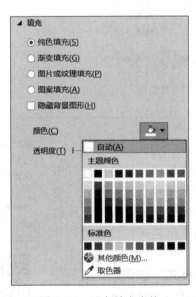

图 6-51 纯色填充窗格

图 6-52 渐变填充窗格

（3）图片或纹理填充：单击"图片或纹理填充"，如图 6-53 所示。设置"纹理""偏移量""对齐方式"等功能给幻灯片添加背景，也可以将插入文件中的图片作为幻灯片背景，如图 6-54 所示。

图 6-53　图片或纹理填充窗格

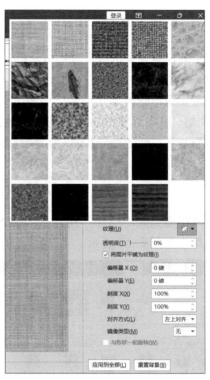

图 6-54　"纹理"对话框

（4）图案填充：单击"图案填充"，如图 6-55 所示。选择合适的图案设置前景色和背景色。

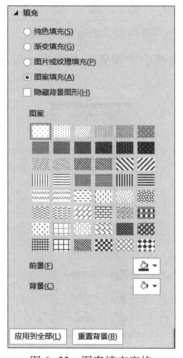

图 6-55　图案填充窗格

6.4.5 幻灯片切换

幻灯片的切换效果可以设置幻灯片的出现方式，使其放映方式变得更加灵活生动。

1. 添加切换效果

打开需要编辑的演示文稿，选中需要设置切换效果的幻灯片。在"切换"选项卡的"切换到此幻灯片"组中选择需要的切换效果，如图6-56所示。

图6-56 "切换"选项卡

（1）"切换到此幻灯片"组中的右侧列表框中显示了"细微""华丽"和"动态内容"等效果，如图6-57所示。

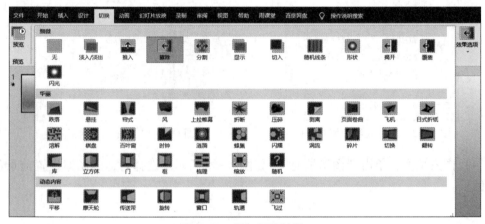

图6-57 添加切换效果

（2）设置"效果选项"。当选中"擦除"效果后，可通过"效果选项"下拉列表设置切换的效果，如图6-58所示。

图6-58 "效果选项"下拉列表

2. 设置切换效果

在"切换"选项卡的"计时"组中，可以根据需求设置幻灯片的切换效果，如设置换片方式、持续时间、延迟和添加声音等，如图 6-59 所示。

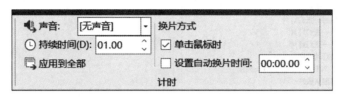

图 6-59　设置切换效果

6.4.6　创建超链接

幻灯片中的对象都可以实现超链接。超链接主要用于实现幻灯片之间或幻灯片与外部文件之间的跳转，使演示文稿的播放更加灵活多变，内容更加丰富多彩。

1. 创建超链接

可以在幻灯片的任意对象上设置超链接功能，如文本、图片、表格和各种自选图形、动作按钮等。

打开需要编辑的演示文稿，选定要设置超链接的幻灯片或者幻灯片中的对象。选择"插入"选项卡中的"链接"按钮，打开"插入超链接"对话框，如图 6-60 和图 6-61 所示。在对话框中选择合适的文件或文档位置，单击"确定"按钮即可完成。设置了超链接的文本内容会自动添加下画线，并显示配色方案所指定的颜色。幻灯片放映时，单击即可跳转到所设置的超链接目标。

图 6-60　"插入超链接"对话框 1

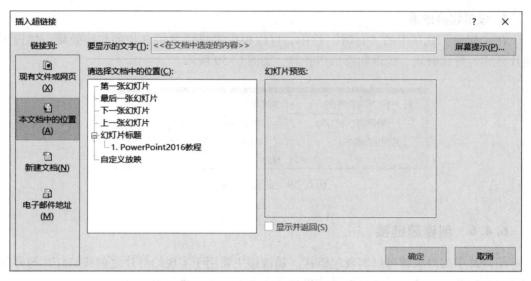

图6-61 "插入超链接"对话框2

选择"插入"选项卡中的"动作"按钮，打开"操作设置"对话框，如图6-62所示。同样根据要求设置链接目标，单击"确定"按钮即可，如图6-63所示。

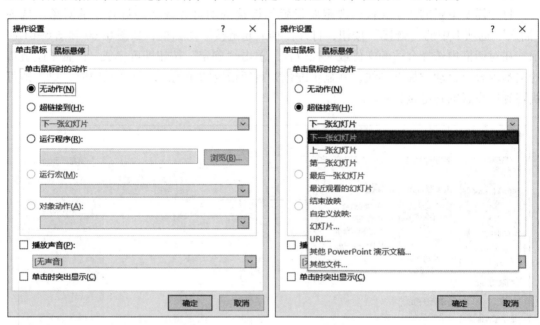

图6-62 "操作设置"对话框1   图6-63 "操作设置"对话框2

2. 修改、删除和打开超链接

对已设置超链接的文本或者对象，右击可打开"编辑超链接""删除超链接"和"打开超链接"，如图6-64所示。

图 6-64 编辑超链接

6.4.7 插入音频和视频

为了改善幻灯片放映时的视听效果，向幻灯片中插入音乐、声音和影片剪辑等多媒体对象，可使演示文稿更具吸引力。

1. 插入音频

打开需要编辑的演示文稿，选择"插入"选项卡，单击"音频"下拉列表中的"PC 上的音频"，如图 6-65 所示。弹出"插入音频"对话框，选择合适的音频文件，如图 6-66 所示，单击"插入"按钮即可。

图 6-65 "插入"→"音频"选项卡

案例素材 6-8：插入音频和视频 . rar；

微视频 6-7：插入音频和视频 . mp4

当插入音频文件后，在幻灯片中出现一个喇叭形状的音频图标，如图 6-67 所示。单击图标，显示"音频工具"选项卡中的"播放"和"音频格式"子选项卡，如图 6-68 所示。根据需要设置适当的效果。

图 6-66 "插入音频"对话框

图 6-67 音频图标

图 6-68 "播放"选项卡

2. 插入视频

选择"插入"选项卡,单击"视频"下拉列表中的"此设备",选择视频来源,如图 6-69 所示。当插入视频文件后,幻灯片上出现视频图标,如图 6-70 所示。单击视频图标,可以在"视频工具"选项卡的"播放和视频格式"子选项卡下进行相关设置,如图 6-71 所示。

图 6-69 "插入"→"视频"选项卡

图 6-70 插入视频

图 6-71 "播放"选项

6.4.8 应用母版

所谓幻灯片母版，实际上就是一张特殊的幻灯片，在它上面设置了可用于构建其他幻灯片的内容框架。

1. 幻灯片母版

打开需要编辑的演示文稿。在"视图"选项卡的"母版视图"组中单击"幻灯片母版"按钮，可以切换到幻灯片母版视图，如图 6-72 所示。在该视图模式下，用户对母版、母版的版式、母版的主题、背景、页面样式等进行设置。设置完成后，单击"关闭母版"按钮即可退出幻灯片母版。

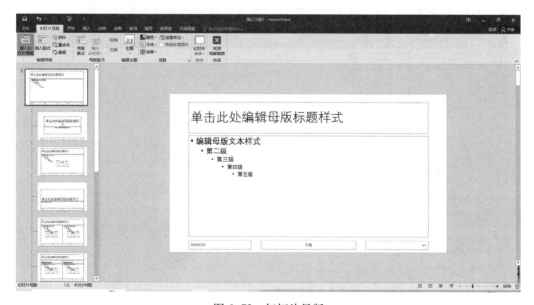

图 6-72 幻灯片母版

2. 讲义母版

在"视图"选项卡的"母版视图"组中单击"讲义母版"按钮,可以切换到讲义母版视图,如图 6-73 所示。讲义母版是为了方便演讲者在演讲演示文稿时使用的纸稿,纸稿中显示了每张幻灯片的要点内容。讲义母版就是设置要点内容在纸稿中的显示方式,制作讲义母版主要包括设置每页纸上显示的幻灯片数量、排列方式和页脚信息。当母版设置完成后,单击"关闭母版视图"按钮即可退出讲义母版。

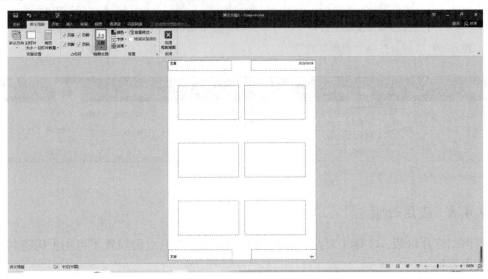

图 6-73　讲义母版

3. 备注母版

在"视图"选项卡的"母版视图"组中单击"备注母版"按钮,可以切换到备注母版视图,如图 6-74 所示。备注母版视图可以备注内容、占位符、主题、背景和页面等相关设置。当母版设置完成后,单击"关闭母版视图"按钮即可退出备注母版。

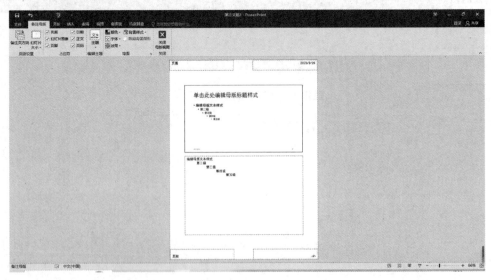

图 6-74　备注母版

6.4.9 "物理课件"的合并与优化示例

微视频 6-8：
"物理课件"
的合并与优
化.mp4

"物理课件"的合并与优化步骤如下。

步骤 1：打开演示文稿"第 1-2 节.pptx"，在"设计"→"主题"列表框中选择"画廊"选项，单击"保存"按钮保存文件。打开演示文稿"第 3-5 节.pptx"，在"设计"→"主题"列表框中选择"平面"选项，单击"保存"按钮保存文件。

步骤 2：新建一个演示文稿，并重命名为"物理课件.pptx"，选择"开始"→"新建幻灯片"→"重用幻灯片"，在演示文稿右侧单击"浏览"按钮，找到"第 1-2 节.pptx"文件，单击"打开"按钮，勾选"保留源格式"复选框，选择右侧需要加入的幻灯片即可。将光标定位到最后一张幻灯片之后，单击右侧的"浏览"按钮，找到"第 3-5 节.pptx"文件，单击"打开"按钮，勾选"保留源格式"复选框，选择右侧需要加入的幻灯片即可。

步骤 3：选中第 4 张幻灯片的 SmartArt 图形，选择"动画"→"浮入"，单击"效果选项"下拉列表中的"逐个级别"命令。

步骤 4：选中第 3 张幻灯片中的文字"物质的状态"。选择"插入"→"链接"，弹出"插入超链接"对话框，选择"本文档中的位置"列表中的第 4 张幻灯片，单击"确定"按钮。使用同样方法将第 7 张幻灯片链接到第 6 张幻灯片的相关文字上。

步骤 5：选中第 1 张幻灯片，选择"设计"→"设置背景格式"，在右侧窗格中单击"图片或纹理填充"，单击"浏览"按钮，在对话框中找到要插入的图片，单击"插入"按钮即可。

步骤 6：单击"切换"选项卡，选择一种切换方式，可选择"推进"选项，单击"效果选项"下拉按钮，从弹出的下拉列表中选择"自右侧"选项，再单击"计时"组中的"全部应用"按钮。

步骤 7：选中第 1 张幻灯片，选择"插入"→"音频"→"PC 上的音频"，在对话框中找到音频文件，单击"插入"按钮即可。选中幻灯片中的小喇叭，在"播放"选项卡的"音频选项"组中将"开始"设置为"自动播放"。

步骤 8：保存文件。

6.5 输出演示文稿

除了可以在本地计算机上播放外，演示文稿还有多种输出方法，以满足不同的需要。如使用打印机将演示文稿打印成幻灯片、讲义、备注、大纲视图等形式输出。也可以打包成能在未安装 PowerPoint 2016 的计算机上放映的文件或者刻录成自动播放的 CD 光盘。还可以将演示文稿输出为 Web 网页、图形格式等。

6.5.1 演示文稿的打印

打印演示文稿之前，一般要进行页面设置，确定打印的一些具体参数。选择"文件"

选项卡，单击"打印"按钮，如图 6-75 所示。在"设置"框中可以设置打印方式、打印的颜色等。

图 6-75 设置打印效果

6.5.2 演示文稿的导出

单击"文件"选项卡，单击"导出"，如图 6-76 所示。可以将文件导出为 PDF、视频、CD 等类型。

图 6-76 导出演示文稿

【本章小结】

本章主要讲解了 PowerPoint 2016 的主要功能操作，包括 PPT 的创建、版式设计、主题选择、内容编辑、动画设置以及放映设置等内容，读者

思政阅读 6-1：
大 人 不 华，
君子务实

应掌握本章所介绍的各种幻灯片设计技术，并应用于实际演示文稿编辑处理上。

【课后习题】

一、单项选择题

1. 在 PowerPoint 2016 中，执行插入新幻灯片的操作后，被插入的幻灯片出现在（ ）。

    A. 当前幻灯片之前   B. 当前幻灯片之后

    C. 最前   D. 最后

2. PowerPoint 2016 演示文稿默认的文件扩展名是（ ）。

    A. ppt   B. pps

    C. pptx   D. htm

3. 幻灯片的主题不包括（ ）。

    A. 主题动画   B. 主题颜色

    C. 主题字体   D. 主题效果

4. 在 PowerPoint 中，不属于文本占位符的是（ ）。

    A. 标题   B. 副标题

    C. 图表   D. 普通文本框

5. 在空白幻灯片中，不可以直接插入（ ）。

    A. 文本框   B. 数据库

    C. 艺术字   D. 表格

6. 在演示文稿中，插入超链接时，所链接的目标不能是（ ）。

    A. 另一个演示文稿   B. 同一个演示文稿中的某一张幻灯片

    C. 其他应用程序的文档   D. 某张幻灯片中的某个对象

7. 用户设置幻灯片放映时，不能设置的是（ ）。

    A. 幻灯片的放映范围   B. 选择以观众自行浏览方式放映

    C. 放映幻灯片大小的比例   D. 选择以演讲者放映方式放映

8. 下列关于 PowerPoint 2016 幻灯片打印的叙述中，正确的是（ ）。

    A. 只能从第一张开始打印

    B. 可以选择部分幻灯片打印

    C. 只能打印全部幻灯片

    D. 只能打印当前幻灯片

9. 在"动画"设置中可以为一种对象设置（ ）种动画效果。

    A. 一种   B. 不多于两种

    C. 多种   D. 以上都不对

10. 演示文稿中的每一张演示的单页称为（ ），它是演示文稿的核心。

    A. 版式   B. 模板

    C. 母版   D. 幻灯片

二、操作题

文慧是一名大一的新生，在新生开学的第一个班会上，需要制作一份宣传自己家乡的演示文稿，但她还没有学习 PowerPoint 2016，请你代为制作这份演示文稿，具体要求如下。

案例素材 6-9：
PPT 制作.rar；

（1）新建一个以"我的家乡"为主题的演示文稿。

（2）幻灯片的个数不少于 6 张。

微视频 6-9：
PPT 制作.mp4

（3）从家乡的地理位置、交通旅游、历史文化、家乡特产等几个方面进行介绍。

（4）每张幻灯片上的图片和文字要相互柔和。

（5）在幻灯片右上角插入家乡的名字，使每一张幻灯片上都有家乡的名字。

（6）版式设置、版面布局、动画设置、幻灯片的切换等自由创意。

（7）为该演示文稿添加背景音乐，并在幻灯片放映时开始播放直到放映结束。

（8）保存文件。

第 7 章
计算机网络基础知识

【本章导读】

如何让信息资源、计算资源充分共享，让多台计算机协同工作，一直是人们努力解决的问题。计算机网络是计算机技术与通信技术相结合的产物。随着计算机技术和通信技术的发展，计算机网络也在飞速地向前发展。如今，计算机网络已经成为信息存储、传播和共享的有力工具，成为信息交流的最佳平台。本章介绍了计算机网络的基本概念，网络系统结构，Internet 基础知识、移动互联网、互联网+的基本概念。

【学习目标】

（1）了解计算机网络基本知识；
（2）熟悉计算机网络的拓扑结构；
（3）理解移动互联网的基本概念；
（4）了解互联网+的基本应用；
（5）掌握局域网的基础知识。

7.1 计算机网络知识

计算机网络是将地理位置不同且具有独立功能的多台计算机及其外部设备，通过通信线路连接起来，在网络操作系统、网络管理软件及网络通信协议的管理和协调下，实现资源共享和信息传递的计算机系统。本节将从计算机网络的形成与发展、计算机网络的功能、计算机网络类型、计算机网络的体系结构来介绍计算机网络基本概念和相关知识。

7.1.1 计算机网络的形成与发展

与计算机发展进程类似，计算机网络也经历了四个阶段。

1. 第一代计算机网络——面向终端设备的计算机网络

从 20 世纪 50 年代中期开始至 20 世纪 60 年代，以单个计算机为中心的远程联机系统，构成面向终端的计算机网络，称为第一代计算机网络。

这一阶段计算机网络的主要特点是：数据集中式处理，数据处理和通信处理都通过主机完成，这样数据的传输速率就受到了限制。而且系统的可靠性和性能完全取决于主机的可靠性和性能，但这样却能便于维护和管理，数据的一致性也较好。然而主机的通信开销较大，通信线路利用率低，对主机依赖性大。

2. 第二代计算机网络——以通信子网为中心

从20世纪60年代中期开始进行主机互联，多个独立的主计算机通过线路互联构成计算机网络，无网络操作系统，只是通信网。20世纪60年代后期，ARPANET网出现，称为第二代计算机网络。

这阶段虽然有两大标志性成果，并建立了计算机与计算机的互联与通信，实现了计算机资源的共享。但缺点是没有形成统一的互联标准，使网络在规模与应用等方面受到了限制。

3. 第三代计算机网络——体系结构标准化

20世纪70年代至80年代中期，以太网产生，ISO（International Organization for Standardization）制定了网络互联标准OSI（Open System Interconnection），世界上具有统一的网络体系结构，遵循国际标准化协议的计算机网络迅猛发展，这阶段的计算机网络称为第三代计算机网络。

该阶段是在ARPANET的基础上，形成了以TCP/IP为核心的因特网。任何一台计算机只要遵循TCP/IP协议簇标准，并有一个合法的IP地址，就可以接入Internet。TCP和IP是Internet所采用的协议簇中最核心的两个，分别称为传输控制协议（Transmission Control Protocol，TCP）和互联网协议（Internet Protocol，IP）。

4. 第四代计算机网络——信息高速公路

从20世纪90年代中期开始，计算机网络向综合化、高速化发展，同时出现了多媒体智能化网络，发展到现在已经是第四代了。局域网技术发展成熟，第四代计算机网络就是以千兆位传输速率为主的多媒体智能化网络。

该阶段在计算机通信与网络技术方面以高速率、高服务质量、高可靠性等为指标，出现了高速以太网、VPN、无线网络、P2P网络、NGN等技术，计算机网络的发展与应用渗入了人们生活的各个方面，进入一个多层次的发展阶段。

7.1.2 计算机网络的功能

计算机网络与通信网的结合，可以使众多的个人计算机不仅能够同时处理文字、数据、图像、声音等信息，而且还可以使这些信息四通八达，及时与全国乃至全世界的信息进行交换。计算机网络的主要功能归纳起来主要有以下几点。

1. 数据通信

数据通信是计算机网络最基本的功能，它为网络用户提供了强有力的通信手段。计算机网络的其他功能都是在数据通信功能基础之上实现的，例如发送电子邮件、远程登录、远程会议、WWW等。

2. 资源共享

资源共享包括硬件、软件和信息资源的共享，它是计算机网络最有吸引力的功能。资源共享指的是网上用户能够部分或全部地使用计算机网络资源，使计算机网络中的资源互通，从而大大地提高了各种硬件、软件和信息资源的利用率。

3. 均衡负荷与分布式处理

负载均衡同样是计算机网络的一大特长。例如一个大型的 ICP，为了支持更多的用户访问它的网站，在全世界多个地方放置了相同内容的 WWW 服务器，通过一定技巧使不同地域的用户看到放置在离他最近的服务器上的页面，这样来实现各服务器的负荷均衡，实现分布处理的目的。此外，利用网络技术，还能将多台计算机连成具有高性能的计算机系统，以并行的方式共同来处理一个复杂的问题，这就是当今称之为协同式计算机的一种网络计算模式。

4. 提高可靠性

计算机系统可靠性的提高主要表现在计算机网络中每台计算机都可以依赖计算机网络相互为后备机，一旦某台计算机出现故障，其他的计算机可以马上承担起原先由该故障机所担负的任务，避免了系统的瘫痪，从而使计算机的可靠性得到了大大的提高。

7.1.3　计算机网络的类型

计算机网络分类的标准很多，如按覆盖范围、传输介质、拓扑结构等。

1. 按覆盖范围分类

（1）局域网

局域网（LAN）是在局部区域范围内将计算机、外设和通信设备通过高速通信线路互联起来的网络系统。常见于一栋大楼、一个校园或一个企业内。局域网所覆盖的区域范围较小，一般为几米甚至十几千米，但其连接速率较高。局域网在计算机数量配置上没有太多的限制，少的可以只有两台，多的可达上千台。常见的局域网有以太网、令牌环网等。

（2）城域网

城域网（MAN）的覆盖范围在局域网和广域网之间，一般来说，是将一个城市范围内的计算机互联，这种网络的连接距离约为 10~100 千米。城域网在地理范围上可以说是局域网的延伸，连接的计算机数量更多。

（3）广域网

广域网（WAN）也称为远程网，所覆盖的地理范围可从几十平方千米到几千平方千米，它一般是将不同城市或不同国家之间的局域网互联起来。广域网是由终端设备、节点交换设备和传送设备组成的，设备间的连接通常是租用电话线或用专线建造的。

（4）因特网

因特网（Internet）并不是一种具体的网络技术，它是将同类和不同类的物理网络（局域网、广域网、城域网）通过某种协议互联起来的一种高层技术。

2. 按传输介质分类

（1）有线网络

同轴电缆：同轴电缆由内导体、绝缘层、网状编织屏蔽层和塑料外层构成。

双绞线：双绞线是最常用的古老传输介质，它由两根采用一定规格并排绞合的、相互绝缘的铜导线组成。绞合可以减少对相邻导线的电磁干扰，为了进一步提高抗电磁干扰能力，可在双绞线的外面再加上一个由金属丝编织成的屏蔽层，这就是屏蔽双绞线。

光纤：光纤通信就是利用光导纤维传递光脉冲进行通信。有光脉冲表示 1，无光脉冲表示 0，可见光的频率为 108 MHz，可见光纤维通信系统的带宽范围极大。

不同种类的网络媒体如图 7-1 所示。

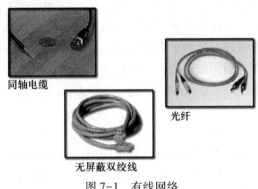

图 7-1　有线网络

（2）无线网络

与有线网络不同，无线网络采用无线传输介质作为通信介质，目前流行的无线通信介质包括无线电、微波和红外系统等，图 7-2 所示为典型无线局域网示意图。

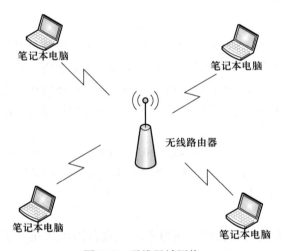

图 7-2　无线局域网络

3. 按网络拓扑结构分类

网络拓扑结构是指用传输介质互联各种设备的物理布局。它将工作站、服务器等网络单元抽象为"点"，网络中的通信介质抽象为"线"，从而抽象出网络系统的具体结构。常见的计算机网络的拓扑结构有星形、环形、总线型、树形和网状。

（1）星形拓扑结构

星形拓扑结构的各节点通过点到点的链路与中央节点连接，如图 7-3 所示。

中央节点可以是转接中心，起到连通的作用；也可以是一台主机，此时具有数据处理和转接的功能。

优点：很容易在网络中增加和移动节点，容易实现数据的安全性和优先级控制。

缺点：属于集中控制，对中央节点的依赖性大，一旦中心节点有故障就会引起整个网络的瘫痪。

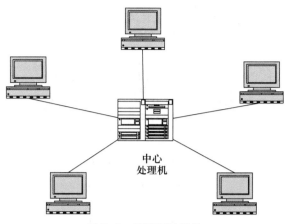

图 7-3　星形拓扑结构

（2）环形拓扑结构

在环形拓扑结构中，计算机通过硬件接口入网，这些接口首尾相连成一条链路。信息传送也是广播式的，沿着一个方向（如逆时针方向）单向逐点传送，如图 7-4 所示。

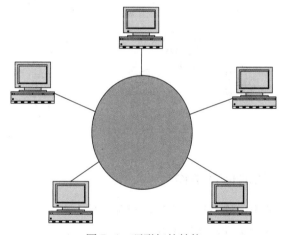

图 7-4　环形拓扑结构

（3）总线型拓扑结构

如图 7-5 所示，总线型拓扑结构采用一条公共总线作为传输介质，每台计算机通过相应的硬件接口入网。信号沿总线进行广播式传送，是典型的共享传输介质的网络。从信源所发的信息会传送到介质长度所及之处，被其他所有站点看到。如果有两个以上的节点同时发送数据，可能会造成冲突，就像公路上的两车相撞一样。

（4）树形结构

在树形拓扑结构中，网络的各节点形成了一个层次化的结构。树中的各个节点通常都为主机。树中低层主机的功能和应用有关，一般都具有明确定义功能，如数据采集、变换等；高层主机具备通用的功能，以便协调系统的工作，如数据处理、命令执行等。

（5）网状拓扑结构

网状拓扑结构的节点之间的连接是任意的，没有规律，如图 7-6 所示。其主要优点是可靠性高，但结构复杂，必须采用路由选择算法和流量控制方法。广域网基本上都是采用网状拓扑结构。

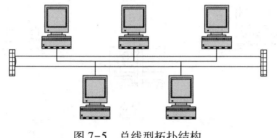

图 7-5　总线型拓扑结构

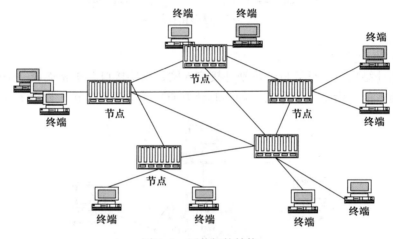

图 7-6　网状拓扑结构

7.1.4　计算机网络的体系结构

网络体系结构是指整个网络系统的逻辑组成和功能分配，定义和描述了一组用于计算机及其通信设施之间互联的标准和规范的集合。

1. 什么是协议？

在计算机网络中，为使计算机之间或计算机与终端之间能正确地传送信息，必须在有关信息顺序、信息格式和信息内容等方面有一组约定或规则，这些约定或规则即是网络协议。

2. 协议三要素

语义：语义规定通信的双方准备"讲什么"，即需要发出何种控制信息，完成何种动作以及做出何种应答。

语法：语法规定了通信双方"如何讲"，即确定用户数据与控制信息的结构与格式。

时序：时序又可称为"同步"，规定了双方"何时进行通信"，即事件实现顺序的详细说明。

3. 网络协议分层

1984 年，国际标准化组织（ISO）发表了著名的 ISO/IEC7498 标准，定义了网络互联的 7 层框架，这就是开放系统互连参考模型，即 OSI 参考模型，如图 7-7 所示。

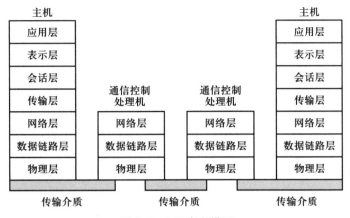

图 7-7　OSI 参考模型

　　OSI 参考模型的最高层为应用层，面向用户提供网络应用服务；最低层为物理层，与通信介质相连实现真正的数据通信。两个用户计算机通过网络进行通信时，除物理层之外，其余各对等层之间均不存在直接的通信关系。

　　(1) 物理层

　　物理层的主要任务就是透明地传送二进制比特流，但物理层并不关心比特流的实际意义和结构，只是负责接收和传送比特流。

　　(2) 数据链路层

　　数据链路层的主要任务是：在两个相邻节点间的线路上无差错地传送以帧 (Frame) 为单位的数据，并产生和识别帧边界。

　　(3) 网络层

　　网络层的主要任务是：进行路由选择，以确保数据分组从发送端到达接收端，并在数据分组发生阻塞时进行拥塞控制。

　　(4) 传输层

　　传输层的主要任务是：为上一层进行通信的两个进程之间提供一个可靠的端到端服务，使传输层以上的各层不再关心信息传输的问题。

　　(5) 会话层

　　会话层的主要任务是：针对远程访问进行管理 (比如断点续传)，包括会话管理、传输同步以及数据交换管理等。

　　(6) 表示层

　　表示层的主要任务是：处理在多个通信系统之间交换信息的表示方式，包括数据格式的转换、数据加密与解密、数据压缩与恢复等。

　　(7) 应用层

　　应用层的主要任务是：为网络用户或应用程序提供各种服务，如文件传输、电子邮件、网络管理和远程登录等。

　　在改进的 TCP/IP 网络体系结构中，网络分为 5 个层次，自下而上依次是物理层、数据链路层、网络层、传输层和应用层。每一层都有可能存在安全隐患，为了保证高强度的网络安全性，针对不同层次均有不同的安全解决方案。

对于数据链路层，可以采用加密保证数据链路层中传输数据的安全性；在网络层，可以采用 IP 层加密来保证 IP 数据传输的安全性，也可以采用防火墙、VPN 技术，以至在 IP 层上保证用户对网络的访问控制；在应用层，可以采用加密来保证应用数据的保密性，也可以采用数字签名、身份认证等技术增加应用的安全性。

4. TCP/IP 参考模型

20 世纪 80 年代末，美国国家科学学会借鉴 ARPANET 的 TCP/IP 技术建立了 NSFNET。NSFNET 使越来越多的网络互联在一起，最终形成了今天的 Internet。TCP/IP 也因此成了 Internet 上广泛使用的标准网络通信协议。

TCP/IP 实际上是一个协议簇。所有协议都包含在 TCP/IP 协议簇的 4 个层次中，形成了 TCP/IP 协议栈，如图 7-8 所示。

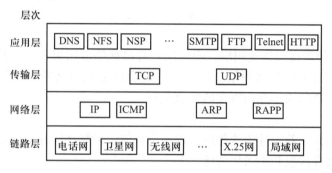

图 7-8　TCP/IP 协议栈

7.2　认识 Internet

Internet（因特网）是一个开放、互联、覆盖全球的计算机网络系统，是不同类型计算机交换各类信息的媒介，具有世界上最丰富的信息资源。

7.2.1　Internet 的发展

Internet 的起源可以追溯到 ARPANET，是美国 1969 年为支持国防研究项目而建立的一个试验网络。该网络将美国许多大学和研究机构从事国防研究项目的计算机连接到一起，是一个广域网，是一个用于科研和军事的网络。20 世纪 70 年代末，随着大规模集成电路技术的发展，大量小型和卫星计算机涌现，许多局域网技术开始发展。小型和卫星计算机在小范围内通过局域网互联，并产生了远程相互通信的需要。

7.2.2　TCP/IP

TCP/IP 是主流的通信协议，是传输层和网络层比较重要的协议，分别是传输控制协议 TCP 和网际协议 IP。

TCP 和 IP 的区别：TCP 应用于程序之间的通信，使用固定的连接。当应用程序希望通过 TCP 与另一个应用程序通信时，它会发送一个通信请求。这个请求必须被送到一个确切的地址。在双方"握手"之后，TCP 将在两个应用程序之间建立一个全双工（full-duplex）的通信。IP 用于计算机之间的通信。IP 是无连接的通信协议。它不会占用两个正在通信的计算机之间的通信线路。这样，IP 就降低了对网络线路的需求。每条线可以同时满足许多不同的计算机之间的通信需要。

TCP/IP 意味着 TCP 和 IP 在一起协同工作。TCP 负责应用软件（比如浏览器）和网络软件之间的通信，IP 负责计算机之间的通信。

7.2.3 IP 地址与域名

微视频 7-1：IP 地址与域名.mp4

1. IP 地址

IP 地址是指互联网协议地址（Internet Protocol Address）。是 IP 提供的一种统一的地址格式，它为互联网的每一台主机分配一个逻辑地址，以此来屏蔽物理地址的差异。

目前网络上运行的 IP 版本为 4，即 IPv4，共有 32 位，可以表示 2^{32} 个地址。但是随着计算机的发展，32 位的 IPv4 已经不能完全满足用户的需求。因此需要新的协议来解决 IPv4 地址不够的问题，因此在计算机中，还可以看到 IPv6，共 128 位，可以表示 2^{128} 台计算机或互联设备。

2. 域名

域名其实就是由一串用点分隔的名字组成的 Internet 上某一台计算机或计算机组的名称。简单来说，我们访问一个网站，会在浏览器中输入网址，进入浏览。这里说的网址，就是域名，例如 www.baidu.com。

常用的 Internet 顶级域名代码如表 7-1 所示。

表 7-1 常见域名代码表

域 名	说 明	域 名	说 明
edu	教育和科研机构	org	其他组织
com	商业机构	net	网络机构
mil	军事机构	cn	中国
gov	政府机构	int	国际组织

3. IP 地址设置

使用宽带路由器时，一般建议手工指定计算机的 IP 地址和 DNS 等参数，设置方法参考如下。

（1）单击计算机桌面上的"开始"，单击"设置"，选择"网络和 Internet"，如图 7-9 所示。

（2）在弹出的页面中找到并选择"更改适配器选项"，如图 7-10 所示。

（3）在出现的页面中右击"WLAN"，单击"属性"按钮，如图 7-11 所示。

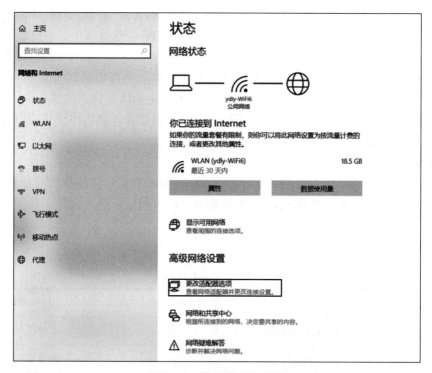

图 7-9 网络设置

图 7-10 适配器更改选项

图 7-11 网络属性

（4）选择"Internet 协议版本 4（TCP/IPv4）"，单击"属性"，如图 7-12 所示。

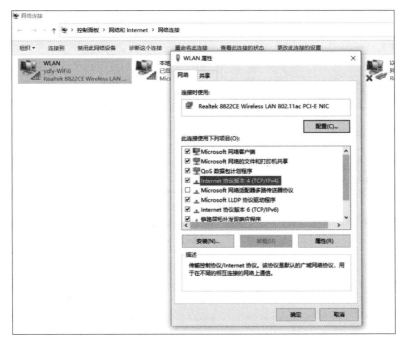

图 7-12 TCP/IP 属性

（5）如图 7-13 所示，单击"选择下图的 IP 地址"按钮，输入 IP 地址，单击"确定"按钮即可。

图 7-13 TCP/IP 属性对话框

4. 本机 IP 地址查看

（1）单击计算机的开始图标，在输入栏里输入"CMD"，如图 7-14 所示。

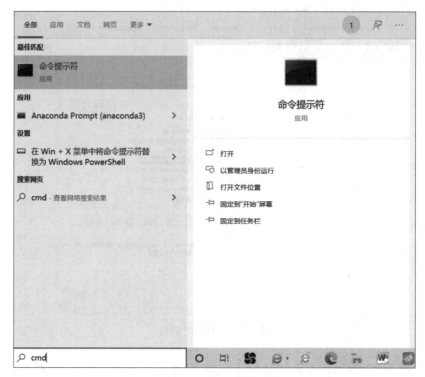

图 7-14 提示符命令

（2）找到"命令提示符"并打开，如图 7-15 所示。

图 7-15 命令提示符框

（3）在闪烁的光标处输入 IPCONFIG，然后按 Enter 键即可查看 IP 地址，如图 7-16 所示。

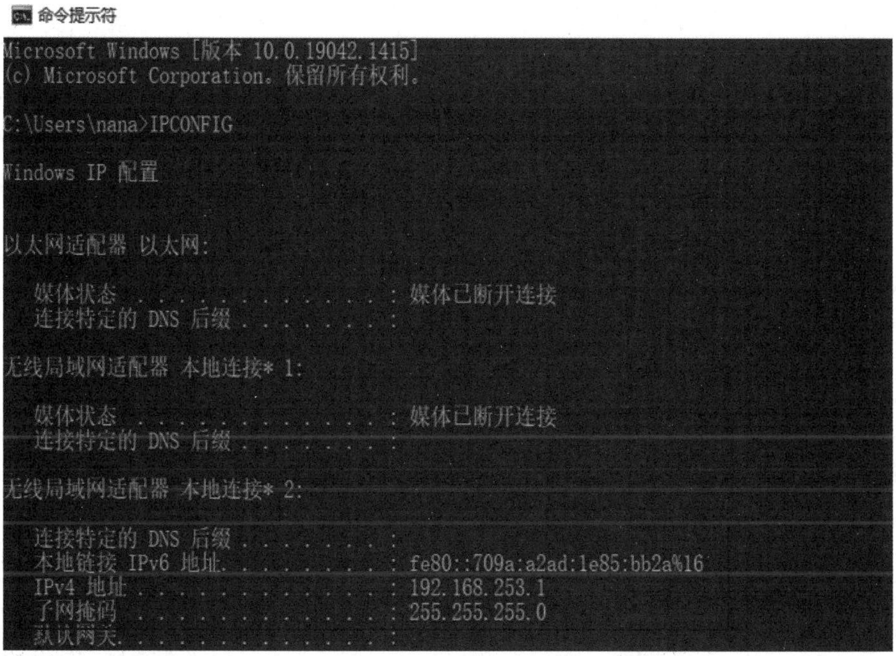

图 7-16　IP 地址

7.2.4　Internet 提供的信息服务

1. WWW 服务

WWW（万维网）是由欧洲粒子物理实验室（CERN）研制的，将位于全世界 Internet 上不同地点的相关数据信息有机地编织在一起。WWW 提供友好的信息查询接口，用户仅需要提出查询要求，而到什么地方查询及如何查询则由 WWW 自动完成。

2. 信息搜索服务

Internet 上提供了成千上万个信息源和各种各样的信息服务，而且信息源和服务种类、数量还在不断、快速地增长。在 Internet 中有许多不同类型的搜索工具，如 WAIS、Archie、Veronia、Jughead 等，它们都有各自不同的搜索目的。

3. FTP 文件传输服务

文件传送协议（File Transfer Protocol，FTP）是 Internet 文件传送的基础。通过该协议，用户可以从一个 Internet 主机向另一个 Internet 主机复制文件。FTP 曾经是 Internet 中的一种重要的交流形式。目前，人们常常用它来从远程主机中复制所需要的各类软件。

4. E-mail 服务

电子邮件是 Internet 最基本的功能之一，例如图 7-17 所示的 QQ 邮箱，在浏览器技术产生之前，Internet 上用户之间的交流大多是通过 E-mail 进行的。由于计算机能够自动响应电子邮件，任何一台连接 Internet 的计算机都能够通过 E-mail 访问 Internet 服务。

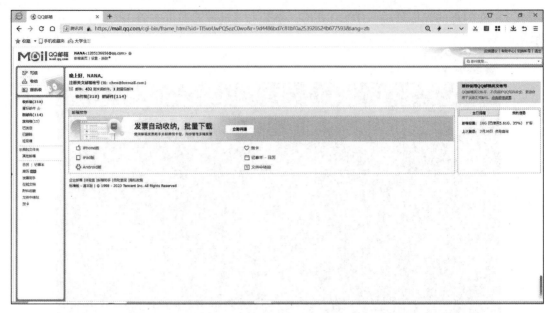

图 7-17　E-mail 示例

5. Telnet 远程登录服务

Telnet 是 Internet 的远程登录协议，计算机通过 Internet 网络登录到另一台远程计算机上。Telnet 的主要用途是使用远程计算机上所拥有的信息资源。

6. 社交服务

通过计算机上安装的各种应用程序，如 Facebook、微博、人人、QQ 空间、博客、论坛、朋友圈等，来与网络上的其他用户进行交流、沟通。

7.3　移 动 互 联 网

移动互联网（Mobile Internet，MI）。近年来，随着新技术的迅猛发展和人们需求的不断提升，移动通信和互联网的快速发展已成为一种必然的趋势，其在全球范围内成了信息通信领域增长最快的两大产业。

7.3.1　移动互联网概述

1. 移动互联网概念

移动互联网不是新建一张新的移动网络或者互联网，而是在现有的移动网和互联网基础上，为用户提供互联网业务的网络与服务体系。移动互联网是移动通信和互联网融合的产物，它整合了互联网的连接功能、无线通信的移动性以及智能移动终端的计算功能，并呈现出数字化和 IP 化的发展特点。伴随着移动网络的互联网融合的扩大和深入，能够为用户提供更具移动性的、深入人们生产生活的、安全的网络与服务体系。

2. 移动互联网的特征

移动互联网有别于传统的互联网，具备以下四个特点：移动性、个性化、私密性和融合性。

（1）移动性

相对于固定互联网，移动互联网灵活、便捷、高效、移动终端体积小而易于便携。移动互联网里包含了各种适合移动应用的信息，用户可以随时随地进行采购、交易、质询、决策、交流等各类活动。移动性带来接入便捷、无所不在的连接以及精确的位置信息，而位置信息与其他信息的结合蕴藏着巨大的业务潜力。

（2）个性化

移动互联网创造了一种全新的个性化服务理念和商业运作模式。对于不同用户群体和个人的不同爱好和需求，为他们量身定制出多种差异化的信息，并通过不受时空地域限制的渠道，随时随地传送给用户。终端用户可以自由自在地控制所享受服务的内容、时间和方式等，移动互联网充分实现了个性化的服务。

（3）私密性

移动互联网业务的用户一般对应着一个具体的移动话音用户，即移动话音、移动互联网业务承载在同一个个性化的终端上。而移动通信终端的私密性是与生俱来的，因此移动互联网业务也具有一定的私密性。同时，移动通信技术本身具有的安全和保密性能与互联网上的电子签名、认证等安全协议相结合，可以为用户提供服务的安全性保证。

（4）融合性

首先，移动话音和移动互联网业务的一体化导致了业务融合。其次，手机终端趋向于变成人们随身携带的电子设备，其功能集成度越来越高。

7.3.2 移动互联网体系结构

1. 移动互联网的体系结构

从宏观角度来看，移动互联网由移动终端和移动子网、接入网络、核心网络 3 部分组成，如图 7-18 所示。

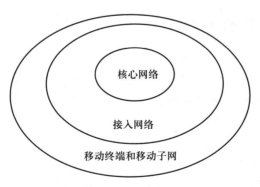

图 7-18 互联网体系结构

2. 移动互联网架构

移动互联网技术架构主要是以网络之间、设备之间以及应用之间的交互作用为宏观环境，对移动互联网的内容、连接以及消费的三层内容的整合，是通过某种连接来进行内容的消费。连接层的主要功能是网络接入，是网络供应商提供的网络服务；消费层是用户使用的各种移动终端,是移动互联网的接受者;内容层则是由各个内容供应商所管理的存储内容的服务器。

在移动互联网技术架构的各层中,又可以细分为多个要素,而要素内部又可以分为平台层、中间层和应用层三个层面。其中中间层又可以称为移动互联网层,主要由平台支持与互联网核心两个模块构成,是对平台层与应用层的连接。应用层则是通过应用开发接口来实现移动互联网访问的功能。平台层是以操作系统为基础,由硬件平台以及设备驱动器组成。平台层经由 PAI 将网络功能通过移动互联网层与应用层进行连接,从而实现各种服务。

移动互联网技术架构的交互模式主要由消息、浏览以及丰富通话三方面的模式组成。消息并不是实时交互,而是更加灵活的基于储存转发、索取以及推送功能的消息。浏览交互模式是一种实时通信,包括音频、视频等流媒体的传输,通过多媒体来实现对网络内容的浏览。丰富通话是移动网络的另一个主要交互模式,可以实现语音与视频的呼叫,同时对实时通信元素进行并发通信。

7.3.3 移动互联网的业务体系

移动互联网的业务体系主要包括三类。

(1)移动通信业务的互联网化。将传统的移动通信业务接入互联网,使用户既能享受移动通信的便捷,又能更加灵活地接入互联网、更加快速地与其他用户和设备共享信息、更加高效地处理和完成相关业务。

(2)互联网业务的移动化。将传统个人计算机上的互联网业务在移动终端上呈现,从而实现固定互联网业务的移动化。

(3)基于移动互联网进行业务创新。综合运用移动通信与互联网技术,进行有别于固定互联网的业务创新,其中的关键在于如何聚合互联网的网络与应用能力和移动通信的网络能力,从而创新出适合移动互联网的互联网业务。

7.3.4 移动互联网的发展趋势

1. 实现技术多样化

移动互联网是电信、互联网、媒体、娱乐等产业融合的汇聚点,各种宽带无线通信、移动通信和互联网技术都在移动互联网业务上得到了很好的应用。从长远来看,移动互联网的实现技术多样化是一个重要趋势。

2. 商业模式多元化

成功的业务,需要成功的商业模式来支持。移动互联网业务的新特点为商业模式创新提供了空间。目前,流量、广告这些传统的盈利模式仍然是移动互联网盈利模式的主体,而新型广告、多样化的内容和增值服务则成为移动互联网企业在盈利模式方面主要的探索方向。

3. 参与主体的多样性

移动互联网时代是融合的时代,是设备与服务融合的时代,是产业间互相进入的时代。在这个时代,移动互联网业务参与主体的多样性是一个显著的特征。

7.4 互联网+

思政阅读7-1：
中国互联网
的发展历程

新一代信息技术的发展又推动了创新 2.0 模式的发展和演变，Living Lab（生活实验室、体验实验区）、Fab Lab（个人制造实验室、创客）、AIP（"三验"应用创新园区）、Wiki（维基模式）、Prosumer（产消者）、Crowdsourcing（众包）等典型创新 2.0 模式不断涌现。新一代信息技术与创新 2.0 的互动与演进推动了"互联网+"的出现。互联网随着信息通信技术的深入应用带来的创新形态演变，本身也在演变并与行业新形态相互作用共同演化，如同以工业 4.0 为代表的新工业革命以及 Fab Lab 及创客为代表的个人设计、个人制造、群体创造。可以说"互联网+"是新常态下创新驱动发展的重要组成部分。

7.4.1 "互联网+"的概念

"互联网+"是两化融合的升级版，将互联网作为当前信息化发展的核心特征提取出来，并与工业、商业、金融业等全面融合。这其中关键就是创新，只有创新才能让这个+真正有价值、有意义。正因为此，"互联网+"被认为是创新 2.0 下的互联网发展新形态、新业态，是知识社会创新 2.0 推动下的经济社会发展新形态演进。

通俗来说，"互联网+"就是"互联网+各个传统行业"，但这并不是简单的两者相加，而是利用信息通信技术以及互联网平台，让互联网与传统行业进行深度融合，创造新的发展生态。

7.4.2 "互联网+"的特征

"互联网+"有六大特征。

1. 跨界融合

"+"就是跨界，就是变革，就是开放，就是重塑融合。敢于跨界了，创新的基础就更坚实；融合协同了，群体智能才会实现，从研发到产业化的路径才会更垂直。融合本身也指代身份的融合，客户消费转化为投资，伙伴参与创新等，不一而足。

2. 创新驱动

粗放的资源驱动型增长方式需要转变到创新驱动发展这条正确的道路上来。这正是互联网的特质，用所谓的互联网思维来求变、自我革命，也更能发挥创新的力量。

3. 重塑结构

信息革命、全球化、互联网已打破了原有的社会结构、经济结构、地缘结构和文化结构。权力、议事规则、话语权在不断发生变化。互联网+社会治理、虚拟社会治理会有很大的不同。

4. 尊重人性

人性的光辉是推动科技进步、经济增长、社会进步、文化繁荣的最根本的力量，互联网的力量之强大最根本地也来源于对人性最大限度的尊重、对人的创造性的重视。例如UGC、卷入式营销、分享经济等。

5. 开放生态

关于互联网+，生态是非常重要的特征，而生态的本身就是开放的。推进互联网+，其中一个重要的方向就是要把过去制约创新的环节化解掉，把孤岛式创新连接起来，让研发由人性决定的市场驱动，让努力的创业者有机会实现价值。

6. 连接一切

连接是有层次的，可连接性是有差异的，连接的价值是相差很大的，但是连接一切是互联网+的目标。

7.4.3 "互联网+"的实际应用

1. "互联网+制造业"：让生产制造更智能

"互联网+制造业"和正在演变的"工业4.0"将颠覆传统制造方式，重建行业规则，例如小米、乐视等互联网公司就在工业和互联网融合的变革中，不断抢占传统制造企业的市场，通过价值链重构、轻资产、扁平化、快速响应市场来创造新的消费模式，而在"互联网+"的驱动下，产品个性化、定制批量化、流程虚拟化、工厂智能化、物流智慧化等都将成为新的热点和趋势。

2. "互联网+农业"：催化中国农业品牌化道路

农业看起来离互联网很远，农业是传统的产业，"互联网+农业"的潜力是巨大的。例如，利用信息技术对地块的土壤、肥力、气候等进行大数据分析，并提供种植、施肥相关的解决方案，能够提升农业生产效率。

3. "互联网+教育"：在线教育大爆发

从2014年开始，K12在线教育、在线外语培训、在线职业教育等细分领域成为中国在线教育市场规模增长的主要动力。

很多传统教育机构正在从线下向线上教育转型，而一些在移动互联网平台上掌握了高黏性人群的互联网公司，也在转型在线教育，例如网易旗下的有道词典，已在英语垂直应用领域掌握了4亿的高价值用户。

4. "互联网+医疗"：移动医疗垂直化发展

"互联网+医疗"的融合，最简单的做法是实现信息透明和解决资源分配不均等问题，例如，挂号等服务，可以解决大家挂号排队时间长，看病等待时间长、结算排队时间长的"三长一短"问题。而互联网医疗的未来，将会向更加专业的移动医疗垂直化产品发展，可穿戴监测设备将是其中最可能突破的领域。

5. "互联网+金融"：全民理财与微小企业发展

"互联网+金融"的结合将掀起全民理财热潮，低门槛与便捷性让资金快速流动，大数据让征信更加容易，这也将有助于中小微企业、工薪阶层、自由职业者、进城务工人员等普通民众获得金融服务。

6. "互联网+交通和旅游业"：一切资源共享起来

"互联网+交通"不仅可以缓解道路交通拥堵，还可以为人们出行提供便利，为交通领域的从业者创造财富。例如，实时公交应用，可以方便出行用户对于公交汽车的到站情况进行实时查询，减少延误和久等；滴滴不仅为用户出行带来便捷，也减少了出租车的空车率。

在旅游服务行业中，旅游服务的在线化和去中介化会越来越明显，自助游会成为主流，基于旅游的互联网体验社会化分享还有很大空间。

7."互联网+"文化：让创意更具延展性和想象力

互联网与文化产业高度融合，推动了产业自身的整体转型和升级换代。互联网对创客文化、创意经济的推动非常明显，它再次激发起全民创新、创业，以及文化产业、创意经济的无限可能。

8."互联网+家电/家居"：让家电会说话，家居更聪明

目前大部分家电产品还处于互联阶段，即仅仅是介入了互联网，或者是与手机实现了链接。但是，真正有价值的是互联网家电产品的互通，即不同家电产品之间的互联互通，实现基于特定场景的联动，手机不仅仅是智能家居的唯一入口，是让更多的智能终端作为智能家居的入口和控制中心，实现互联网智能家电产品的硬件与服务融合的解决方案，"家电+家居"产品衍生的"智能化家居"，将是新的生态系统的竞争。

9."互联网+生活服务"：O2O 才刚刚开始

"互联网+服务业"将会带动生活服务 O2O 的大市场，互联网化的融合就是去中介化，让供给直接对接消费者需求，并用移动互联网进行实时链接。

10."互联网+媒体"：新业态的出现

互联网对媒体的影响，不只改变了传播渠道，在传播界面与形式上也有了极大的改变。传统媒体是自上而下的单向信息输出源，用户多数是被动地接受信息，而融入互联网后的媒体则是以双向、多渠道、跨屏等形式进行内容的传播与扩散，此时的用户参与到内容传播当中，并且成为内容传播介质。

11."互联网+广告"：互联网语境+创意+技术+实效的协同

赖以生存的单一广告模式已经终结，它的内生动力和发展动力已经终结。未来广告公司需要思考互联网时代的传播逻辑，并且要用互联网创意思维和互联网技术来实现。总的来说，互联网语境+创意+技术+实效的协同才是互联网+下的广告公司的出路。

12."互联网+零售"：零售体验、跨境电商和移动电商的未来

传统零售和线上电商的融合带来的零售业变革已经有目共睹，而跨境电商也正成为零售业的新机会。

【本章小结】

计算机网络是一种非常重要的知识媒体，人们不仅可以从网络上获得各种各样的信息资源，而且还可以在网上办公、发布文件、发送电子邮件以及进行商业活动等。本章初步介绍了计算机网络的概念及其应用领域，特别描述了 Internet 的有关技术和各种应用以及移动互联网、互联网+的基础概念。

【课后习题】

一、单项选择题

1. 1986 年"资源共享的计算机网络"的研究计划的成果是（　　）。
   A. Internet　　　　B. ARPANET　　　　C. 以太网　　　　D. 令牌环网

2. 第三代计算机网络的主要特点是（　　）。
   A. 计算机-计算机网络
   B. 以单机为中心的联机系统
   C. 国际网络体系结构标准化
   D. 基于个人计算机的局域网

3. 计算机网络中，所有的计算机都连接到一个中心节点上，一个网络节点需要传输数据，首先传输到中心节点上，然后由中心节点转发到目的节点，这种连接结构被称为（　　）。
   A. 总线结构　　　　　　　　　　　　B. 环形结构
   C. 星形结构　　　　　　　　　　　　D. 网状结构

4. 物理层上信息传输的基本单位称为（　　）。
   A. 段　　　　　　B. 位　　　　　　C. 帧　　　　　　D. 报文

5. 在 OSI 的七层参考模型中，工作在第二层上的连接设备是（　　）。
   A. 集线器　　　　B. 路由器　　　　C. 网关　　　　D. 交换机

6. 学校内的一个计算机网络系统，属于（　　）。
   A. PAN　　　　　B. LAN　　　　　C. MAN　　　　　D. WAN

7. 在常用的传输介质中，带宽最小、信号传输衰减最大、抗干扰能力最弱的一类传输介质是（　　）。
   A. 同轴电缆　　　　　　　　　　　　B. 光纤
   C. 双绞线　　　　　　　　　　　　　D. 无线信道

8. 关于 WWW 服务，以下说法错误的是（　　）。
   A. WWW 服务采用的主要是传输协议 HTTP
   B. WWW 服务以超文本方式组织网络多媒体信息
   C. 用户访问 Web 服务器可以使用统一的图形用户界面
   D. 用户访问 Web 服务器不需要指导服务器的 URL 地址

9. IP 地址由一组（　　）位的二进制数字组成。
   A. 4　　　　　　B. 8　　　　　　C. 16　　　　　　D. 32

10. DNS 是基于（　　）模式的分布式系统。
    A. C/S　　　　　B. B/S　　　　　C. P2P　　　　　D. 以上都不正确

二、简答题

1. 什么是计算机网络？计算机网络的功能是什么？
2. TCP/IP 参考模型和 OSI 参考模型的区别是什么？

3. 计算机的拓扑结构有哪些？

4. 网络按传输距离来分可以分为哪三种？

三、操作题

1. 查看自己所用计算机的网络。

2. 查看自己所用计算机的 TCP/IP。

3. 将自己所用计算机浏览器的主页设置为"www. baidu. com"。

4. 利用浏览器提供的搜索功能，选取搜索引擎百度搜索含有单词"篮球"的页面，将搜索到的第一个网页内容以文本文件的格式保存到桌面，命名为 SS. html。

5. 利用浏览器提供的搜索功能，选取搜索引擎百度搜索含有单词"篮球"的首页面，并将其添加到收藏夹中，名称为"BasketBall"。

第 8 章
计算机的热门研究领域

【本章导读】

近年来，在计算机领域出现了许多新技术和应用，包括电子商务、物联网、大数据、云计算、人工智能等。这些新的技术和应用对人们的工作、学习、娱乐方式都产生了深刻的影响，同时对社会的发展也起到了重要的推动作用。

【学习目标】

（1）了解电子商务的相关知识和应用；
（2）了解物联网的相关知识和应用；
（3）了解大数据的相关知识和应用；
（4）了解云计算的相关知识和应用；
（5）了解人工智能的相关知识和应用。

8.1 电子商务

本节主要介绍电子商务的基础知识，电子商务的功能和分类以及电子商务与传统商务的区别，并简单介绍电子商务在我国的发展状况。最后简要介绍电子商务的总体设计与实现技术。

8.1.1 电子商务的概述

1. 电子商务的定义

电子商务是通过计算机网络进行的商务活动。这些商务活动不仅包含网上广告、网上洽谈、订货、收款、付款、客户服务、货物递交等活动，还包含网上市场调查、财务核算、生产安排等利用计算机网络进行的商业活动。

电子商务有广义和狭义之分。广义的电子商务，是指一切以电子技术手段所进行的、一切与商业有关的活动，又称为电子商业（E-business）。狭义的电子商务，则是指以因特网为运行平台的商务贸易活动，又称为电子交易（E-commerce）。

2. 电子商务的起源和发展

（1）电子商务的起源

电子数据交换——电子商务

（2）电子商务的发展

第一阶段：从 20 世纪 50 年代中期到 70 年代中期，采用文字处理机、复印机、传真机、专用交换机等商业电子设备实现商业单项业务的电子化。

第二阶段：20 世纪 70 年代中期到 80 年代初，以计算机、网络通信和数据标准为框架的电子商业系统应运而生。

第三阶段：从 20 世纪 80 年代开始，商业电子化宣告建立商业综合业务向数字网的方向发展。

3. 电子商务的功能

（1）广告宣传

（2）咨询洽谈

（3）网上订购

（4）网上支付

（5）电子账户

（6）服务传递

（7）意见征询

（8）交易管理

4. 电子商务的分类

（1）按电子商务活动的性质分类

电子商务分为电子事务处理（无支付）和电子贸易处理（有支付）。

（2）按电子商务的参与对象分类

电子商务分为企业对消费者（B2C）、企业对企业（B2B）、企业对政府机构（B2G）、消费者对政府机构（C2G）。

（3）按商业活动运作方式分类

电子商务分为完全电子商务和不完全电子商务。

（4）按开展电子交易的信息网络范围分类

电子商务分为本地电子商务、远程国内电子商务、全球电子商务。

5. 传统商务与电子商务的区别

电子商务与传统的商业活动方式相比，具有以下几个特点。

（1）交易虚拟化：通过 Internet 为代表的计算机互联网络进行的贸易。双方从开始洽谈、签约到订货、支付等，无须当面进行，均通过计算机互联网络完成，整个交易完全虚拟化。

（2）交易成本低：由于通过网络进行商务活动，信息成本低，足不出户，可节省交通费，且减少了中介费用，因此整个活动的成本大大降低。

（3）交易透明化：电子商务中双方的洽谈、签约，以及货款的支付、交货的通知等，整个交易过程都在电子屏幕上显示，因此显得比较透明。

（4）交易效率高：电子商务能在世界各地瞬间完成传递与计算机自动处理，而且无须人员干预，加快了交易速度。

6. 电子商务的劣势

（1）用户消费观念跟不上。

（2）搜索功能不够完善；现有搜索引擎仅仅能对5亿网页建立索引，仍然有一半网页不能索引。

（3）网络自身有局限性，人们无法从网上得到商品的全部信息，尤其是无法得到对商品最鲜明的直观印象。在这一模式下，只有依靠网站的制作和网页设计，才能向消费者展示更好的商品。

（4）交易的安全性得不到保障，电子商务的安全问题其实也是人与人之间的诚信问题，和现实中的商业贸易相似，均需双方的共同协作和努力。电子商务的未来，需要所有网民的共同协作。

8.1.2 电子商务的实现技术

1. 商情发布

（1）建立电子商务网站开发组织

主要角色有：网站内容主管、网站技术主管、网页设计与制作人员。

（2）申请域名

定义企业域名、域名注册。

（3）建立服务器

自建服务器、服务器托管。

（4）站点运行的管理

网站宣传、日常监测、内容更新、应答和复函。

2. 在网上开展商务交易活动

3. 电子商务的核心问题

（1）网络基础设施问题。

（2）支付问题。

（3）安全问题。

（4）法律、法规与政策问题。

（5）人才问题。

（6）应用问题。

8.2 云计算

如今的云计算对我们来说已不再陌生，它与大数据一样被广泛应用于各行各业。那么，云计算到底是什么？它与大数据有什么关系？它有哪些服务类型和应用？

8.2.1 云计算的概述

1. 云计算的定义

云计算（cloud computing），最早由谷歌提出，它描述的是一种基于互联网的计算方式，通过这种方式，共享的软、硬件资源和信息可以按需提供给计算机和其他设备，如图 8-1 所示。

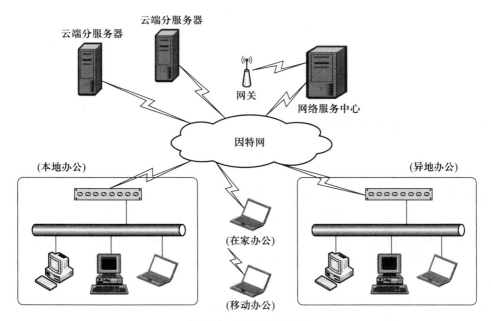

图 8-1　云计算示意图

2. 云计算的特点

（1）超大规模

一般云计算都具有超大规模的计算机集群，例如亚马孙 AWS、微软 Azure、阿里云、谷歌云、百度云等均拥有几十万台以上的服务器。云计算通过整合这些数目庞大的计算机集群，赋予用户前所未有的计算和存储能力。

（2）虚拟化

云计算对于用户来说好像是一个虚拟的存在，没有具体的位置，看不到、摸不着，但在需要时，却可以在任何时间和地点，利用计算机或手机等终端设备，通过互联网按需获取其提供的各种服务。

（3）高可靠性

云计算通过专业、先进的技术和管理手段，保障了服务的高可靠性。云计算提供的计算力、存储空间等资源，比企业自己部署服务器更安全、更稳定。

（4）通用性

云计算不针对特定的应用，同一片"云"可以同时支撑不同的应用运行。

（5）可伸缩性

云计算的规模和计算能力可以根据应用需要弹性地伸缩。

（6）按需服务

云计算是一个庞大的资源池，用户可以按需购买并随时调整其提供的资源，并像自来水、电和煤气那样按使用量计费。

（7）价格低

作为云计算服务商来说，云计算的公用性和通用性使资源的使用率大幅提升，从而降低了成本，可以用较低的价格提供云计算服务；作为使用云计算的企业来说，不必再负担高昂的软硬件购买和管理成本，即可享受超额的云计算服务。

（8）自动化

云计算不论是资源的部署、应用和服务，还是软硬件的管理，都主要通过自动化的方式来执行。

8.2.2　云计算的服务类型

云计算按照服务类型分为三种：基础设施即服务、平台即服务和软件即服务。

1. 基础设施即服务（IaaS）

IaaS 主要出售计算能力、存储和带宽等基础资源。IaaS 不像传统的服务器租赁商一样出租具体的服务器实体，而是将所有服务器的计算能力和存储能力整合成一个整体，然后划分为一个个虚拟的实例，每个实例代表着一定的计算能力和存储能力。购买云计算服务的企业以这些实例作为计量单位付费，并可以根据应用需要随时调整租用量大小，以减少开支。

2. 平台即服务（PaaS）

PasS 主要面向软件开发人员，它提供了完整的云端开发环境，使软件开发者无须在本地安装开发工具，可以直接在云端开发软件，从而不但节省了开发者的成本和时间，而且加快了产品的上线速度。

3. 软件即服务（SaaS）

SaaS 主要面向企业或个人用户，它将某些应用软件封装成服务，让用户可以通过浏览器或移动 APP 随时随地使用这些服务。

8.2.3　云计算的应用

1. 存储云

存储云是一个以数据存储和管理为核心的云计算系统。用户可以将本地的资源上传至云端，可以在任何地方、用任何设备连入互联网来获取云上的资源。

2. 医疗云

在云计算、移动技术、多媒体、5G 通信、大数据以及物联网等新技术的基础上，结合医疗技术，使用"云计算"来创建医疗健康服务云平台，实现了医疗资源的共享和医疗范围的扩大。

3. 金融云

利用云计算的模型，将信息、金融和服务等功能分散到庞大分支机构构成的互联网"云"中，旨在为银行、保险和基金等金融机构提供互联网处理和运行服务，同时共享互联网资源，从而解决现有问题并且达到高效、低成本的目标。

4. 教育云

将所需要的任何教育硬件资源虚拟化，然后将其传入互联网中，以向教育机构和学生老师提供一个方便快捷的平台。

8.3 人工智能

思政阅读 8-1：
人工智能

经过 60 多年的演进，人工智能已被应用于社会各个领域，并成为推动 21 世纪经济社会发展的新引擎。

8.3.1 人工智能的概述

1. 人工智能的定义

人工智能（artificial intelligence，AI）是研究、开发用于模拟、延伸和扩展人的智能的理论、方法、技术及应用系统的一门学科，其目标是生产出能以人类智能相似的方式做出反应的智能机器。

2. 未来人工智能的四大特点

（1）基于大数据的自我学习能力会让智能终端越来越聪明。

（2）人与智能终端的交互方式将更加自然，设备会越来越"懂你"。

（3）在人工智能+互联网的驱动下，各行各业将越来越"服务化"。

（4）实现依托产业链、生态圈的开放式创新。

8.3.2 人工智能的关键技术

1. 模式识别

是指对表征事物或者现象的各种形式（数值的文字、逻辑的关系等）信息进行处理分析，以及对事物或现象进行描述分析和分类解释的过程。主要包含图像识别、语音识别和生物特征识别等。

2. 机器学习

研究计算机如何模拟或实现人类的学习行为，以获取新的知识或技能。重新组织已有的知识结构是指不断完善自身的性能，或者达到操作者的特定要求。

机器学习主要依赖大量数据训练和高效的算法模型，其背后需要具有高性能计算能力的软硬件和大量数据作为支撑。机器学习在人工智能的其他技术领域扮演着重要角色，包括计算机视觉、生物特征识别、自然语言处理、语音识别等。

3. 数据挖掘

知识库的知识发现，通过算法搜索挖掘出有用的信息，应用于市场分析、科学探索和疾病预测等。

4. 智能算法

解决某类问题的一些特定模式算法，如最短路径问题以及工程预算问题等。

8.3.3 人工智能的应用

1. 智能制造

人工智能在智能制造方面的应用主要表现在以下两个方面，如图 8-2 所示。

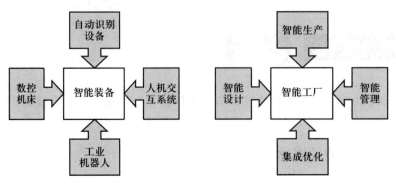

图 8-2 智能制造

2. 智能金融

（1）智能获取客户

依托大数据和人工智能技术对金融用户进行画像，提升获取客户的效率。

（2）用户身份验证

通过人脸识别、声纹识别等生物识别手段，对用户身份进行验证。

（3）金融风险控制

通过大数据、计算力、算法的结合，搭建反欺诈、信用风险等模型，多维度控制金融机构的信用风险和操作风险，避免资产损失。

（4）智能客服

基于自然语言处理能力和语音识别技术，建立聊天机器人客服和语音客服系统，降低服务成本，提升用户服务体验。

3. 智能交通

智能交通是指借助现代科技手段和设备，将各核心交通元素连通，实现信息互通与共享，以及各交通元素的彼此协调、优化配置和高效使用。

4. 智能安防

智能安防技术是一种利用人工智能对视频画面进行采集、存储和分析，从中识别安全隐患并对其进行处理的技术。智能安防与传统安防的最大区别在于，传统安防对人的依赖性比较强，非常耗费人力，而智能安防能够通过机器实现智能判断。

5. 智能医疗

在疾病预测方面，人工智能借助大数据技术可以进行疫情监测，及时预测并防止疫情的进一步扩散；在医疗影像方面，可以利用计算机视觉等技术对医疗影像进行分析和识别，为患者的诊断和治疗提供评估方法和精准诊疗决策。

6. 智能物流

物流企业除利用条形码、射频识别技术、传感器、全球定位系统等优化和改善运输、仓储、配送、装卸等物流基本活动外，也在尝试使用计算机视觉及智能机器人等技术实现货物自动化搬运和拣选等，使货物的搬运速度和拣选精度得到大幅度提升，如图 8-3 所示。

图 8-3 智能物流

8.4 大数据

大数据对社会经济生活产生的影响绝不限于技术层面，更本质上，它通过技术的创新与发展，以及数据的全面感知、收集、分析、共享，为人们提供了一种全新的看待世界的方法，即决策行为将日益基于数据分析做出，这必将引起社会发生巨大变革。

8.4.1 大数据的概述

1. 大数据的定义

大数据是指无法在一定时间内用常规软件工具对其内容进行抓取、管理和处理的数据集合。大数据技术，是指从各种各样类型的数据中，快速获得有价值信息的能力。

2. 大数据的基本特征

（1）数据量大

目前对大数据的起始计量单位至少是 P（1000T）、E（100 万 T）或 Z（10 亿 T）。

（2）种类繁多

数据种类包括网络日志、音频、视频、图片、地理位置信息等，多种类型的数据对数据处理能力提出了更高的要求。

（3）价值密度低

随着今后物联网的广泛应用，信息感知无处不在，信息海量，但价值密度较低。如何通过强大的算法更迅速地完成数据的价值"提纯"，是大数据时代亟待解决的难题。

（4）速度快、实效性强

这是大数据区别于传统数据挖掘最显著的特征。

8.4.2 大数据的技术

1. 大数据采集

对于网络上各种来源的数据，包括社交网络数据、电子商务交易数据、网上银行交易数据、搜索引擎点击数据、物联网传感器数据等，在被采集前都是零散的，没有任何意义。大数据采集就是将这些数据写入数据仓库，整合在一起，以便对数据进行综合分析。

大数据采集包括网络日志采集、网络文件采集（提取网页中的图片、文本等）、关系型数据库的接入等，常用的工具有 Flume、Kakfa、Sqoop 等

2. 大数据预处理

大数据预处理是指将杂乱无章的数据转化为相对单一且便于处理的结构（数据抽取），或者去除没有价值甚至可能对分析造成干扰的数据（数据清洗），从而为后期的数据分析奠定基础。

3. 大数据存储与管理

大数据存储是指用存储器把采集到的数据存储起来，并建立相应的数据库，以便对数据进行管理和调用。目前，主要采用 HDFS 分布式文件系统（hadoop distributed file system）和非关系型分布式数据库（NoSQL）来存储和管理大数据。

常用的 NoSQL 数据库包括 HBase、Redis、Cassandra、MongoDB 和 Neo4j 等。

4. 大数据分析与挖掘

大数据分析与挖掘是指通过各种算法从大量的数据中找出潜在的有用信息，并研究数据的内在规律和相互间的关系。

5. 大数据可视化

大数据可视化展现是指利用可视化手段对数据进行分析，并将分析结果用图表或文字等形式展现出来，从而使读者对数据的分布、发展趋势、相关性和统计信息等一目了然，如图 8-4 所示。

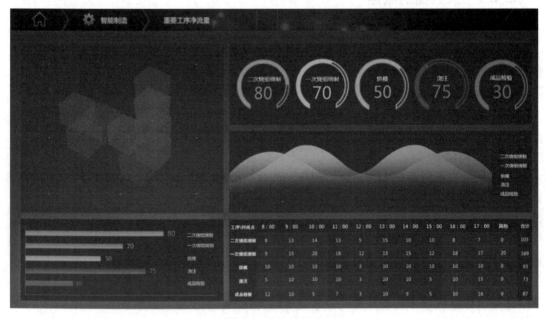

图 8-4　数据可视化

8.4.3　大数据的应用

1. 电商行业

大数据在电子商务中可以创造太多的想象，其中主要包括预测趋势、消费趋势、区域

消费特征、顾客消费习惯、消费者行为、消费热点和影响消费的重要因素。

2. 金融行业

现在许多股权交易都是使用大数据算法进行的。这些算法能够越来越多地考虑社交媒体和网站新闻，并且决定接下来的几秒内是选择购买还是出售。

3. 生物技术

基因技术是人类未来挑战疾病的重要武器。科学家可以利用大数据技术的应用，加速对自己的基因以及其他动物基因的研究过程，并且还能成为人类未来克服疾病的重要武器之一。

4. 医疗行业

利用大数据平台收集不同的病例、治疗方案和治疗效果，建立针对疾病特点的数据库。医生诊断病人时可以利用疾病数据库和相关工具分析病人的疾病特征、化验报告和检测报告，从而快速确诊，并制定适合病人的治疗方案。

5. 教育行业

基于网络的学习平台能记录学生的作业完成情况、课堂言行、师生互动等数据，如果将这些数据汇集起来，就可以分析出学生的学习特点和习惯，从而对不同学生的学习提出有针对性的建议。同时，这些数据也可以促使教师进行教学反思，从而优化教学。

6. 政务管理

政府部门掌握着全社会最大量、最核心的数据。有效地利用这些数据，将使政务管理和服务、抢险救灾等的效率进一步提高，各项公共资源得到更合理的配置。

8.5 物联网

物联网作为新一代信息技术的典型代表，其应用目前在全球范围内呈现爆发式增长态势，不同行业和不同类型的物联网应用开启了万物互联时代。

8.5.1 物联网的概述

1. 物联网的定义

思政阅读 8-2：
北斗导航系统

物联网又称传感网，是利用射频识别（RFID）、传感器、全球定位系统（GPS）、激光扫描器等信息传感设备，按约定的协议，把任何物体与互联网相连接，进行信息交换和通信，以实现对物体的智能化识别、定位、跟踪、监控和管理的一种网络。

物联网的定义包含两层意思：一是物联网的基础仍然是互联网，它是在互联网的基础上延伸和扩展的网络；二是其用户终端延伸和扩展到了任何物体与物体之间，使任何物体与物体之间都可以进行信息交换和通信。

简而言之，物联网就是万物互联的网络，如图 8-5 所示。

2. 物联网的体系结构

物联网包括感知层、网络层和应用层，如图 8-6 所示。

（1）感知层：物联网的感知层利用 RFID、传感器、摄像头、全球定位系统等传感技术和设备，随时随地获取物体的属性信息并传输给网络层。

图 8-5 物联网

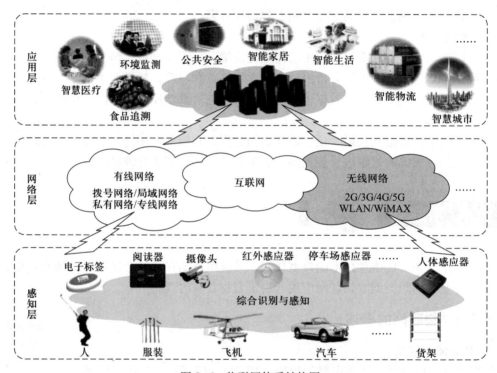

图 8-6 物联网体系结构图

（2）网络层：通过各种网络，将物体的信息实时、准确地传递给应用层。

（3）应用层：应用层有一个信息处理中心，用来处理从感知层得到的信息，以实现物体的智能化识别、定位、跟踪、监控和管理等实际应用。

8.5.2 物联网的关键技术

物联网的核心关键技术主要包括 RFID 技术、传感器技术、无线网络技术、人工智能技术和云计算技术等。

1. RFID 技术

RFID 技术是物联网"让物说话"的关键技术。物联网中的 RFID 标签存储标准化、可互操作的信息，并通过无线数据通信网络自动采集到中心信息系统中，实现物品的识别。

2. 传感器技术

在物联网中，传感器主要负责接收对象的"语音"内容。传感器技术是从自然源中获取信息并对其进行处理、转换和识别的多学科现代科学与工程技术。它涉及传感器的规划、设计、开发、制造和测试，信息处理和识别，改进活动的应用和评估。

3. 无线网络技术

在物联网中，要与人无障碍地通信，必然离不开能够传输海量数据的高速无线网络。无线网络不仅包括允许用户建立远距离无线连接的全球语音和数据网络，还包括短距离蓝牙技术、红外线技术和 Zigbee 技术。

4. 人工智能技术

人工智能是一种用计算机模拟某些思维过程和智能行为（如学习、推理、思考和规划等）的技术。在物联网中，人工智能技术主要是对物体的"语音"内容进行分析，从而实现计算机自动处理。

5. 云计算技术

物联网的发展离不开云计算技术的支撑。物联网终端的计算和存储能力有限，云计算平台可以作为物联网的大脑，实现海量数据的存储和计算。

8.5.3 物联网的应用

物联网作为一种新兴的信息技术，其应用正在迅速向各个领域蔓延，从家居、医疗、物流、交通、零售、金融、工业到农业，物联网的应用无处不在。如共享单车，只要拿出手机扫一扫即可打开智能锁骑行，这些智能锁使用的就是物联网技术。

1. 智能家居

物联网在智能家居中的应用包括设备控制、设施控制、防盗报警等，如图 8-7 所示。例如，可以利用物联网技术将家中的设备和设施连接在一起（需要为相关设备和设施安装传感器、智能插座并连接到互联网），然后通过智能手机远程查看、关闭或开启这些设备和设施。

图 8-7 智能家居

2. 智慧医疗

物联网在智慧医疗中的应用包括病人监控、远程医疗、医疗管理、医院物资管理等，结构如图 8-8 所示。例如，通过在病人身上安装医疗传感设备，医生可以通过智能手机、平板电脑等实时掌握病人的各项生理指标数据，从而更科学、合理地制订诊疗方案，或者进行远程诊疗。

图 8-8　智慧医疗

3. 智能物流

利用 GPS、RFID、传感器等物联网技术和设备，在物流过程中实现对车辆定位、运输物品监控、配送跟踪、在线调度的实时可视化管理，如图 8-9 所示。

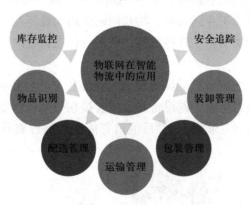

图 8-9　智能物流

4. 智能交通

物联网在智能交通中的应用包括车辆定位与调度、交通状况感知、交通智能化管控、停车管理等，如图 8-10 所示。

5. 智能工业

物联网在智能工业中的应用包括生产过程控制、供应链跟踪、生产环境监测、产品质量检测等。

图 8-10 智能交通

6. 智能农业

物联网在智能农业中的应用包括自动灌溉、自动施肥、自动喷药、异地监控、环境监测等，如图 8-11 所示。

图 8-11 智能农业

【本章小结】

随着互联网技术的推陈出新，云计算、物联网、人工智能等已被 IT 业界乃至社会疯狂追捧，它们之间相互关联，相辅相成。计算机前沿技术将成为影响全球科技格局和国家创新竞争力的趋势和核心技术。

【课后习题】

一、单项选择题

1. 电子商务的主要成分是（　　　）。

　　A. B2C 　　　　B. B2G 　　　　C. B2B 　　　　D. C2C

2. 电子商务的本质或核心是（　　　）。

　　A. 电子 　　　　B. 商务 　　　　C. Internet 　　　　D. 社会再生产环节

3. 从研究现状上看，下面不属于云计算特点的是（　　　）。

　　A. 超大规模 　　B. 虚拟化 　　C. 私有化 　　D. 高可靠性

4. 亚马孙 AWS 提供的云计算服务类型是（　　　）。

　　A. IaaS 　　　　B. PaaS 　　　　C. SaaS 　　　　D. 三个选项都是

5. 2008 年，（　　　）先后在无锡和北京建立了两个云计算中心。

　　A. IBM 　　　　B. Google 　　　　C. Amazon 　　　　D. 微软

6. 云计算体系结构的（　　　）负责资源管理、任务管理、用户管理和安全管理等工作。

　　A. 物理资源层 　　　　　　　　B. 资源池层

　　C. 管理中间件层 　　　　　　　D. SOA 构建层

7. 被誉为"人工智能之父"的科学家是（　　　）。

　　A. 明斯基 　　　　B. 图灵 　　　　C. 麦卡锡 　　　　D. 冯·诺依曼

8. 下列不属于人工智能研究基本内容的是（　　　）。

　　A. 机器感知 　　　　　　　　　B. 机器学习

　　C. 机器思维 　　　　　　　　　D. 自动化

9. 大数据最明显的特点是（　　　）。

　　A. 数据类型多样 　　　　　　　B. 数据规模大

　　C. 数据价值密度高 　　　　　　D. 数据处理速度快

10. 物联网的基础是（　　　）。

　　A. 互联化 　　B. 网络化 　　C. 感知化 　　D. 智能化

二、简答题

1. 简述云计算的三种服务模式及其功能。

2. 云计算的特点。

3. 人工智能的定义及特点。

4. 简述物联网的体系架构和各层次的功能。

5. 简述大数据的 5 V 特征。

6. 什么是 RFID？简述 RFID 的技术组成。